DIANZI
CAD
JISHU

国家中职示范校电子专业课程系列教材

电子CAD技术

沈桂军　主编

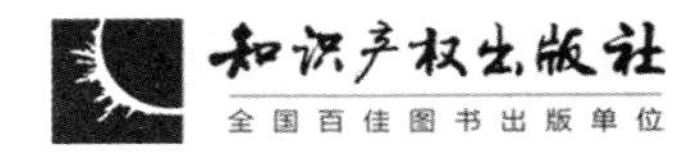

图书在版编目（CIP）数据

电子CAD技术 / 沈桂军主编. —北京：知识产权出版社，2015.11

国家中职示范校电子专业课程系列教材 / 杨常红主编

ISBN 978－7－5130－3784－6

Ⅰ. ①电… Ⅱ. ①沈… Ⅲ. ①印刷电路－计算机辅助设计－中等专业学校－教材 Ⅳ. ①TN410. 2

中国版本图书馆CIP数据核字（2015）第220976号

内容提要

本书全面系统地介绍了Protel DXP 2004 SP2中文设计环境，重点讲述了电路原理图、印制电路板图的设计方法及技巧，同时对电路原理图的仿真、印制电路板生产文件的输出等也进行了详细、实用的论述。《电子CAD技术》从实际应用角度出发，重视学生实际工作技能训练，每个章节后都附有大量实际工作项目的实训题，循序渐进地引导学生，最终达到全面熟练掌握Protel DXP软件精华，灵活运用各种制板方法和技巧，设计出符合行业规范的、实用的印制电路板的目的。

责任编辑： 李婧　　**责任出版：** 刘译文

国家中职示范校电子专业课程系列教材

电子CAD技术

DIANZI CAD JISHU

沈桂军　主编

出版发行： 知识产权出版社有限责任公司
网　　址： http：//www. ipph. cn
http：//www. laichushu. com
电　　话： 010－82004826
社　　址： 北京市海淀区马甸南村1号
邮　　编： 100088
责编电话： 010－82000860转8594
责编邮箱： 5949299101@qq. com
发行电话： 010－82000860转8101/8102
发行传真： 010－82000893/82003279
印　　刷： 北京富生印刷厂
经　　销： 各大网上书店、新华书店及相关专业书店
开　　本： 787mm×1092mm　1/16
印　　张： 15
版　　次： 2015年11月第1版
印　　次： 2015年11月第1次印刷
字　　数： 258千字
定　　价： 40.00元

ISBN 978-7-5130-3784-6

本书编委会

主　编　沈桂军

副主编　崔艳坤　李　垚　霍灿金

编　者

学校人员　张文超　沈桂军　李长丹
董葆秋　马志伟　战世晨
李向阳　刘淑霞　王建红
朴粉南　沈雁斌　崔艳坤
张春玲　李　垚　齐　昕

企业人员　王林岳　李广合　张明　霍灿金

前　言

2013年4月，牡丹江市高级技工学校被三部委确定为“国家中等职业教育改革发展示范校”创建单位。为扎实推进示范校项目建设，切实深化教学模式改革，实现教学内容的创新，使学校的职业教育更好地适应本地经济特色，学校广泛开展行业、企业调研，反复论证本地相关企业的技能岗位的典型任务与技能需求，在专业建设指导委员会的指导与配合下，科学设置课程体系，积极组织广大专业教师与合作企业的技术骨干研发和编写具有我市特色的校本教材。

示范校项目建设期间，我校的校本教材研发工作取得了丰硕成果。2014年8月，《汽车营销》教材在中国劳动社会保障出版社出版发行。2014年12月，学校对校本教材严格审核，评选出《零件的数控车床加工》《模拟电子技术》《中式烹调工艺》等20册能体现本校特色的校本教材。这套教材以学校和区域经济作为本位和阵地，在对学生学习需求和区域经济发展进行分析的基础上，由学校与合作企业联合开发和编制。教材本着“行动导向、任务引领、学做结合、理实一体”的原则编写，以职业能力为核心，有针对性地传授专业知识和训练操作技能，符合新课程理念，对学生全面成长和区域经济发展也会产生积极的作用。

各册教材的学习内容分别划分为若干个单元项目，再分为若干个学习任务，每个学习任务包括任务描述及相关知识、操作步骤和方法、思考与训练等，适合各类学生学用结合、学以致用的学习模式和特点，适合各类中职学校使用。

《电子CAD技术》分为“初识电子CAD软件”“简单电路原理图设计”“层次化原理图设计”“PCB电路板设计”“声控变频电路PCB设计”5个项目单元，共计11个学习任务，18个教学活动。本书在牡丹江安联设备开关公司工程师张旭、张明和牡丹江佳友电气有限公司工程师付起君、姜彤的指导下合作完成。限于时间与水平，书中不足之处在所难免，恳请广大教师和学生批评指正，希望读者和专家给予帮助指导！

牡丹江市高级技工学校校本教材编委会

2015年3月

全书参考学时为96～120学时，具体各项目及学时安排请参考下表。

项　　目	任　　　　务	学　时
项目一 初识电子 CAD软件	任务1　Protel DXP 2004软件的安装	
	活动1　了解Protel DXP 2004	2
	活动2　Protel DXP 2004软件的安装	
	任务2　认识Protel DXP 2004操作界面	
	活动1　Protel DXP 2004的设计环境	4
项目二 简单电路 原理图设计	任务1　绘制三极管放大电路原理图	
	活动1　Protel DXP 2004电路原理图编辑器的界面环境	4
	活动2　绘制三极管基本放大电路原理图步骤	4
	活动3　三极管基本放大电路的元器件库	6
	任务2　单片机实验板原理图绘制	
	活动1　单片机实验板原理图各模块设计	12
	活动2　单片机实验板原理图总图绘制	12
	活动3　生成元器件报表	4
项目三 层次化原理 图设计	任务1　层次化原理图设计方法	4
	活动1　层次化原理图的设计概念及方法	
	活动2　自上而下的层次化原理图设计方法	
	任务2　自下而上的层次化原理图设计方法	4
	活动1　自下而上的层次化原理图设计方法	
	活动2　层次化原理图之间的切换	
项目四 PCB电路板设计	任务1　初识PCB编辑器	4
	任务2　创建PCB文件	4
	任务3　布局与布线	
	活动1　布局	12
	活动2　布线	12
	任务4　单片机实验板PCB设计	
	活动1　认识元器件封装编辑器	2
	活动2　创建元器件封装	4
	活动3　添加安装孔	6
	活动4　添加泪滴、敷铜	6
项目五 声控变频电路 PCB设计	声控变频电路PCB设计	12

目　录

项目一 初识电子CAD软件

项目学习目标

1. 了解电子CAD的发展历史及其特点；
2. 掌握电子CAD的主要组成和功能；
3. 掌握Protel DXP 2004软件的安装及卸载；
4. 掌握Protel DXP 2004的操作界面。

任务1 Protel DXP 2004软件的安装

学习目标

1. 了解Protel DXP 2004的发展历史及其特点；
2. 掌握网络下载Protel DXP 2004软件及其安装、卸载方法。

建议学时

2学时

知识准备

Protel DXP 2004概述

Protel是目前国内最流行的通用EDA软件，它将电路原理图设计、PCB板图设计、电路仿真和PLD设计等多个实用工具组合构成EDA工作平台，是第一个将EDA软件设计成基于Windows的普及型产品。与Protel 99SE软件相比，Protel DXP功能更加完备、风格更加成熟，并且界面更加灵活，尤其是在仿真和PLD电路设计方面有了重大改进。摆脱了Protel前期版本基于PCB设计的产品定位，显露出一个普及型全线EDA产品崭新的面貌。

活动 1 了解 Protel DXP 2004

一、Protel DXP 2004 的发展

1988 年，美国 ACCEL Technologies 公司推出的 TANGO 软件包是 Protel 的前身。随着个人计算机发展，Protel Technology 公司陆续推出了 Protel for windows 版和 Protel DXP 。

1998 年，Protel 公司发布了第一套包括并集成所有 5 套核心 EDA 工作的开发软件——Protel 98。Protel 98 专门用于 Windows NT 平台，包括原理图输入、可编程逻辑器件设计、仿真、板卡设计和自动布线等功能。

1999 年，Protel 公司推出了 Protel 99。Protel 99 在原版本上又加入了许多全新的特色，它既有原理图逻辑功能验证的混合信号仿真，又有 PCB 信号完整性分析的板级仿真，从而构成了从电路设计到真实板分析的完整体系。

2004 年 2 月，Altium 公司推出了 Protel 2004。Protel 2004 的功能在 Protel DXP 版本的基础上得到进一步增强，以支持 FPGA 及其他可编程器件设计及其在 PCB 集成。具有改进的稳定性、增强的图形功能和超强的用户界面等特点。

二、Protel DXP 2004 的主要组成

1. 电路原理图（SCH：Schematic）设计模块。该模块主要包括设计原理图的原理图编辑器，用于修改、生成元器件符号的元器件库编辑器以及各种报表的生成器。

2. 印制电路板（PCB：Print Circuit Board）设计模块。该模块主要包括用于设计电路板的 PCB 编辑器，用于 PCB 自动布线的 Route 模块，用于修改、生成元器件封装的元器件封装库编辑器以及各种报表的生成器。

3. 可编程逻辑器件（PLD）设计模块。该模块主要包括具有语法意识的文本编辑器、用于编译和仿真设计结果的 PLD 模块。

4. 电路仿真（Simulate）模块。该模块主要包括一个功能强大的数/模混合信号电路仿真器，能提供连续的模拟信号和离散的数字信号仿真。

三、Protel DXP 2004 的特点

Protel DXP 2004 作为一款功能强大的电路设计软件，它具有以下基本特点。

1. 全新的 EDA 设计软件。
2. 重复式设计。
3. 集成式的元器件与元器件库。
4. 可定义电路板设计规则。
5. 数/模混合电路仿真功能。

6. 支持 FPGA 设计。

四、Protel DXP 2004 系统配置

1. Altium 公司推荐的典型配置如下。

（1） Windows XP 操作系统（专业版或家庭版）。

（2） CPU：Pentium PC，1.2G 或者更高。

（3） 硬盘空间：620 MB。

（4） 内存：512 MB。

（5） 屏幕分辨率：1280×1024，32 位。

（6） 显存：32 MB。

2. Altium 公司推荐的最低配置如下。

（1） Windows 2000 专业版。

（2） CPU：Pentium PC，500MHz。

（3） 硬盘空间：620MB。

（4） 内存：128MB。

（5） 屏幕分辨率：1024×768，16 位。

（6） 显存：8MB。

活动 2　Protel DXP 2004 软件的安装

一、安装文件的准备

先解压压缩的安装文件，这些文件分别有：Protel DXP 2004 原始文件；DXP 2004 SP2 补丁 . exe；DXP 2004 SP2 _ Integrated Libraries. exe（元器件库安装文件）；Protel DXP 2004 SP2KeyGen. exe，如图 1-1 所示。

图 1-1　Protel DXP 2004 安装文件

二、安装 Protel DXP 2004 原始文件

1. 在 Protel_DXP_2004 文件中找到 setup 文件，在生成的 setup 文件夹中有 Setup. exe 和 Setup. msi 两个文件，单击 Setup. exe 文件，如图 1-2 所示。

图 1-2　Setup. exe 文件

2. 双击 Setup. exe 后出现安装文件的对话框，选择 I accept the license agreement选项，单击 Next，如图 1-3 所示。

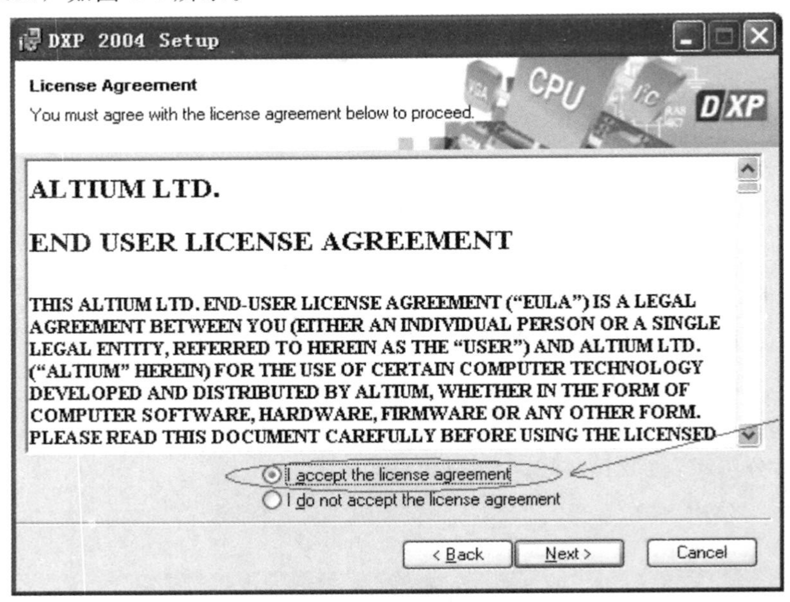

图 1-3　Setup. exe 安装文件对话框

3. 出现如图 1-4 所示对话框，继续单击 Next。

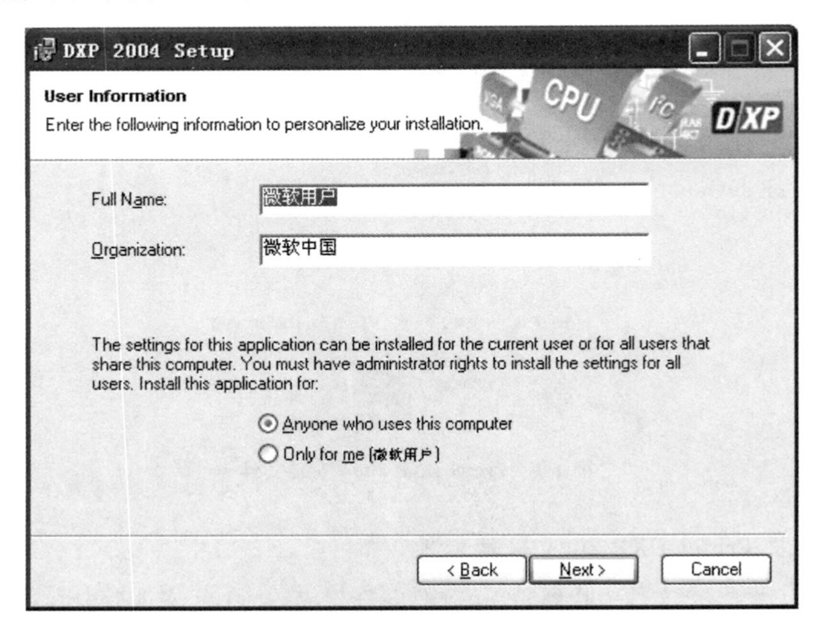

图 1-4　安装文件对话框

4. 选择安装目录，单击 Next，如图 1-5 所示。

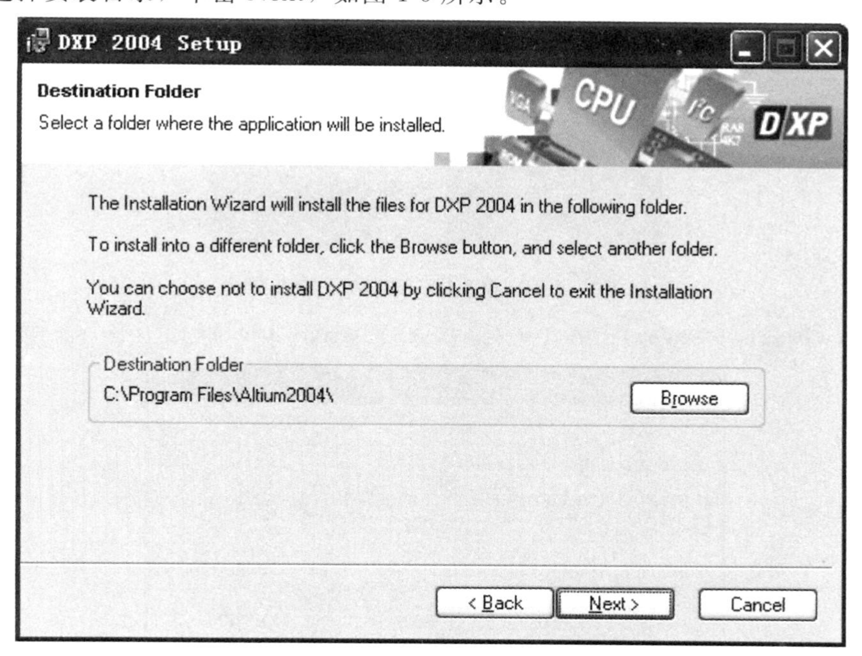

图 1-5　安装目录对话框

5. 开始安装 Protel DXP 2004。

6. 单击 Finish，安装完成，如图 1-6 所示。

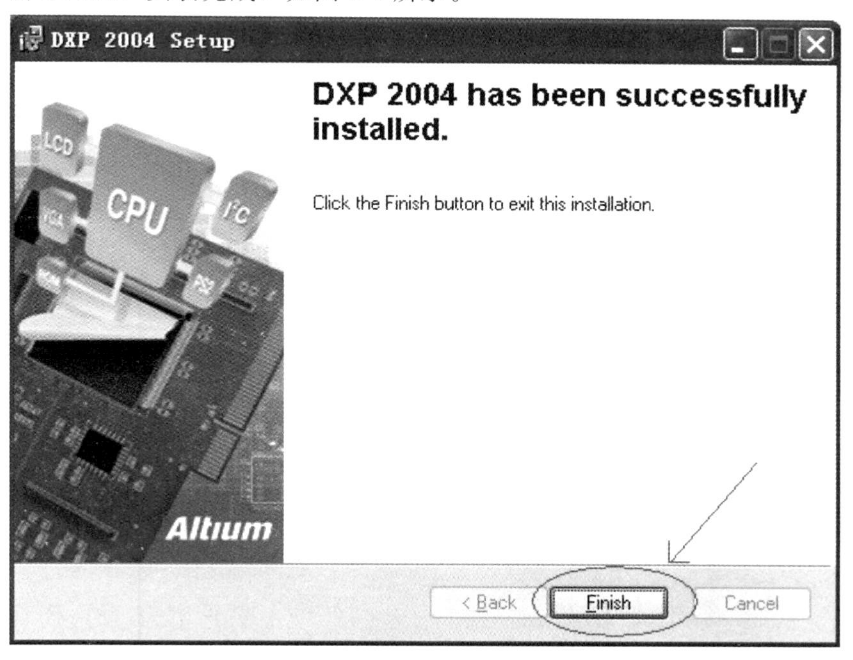

图 1-6　安装完成对话框

三、运行 DXP 2004 补丁 SP2. exe

1. 双击 DXP2004SP2.exe 图标，出现如图 1-7 所示的提示。

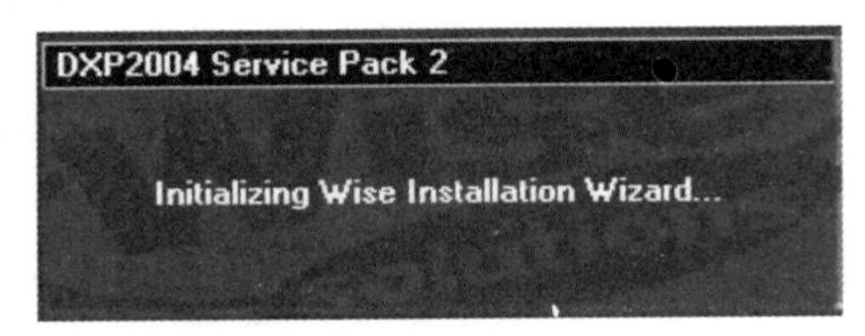

图 1-7　DXP 2004 补丁 SP2. exe 安装提示

2. 单击 I accept the terms of the End-User License agreement and wish to CONTINUE ，如图 1-8 所示。

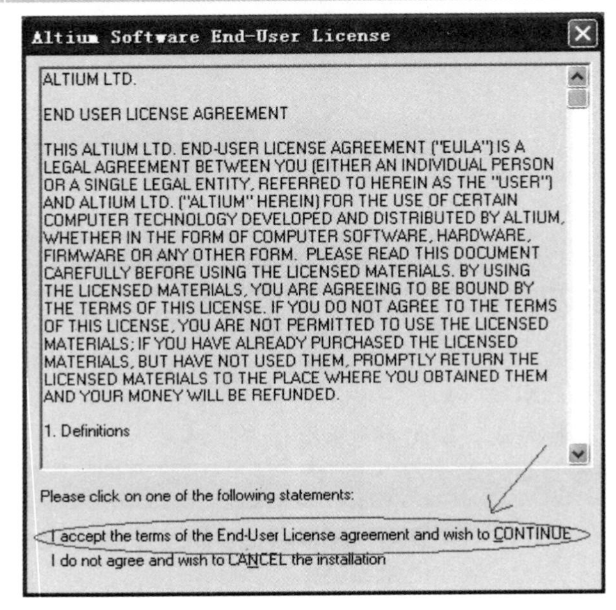

图 1-8　安装对话框

3. 选择所要安装的目录后，单击 Next，如图 1-9 所示。

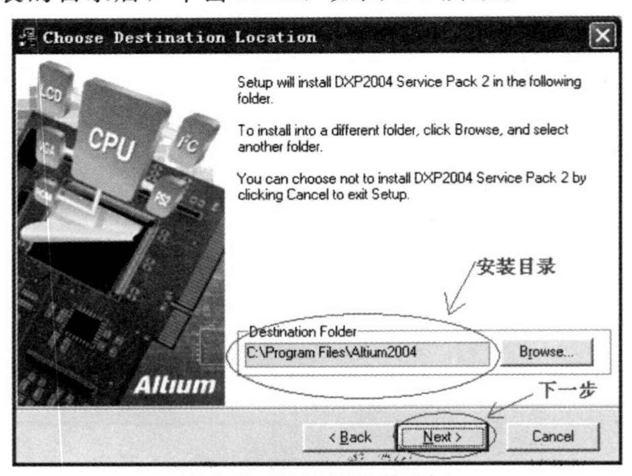

图 1-9　安装目录对话框

4. 单击 Next，开始安装。

5. 等待安装，如图 1-10 所示。

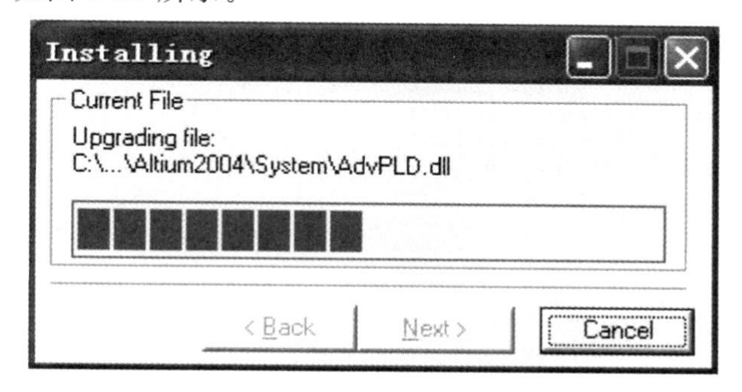

图 1-10　等待安装对话框

6. 单击 Finish，安装完成。

四、软件的汉化

1. 安装完 DXP2004 SP2 补丁后，在“开始”菜单中的“所有程序”中找到 Altium，单击 DXP2004，进入软件界面，如图 1-11 所示。

图 1-11　Protel DXP 2004 软件界面

2. 单击左上角 DXP 菜单下的“优先设定”菜单项后，出现优先设定对话框，如图 1-12 所示。

图 1-12　“优先设定”菜单项

3. 在“优先设定”对话框的 General 栏目中，将“本地化”选项中的“使用径本地化的资源（U）”选项前的方框打钩，单击确认，完成软件的汉化，如图 1-13 所示。

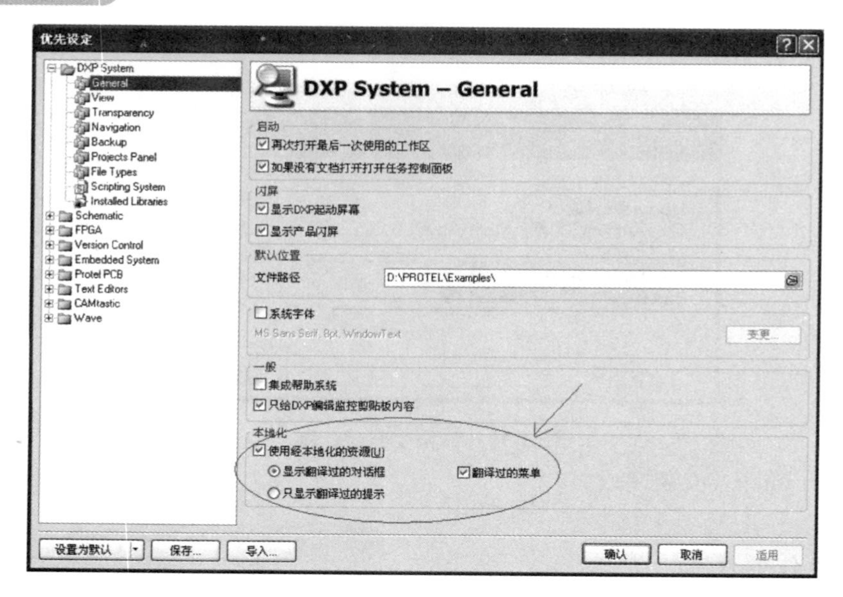

图 1-13　软件汉化选项设置

五、运行 DXP2004SP2_ Integrated Libraries. exe 文件，即 SP2 元器件库文件

1. 双击 DXP2004SP2 _ Integrated Libraries. exe DXP2004SP2_Integ...。

2. 选择 I accept the terms of the End-User License agreement and wish to CONTINUE，如图 1-14 所示。

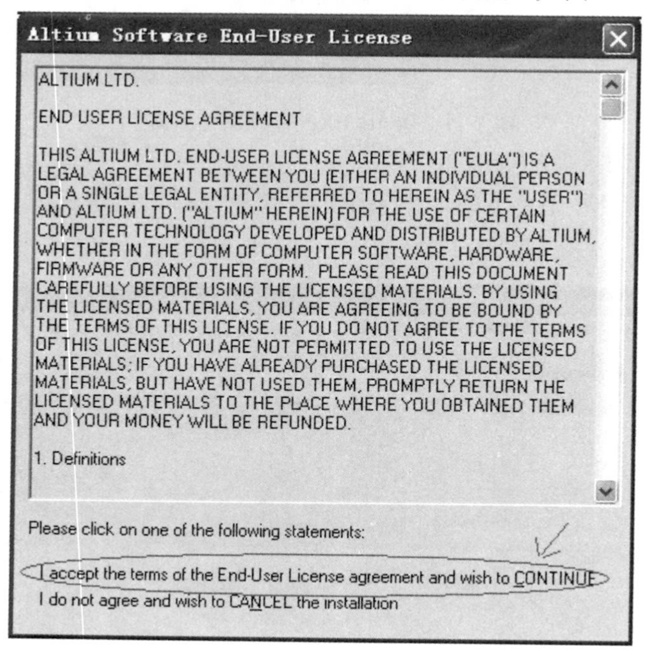

图 1-14　DXP2004SP2 _ Integrated Libraries. exe 安装对话框

3. 选择安装目录后，单击 Next，如图 1-15 所示。

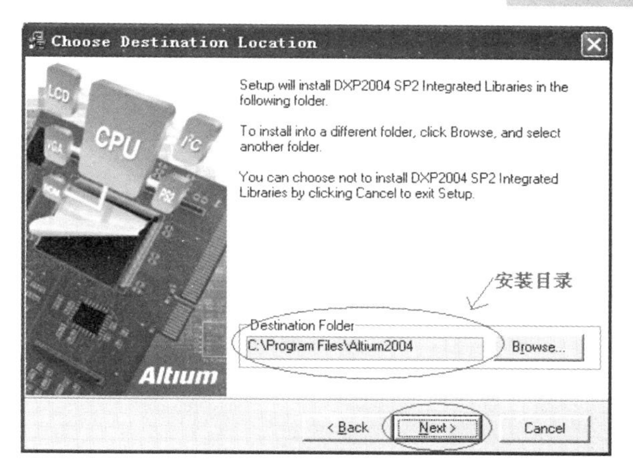

图 1-15　安装目录对话框

4. 单击 Finish，完成元器件库的安装。

六、安装文件 Protel2004_ sp2_ Genkey. exe 进行运行

1. 打开文件 DXP2004_sp2_Genkey。

2. 将文件中的 Protel 2004 _ sp2 _ Genkey. exe 子文件复制到安装目录下，如图 1-16 所示。

图 1-16　Protel 2004 _ sp2 _ Genkey. exe 子文件

3. 找到 DXP 2004 的安装目录，如图 1-17 所示。

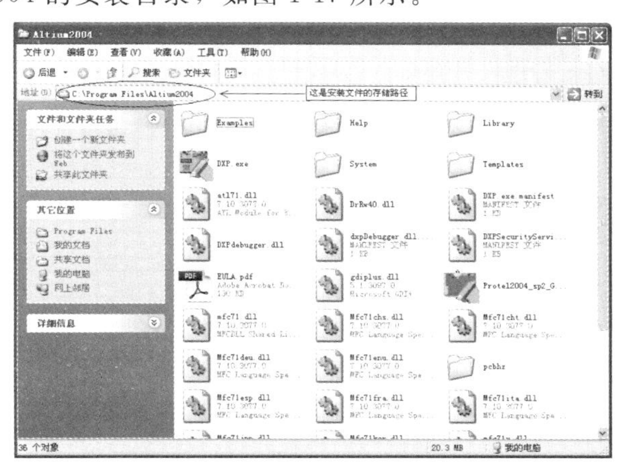

图 1-17　DXP 2004 的安装目录

4. 将 Protel 2004 _ sp2 _ Genkey. exe 文件粘贴至文件夹，然后双击打开，如图 1-18 所示。

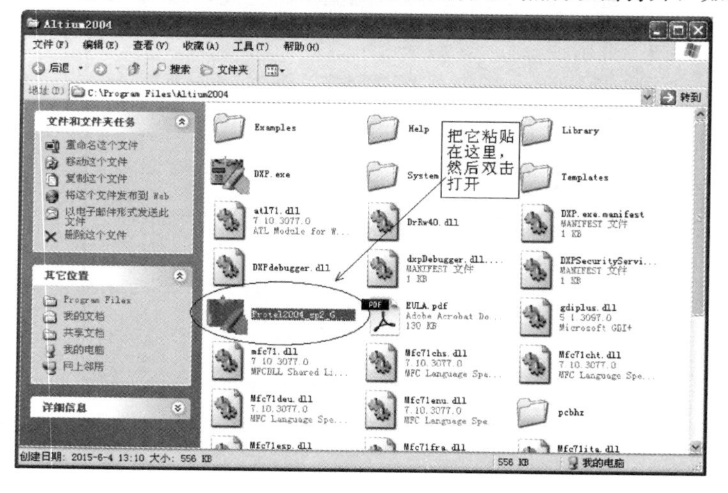

图 1-18　复制并打开 Protel 2004 _ sp2 _ Genkey. exe 文件

5. 提示注册生成后，破解便结束了。

七、Protel DXP 2004 软件的卸载

方法一

1. 单击左下角“开始”，选择“控制面板”。
2. 双击“添加或删除程序”图标，打开一个对话框。
3. 找到 DXP 2004 SP2 并单击，然后单击其后的“删除”。
4. 在弹出的对话框中，单击 Yes，进行卸载。

方法二

1. 双击与安装软件时的同一个图标 Setup. exe。
2. 在弹出的对话框中，单击选择 Remove 选项，单击 Next。
3. 再单击 Next，显示卸载进度。
4. 在弹出的警告对话框中，单击 Yes，确认卸载。
5. 单击 Finish，完成卸载。

活动实施：

一、学生动手安装 Protel DXP 2004。

二、查阅资料，了解 Protel DXP 2004 软件的发展趋势及应用，并记录相关内容。

1. ______________________________

2. ________________

3. ________________

4. ________________

三、活动评分标准。

项　　目	配　分	评　分　标　准	扣分	得分
安装 Protel DXP 2004	40 分	(1) 正确完成安装　20 分 (2) 熟练完成破解　20 分		
了解 Protel DXP 2004	50 分	(1) Protel DXP 2004 软件的发展趋势　20 分 (2) Protel DXP 2004 软件功能及应用领域　20 分 (3) Protel DXP 2004 软件的卸载　10 分		
安全文明生产	10 分	遵守安全文明生产操作规定		
操作时间	30 分钟			
开始时间		结束时间		
合　计				

四、收获和体会。

想一想，写一写认识 Protel DXP 2004 软件的收获和体会。

1. ________________

2. ________________

3. ________________

4. ________________

五、评议。

根据小组分工，在听取小组安装成果汇报的基础上进行评议，填写上机情况评议表。

上机情况评议表

评议项目 / 评议人	评议意见	评议等级	评议签名
本组			
其他组			
实训老师			
综合			

任务 2　认识 Protel DXP 2004 操作界面

学习目标

1. 掌握 Protel DXP 2004 操作界面主要功能；
2. 掌握 Protel DXP 2004 的文件管理模式。

建议学时

4 学时

知识准备

活动 1 Protel DXP 2004 的设计环境

一、Protel DXP 2004 的主窗口界面

Protel DXP 2004 系统主界面如图 1-19 所示，包含主菜单、常用工具条、任务选择区、任务管理栏等部分。其中各个任务栏的介绍如表 1-1 所示。

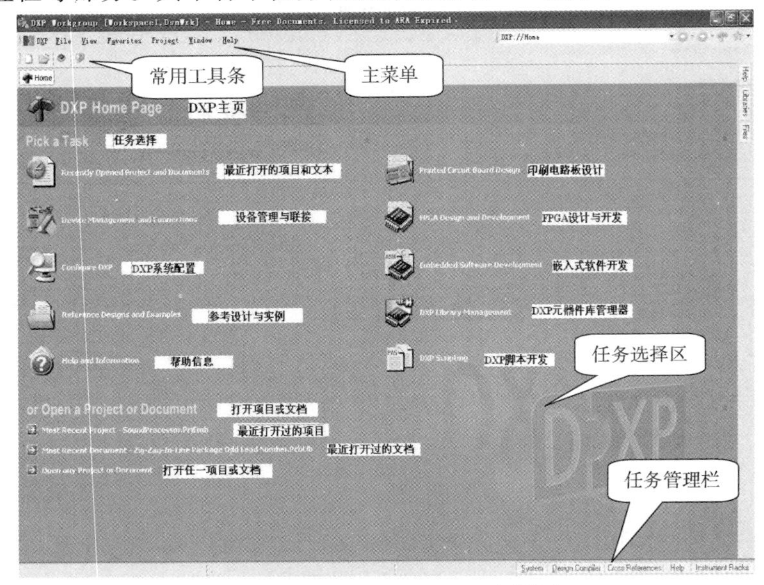

图 1-19 Protel DXP 2004 主界面

表 1-1 任务选择区图标功能

图标	功能	图标	功能
Recently Opened Project and Documents	最近的项目和文件	Printed Circuit Board Design	新建电路设计项目
Device Management and Connections	器件管理	FPGA Design and Development	FPG 项目创建
Configure DXP	配置 DXP 软件	Embedded Software Development	打开嵌入式软件
Reference Designs and Examples	打开参考例程	DXP Scripting	打开 DXP 脚本
Help and Information	打开帮助索引	DXP Library Management	器件库管理

Protel DXP 2004 启动后的主窗口如图 1-20 所示。Protel DXP 2004 使用各种不同的工作面板来管理和操作文档，包括主菜单、工具栏、工作面板、主界面工作区、面板标签等。

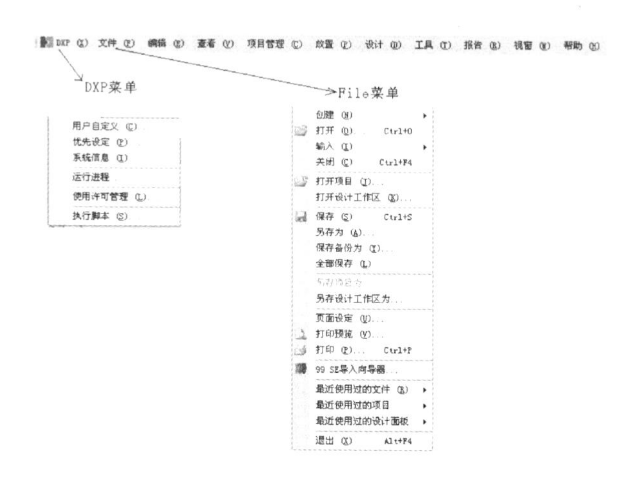

图 1-20　Protel DXP 2004 主窗口

1. 主菜单

主菜单包含 DXP、File、View、Favorites、Project、Window 和 Help7 个部分。

DXP 菜单：实现对系统的设置管理及仿真，如图 1-21 所示。

File 菜单：实现对文件的管理，如图 1-21 所示。

View 菜单：显示管理菜单、工具栏等，如图 1-22 所示。

Favorites 菜单：收藏菜单，如图 1-23 所示。

Project 菜单：项目管理菜单，如图 1-23 所示。

Window 菜单：窗口布局管理菜单，如图 1-24 所示。

Help 菜单：帮助文件管理菜单，如图 1-24 所示。

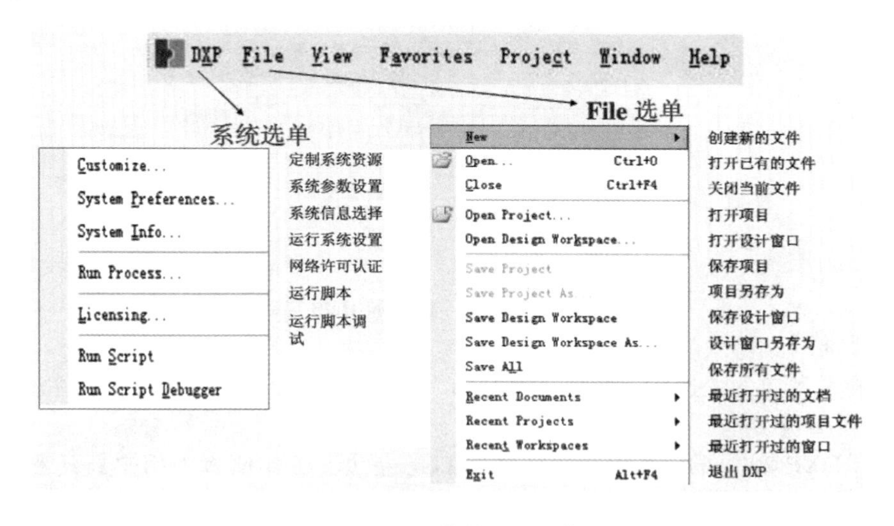

图 1-21　DXP 菜单和 File 菜单

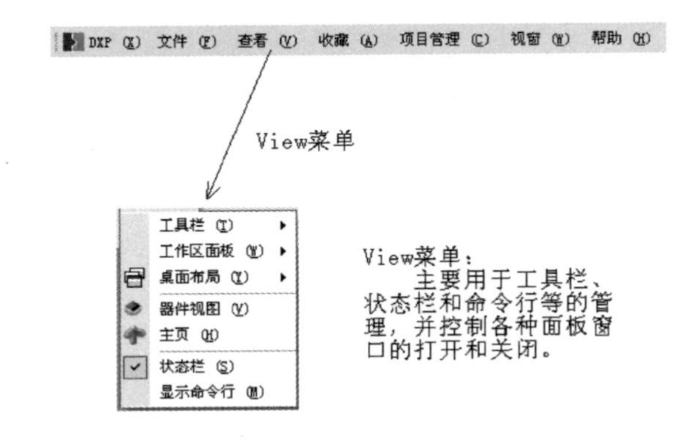

图 1-22　View 菜单

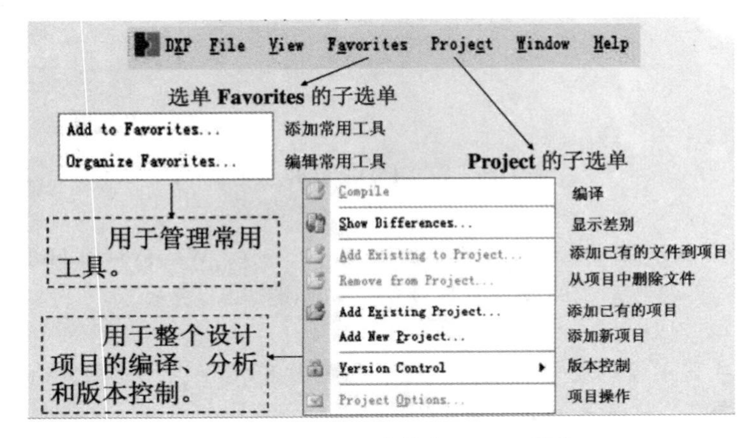

图 1-23　Favorites 菜单和 Project 菜单

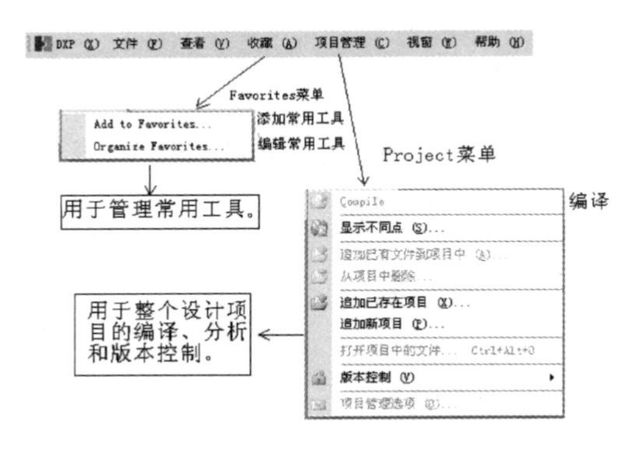

图 1-24　Windows 菜单和 Help 菜单

2. 工具栏

工具栏是菜单的快捷键，如图 1-25 所示，主要用于快速打开或管理文件。

3. 工作面板

Protel DXP 2004 的工作面板位于主窗口的左边。工作面板为用户新建和打开各种文件和项目提供了极大的方便。

工作面板的 3 种显示状态，如图 1-26 所示。

图 1-25 工具栏简介

图 1-26 工作面板的 3 种显示状态

4. 主界面工作区

主界面工作区为用户提供了各种任务栏，方便用户对电路设计相关操作进行集中管理。

5. 面板标签

面板标签为用户操作系统提供了快捷方式。面板标签有位于主窗口右上角的元器件库面板标签 收藏 剪贴板 元件库 和右下角的面板标签 System Design Compiler Help Instruments >>。

二、Protel DXP 2004 的文件管理系统

Protel DXP 2004 对任何一个电路图设计都认为是一个工程项目，它包含指向各个文档文件的链接和必要的工程管理信息，而其他各个文件都储存项目工程文件所在的文件夹中，便于管理和维护。

1. Protel DXP 2004 的文档组织结构

Protel DXP 2004 以工程项目为单位实现对项目文档的组织管理，通常一个项目包含多个文件，Protel DXP 2004 的文档组织结构如图 1-27 所示。

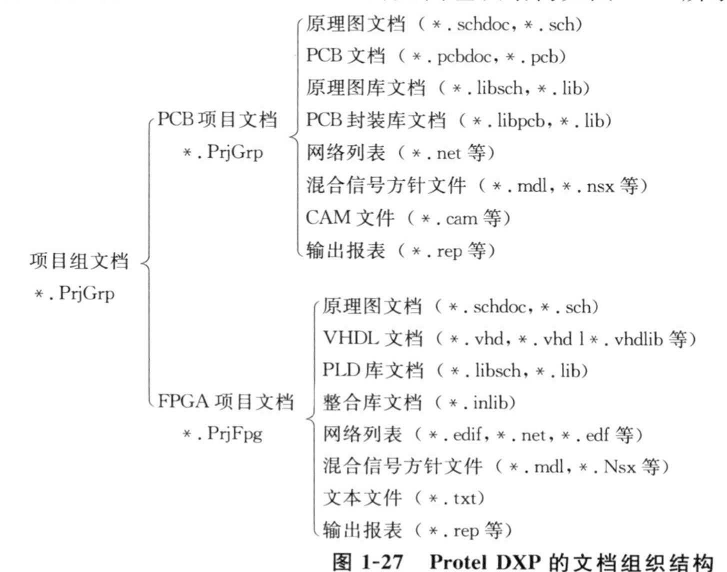

图 1-27 Protel DXP 的文档组织结构

2. Protel DXP 的文件管理

Protel DXP 将设计工程的概念引入电子线路 CAD 中，方便了各设计文件的管理及它们之间的无缝连接和同步设计。Protel DXP 文件的组织结构如图 1-28 所示。在 Protel DXP 中，一般是先创建一个工程文件，然后在该工程文件下新建或添加各设计文件。

图 1-28 Protel DXP 2004 文件的组织结构

(1) 创建工程

在 Protel DXP 2004 主窗口中选择“文件”→“创建”→“项目”菜单，如图 1-29 所示，从中可以选择相应的子菜单。可以创建 PCB 项目、FPGA 项目、核心项目等。

(2) 创建各种设计文档

在 Protel DXP 2004 主窗口中选择“文件”→“创建”菜单，如图 1-30 所示，从中可以选择要建立的各种文件，包括原理图、PCB 文件、VHDL 文件、Verilog 文档等。

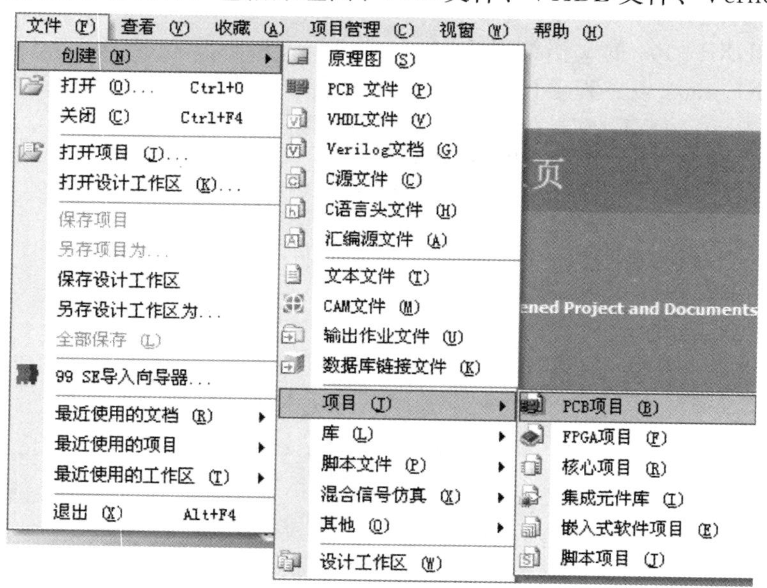

图 1-29 “项目”菜单选项

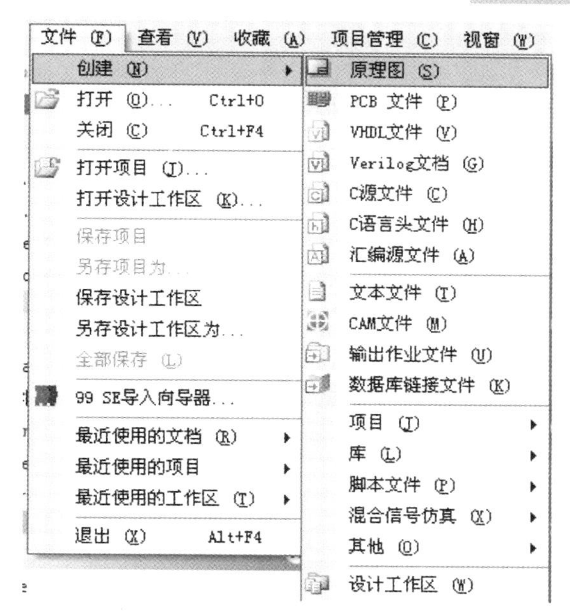

图 1-30　“创建”菜单选项

活动实施：

一、熟悉界面以及各区域窗口功能。

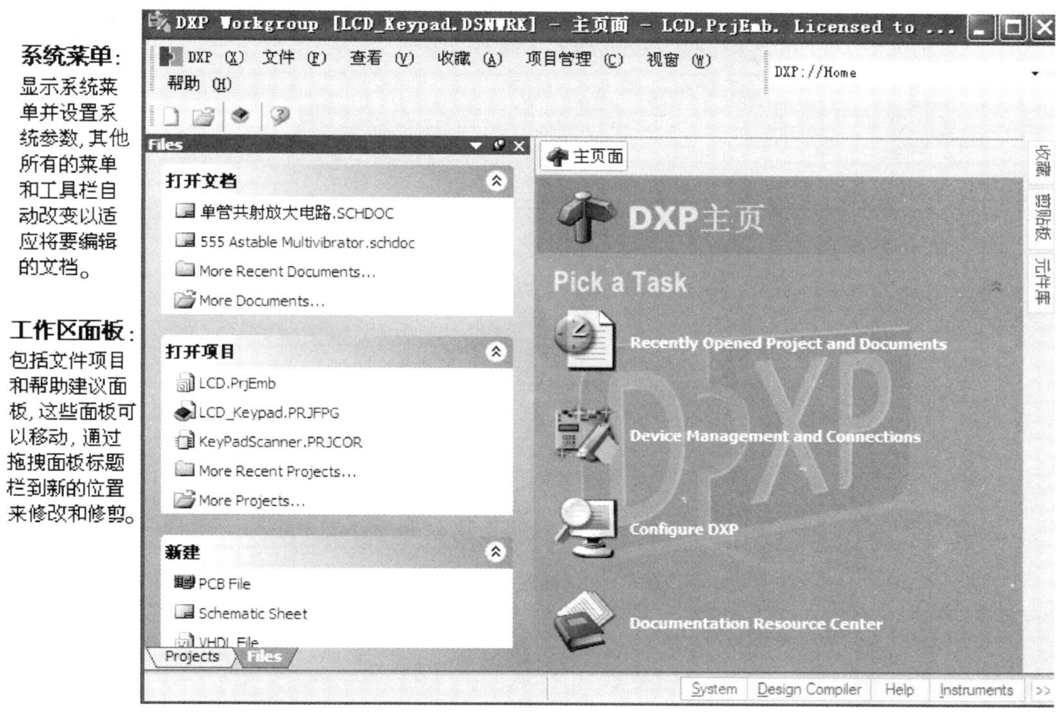

二、熟悉 Protel DXP 2004 的系统参数设置。

1. 中英文环境转换。

DXP→Preferences→DXP System→General→（在 localication 版块下选择）→Use localized resources；

Display localized dialogs：显示中文对话框，同时显示中文命令内容；

Display localized hints only：只显示中文提示；

Localized menus 必须选中。重新启动之后就可以用中文格式。

2. 设置图纸大小。

选择“设计”→“文档选项”→“图纸选项”，设置里面的相应参数即可。设置图纸方向为横向，标准风格为 A4，捕获栅格为 5 mil，可视栅格为 10 mil，电气网格为 4 mil。

其中“网格”里的“捕获”指光标每次移动距离的大小；“可视”指可以在图纸上看到网格；“电气网格”指当进行画线操作或元器件进行电气连接时，此功能可以让用户捕捉到起始点或元器件的引脚。其中“有效”指以光标为中心，以“网格范围”为半径寻找节点。

三、活动评分标准。

<table>
<tr><th>项　目</th><th>配分</th><th colspan="2">评　分　标　准</th><th>扣分</th><th>得分</th></tr>
<tr><td>Protel DXP 2004
界面及主窗口功能</td><td>30 分</td><td colspan="2">（1）Protel DXP 2004 主窗口界面内容　15 分
（2）Protel DXP 2004 文件管理　15 分</td><td></td><td></td></tr>
<tr><td>Protel DXP 2004
参数设置</td><td>60 分</td><td colspan="2">（1）中英文环境转换　30 分
（2）设置图纸大小　30 分</td><td></td><td></td></tr>
<tr><td>安全文明生产</td><td>10 分</td><td colspan="2">遵守安全文明生产操作规定</td><td></td><td></td></tr>
<tr><td>操作时间</td><td>30 分钟</td><td colspan="2"></td><td></td><td></td></tr>
<tr><td>开始时间</td><td colspan="2"></td><td>结束时间</td><td colspan="2"></td></tr>
<tr><td colspan="4">合　计</td><td></td><td></td></tr>
</table>

四、收获和体会。

想一想和写一写初识 Protel DXP 2004 操作界面的收获和体会。

1. ______________________________

2. ______________________________

3. ______________________________

4. ______________________________

五、评议。

根据小组分工，在听取小组安装成果汇报的基础上进行评议，填写上机情况评议表。

上机情况评议表

评议项目 / 评议人	评议意见	评议等级	评议签名
本组			
其他组			
实训老师			
综合			

思考与练习

一、判断题（对的打“√”，错的打“×”）

（　　）1. PCB 板设计就是将电路设计的元器件应用到物理的印制电路板上。

（　　）2. Protel 软件就是用来画电路原理图的。

（　　）3. Protel DXP 2004 具备集成元器件库。

（　　）4. Protel DXP 2004 工作界面没有开启任何编辑器时，设计窗口都是灰色的。

（　　）5. 一个设计工作区只能包含一个工程项目。

（　　）6. 一个工程项目可以包含多个设计文件。

（　　）7. 计算机只要拥有 500MB 的硬盘空间就可以安装 Protel DXP 2004。

（　　）8. Protel DXP 2004 的安装路径只能选择 C 盘。

二、填空题

1. 学习电路设计的最终目的是完成__________的设计，__________是电路设计的最终结果。

2. Protel DXP 2004 启动的常用方法：__________、__________。

3. Protel DXP 2004 工作界面里包括__________、__________、__________、工作窗口和面板标签等。

4. Protel DXP 2004 的文档组织结构包括__________、__________和文档三部分。

5. 1988 年，美国__________公司推出了第一个应用于电子线路设计的软件包——TANGO。

6. 执行“__________”→“__________”→“__________”→“__________”命令，建立一个默认名为 PCB _ Project1. PrjPCB 的 PCB 工程项目。

7. 执行“__________”→“__________”命令，可对项目文件重命名。

项目二　简单电路原理图设计

项目学习目标

1. 熟悉 Protel 的操作界面；掌握原理图设计编辑器及印制电路板编辑器的基本操作，会操作 Protel 软件，并熟练使用；
2. 熟悉电子 CAD 的简单电路原理图设计，掌握三极管放大电路原理图及单片机实验板原理图绘制方法。

任务 1　绘制三极管放大电路原理图

活动 1　Protel DXP 2004 电路原理图编辑器的界面环境

学习目标

1. 了解印制电路板的设计步骤及电路原理图的一般设计流程和步骤；
2. 掌握电路原理图编辑器的界面环境。

建议学时

4 学时

知识准备

一、电路板设计步骤

设计电路板最基本的过程可以分为以下三步。

1. 电路原理图设计：这一部分也是本章将要重点介绍的内容。作为绘制电路图的第一道工序，在原理图设计过程中应该保证设计的明晰和正确。在绘制电路原理图的过程中，用户可以使用 Protel DXP 提供的所有工具来绘制一张满意的原理图。

2. 生成网络表：用户设计的原理图如果想转变成可以制作成电路板的 PCB 图，需要网络表的支持。网络表可以说是 Sch 文件和印制电路板文件之间的一座桥梁。一般来讲，Protel DXP 根据原理图文件中的电气连接特性生成一个网络表文件，然后用户在 PCB 设计系统下引用该网络表，并进行电路板绘制。

3. 印制电路板的设计：这部分工作主要在 PCB 设计环境下完成。在 PCB 编辑环境下，根据从网络表中获得的电气连接以及封装形式，将元器件的管脚用信号线连接起来，就可以完成 PCB 板的布线工作了。

二、电路原理图的一般设计步骤

1. 电路原理图的设计步骤。

(1) 新建一个 PCB 工程文件。

(2) 新建一个原理图文件。

(3) 装载元器件库：将需要用到的元器件库添加到系统中。

(4) 放置元器件：选择需要的元器件放置到原理图中。

(5) 元器件位置调整：将放置的元器件调整到合适的位置和方向。

(6) 连接元器件：用导线和网络标号将各个元器件连接起来。

(7) 修改元器件属性。

(8) 编译工程：用 DXP 提供的校验工具，根据各种校验规则对设计进行检查。

(9) 生成网络报表和元器件清单。

(10) 选择对原理图进行打印或是制作各种输出文件和报表。

2. 原理图的一般设计流程和基本原则。

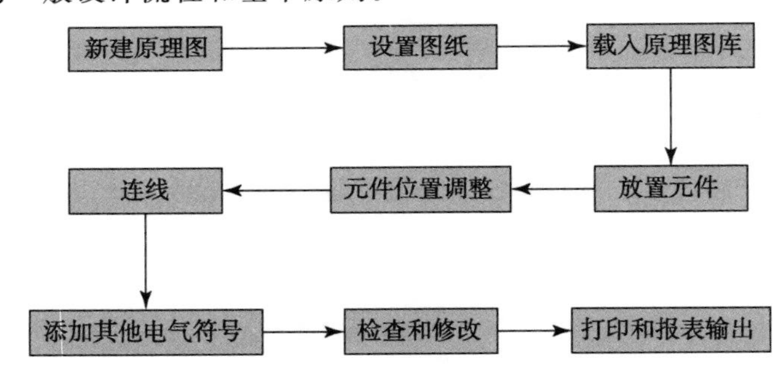

三、Protel DXP 原理图编辑器的主窗口

Protel DXP 原理图编辑器的主窗口如图 2-1 所示，分为菜单栏、工具栏、工作区面板、工作区、状态和命令栏、标签栏。

1. 菜单栏

File	Edit	View	Project	Place	Design	Tools	Reports	Windows	Help
文件	编辑	视图	项目	放置	设计	工具	报表	窗口	帮助

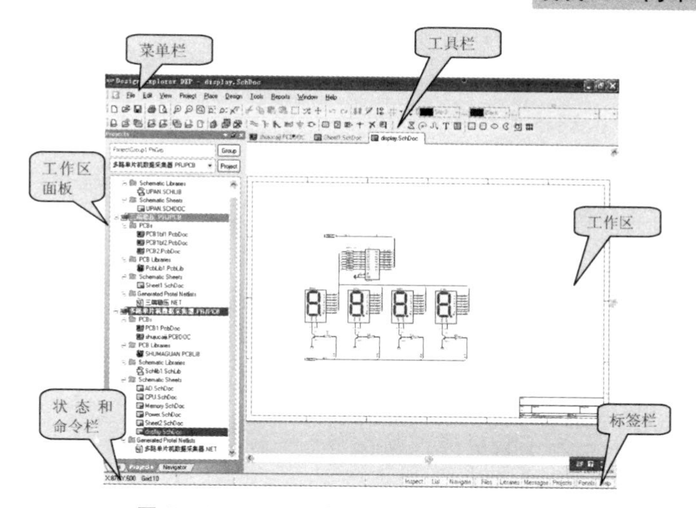

图 2-1 Protel DXP 原理图编辑器的主窗口

File：主要用于文件的管理，通常包括文件的新建、打开、保存当前设计文件的功能。

Edit：主要用于当前设计文件的编辑处理，通常包括复制、粘贴、删除等功能。

View：主要用于工作区的显示比例、工具栏、工作区面板、状态栏显示或隐藏等的管理。一般用于调节工作区中图纸的显示比例，控制工具栏、工作区面板、状态栏是否显示。

Project：主要用于工程文件的编译、分析、管理等。

Place：主要用于放置各种图件，如导线、元器件、总线、节点等。

Design：主要用于产生各种设计操作，如产生网络表、更新其他文件等。

Tools：主要使用各种具体工具。

Reports：主要用于产生各种报表文件，如元器件清单等。

Windows：主要用于窗口的排列方式等的管理。

Help：主要用于打开帮助文件。

菜单 File/New 下包含有创建各种设计文档的子菜单，如图 2-2 所示。

图 2-2　菜单 File/New 下的各种设计文档的子菜单

Schematic：表示原理图文件。

VHDL Document：表示 VHDL 文件。

PCB：表示印制电路板文件。

Schematic Library：表示原理图库文件。

PCB Library：表示 PCB 库文件。

PCB Project：表示 PCB 工程文件。

FPGA Project：表示 FPGA 工程文件。

Integrated Library：表示集成库文件。

Text Document：表示文本文件。

Output Job File：表示输出工作点文件。

CAM Document：表示计算机辅助制造文件。

Database Link File：表示数据库连接文件。

2. 工具栏

工具栏包括有关设计文件的工具栏和有关项目文件的工具栏，如图 2-3 所示。

图 2-3　工具栏

3. 标签栏

标签栏一般位于工作区的右下方，它的各个按钮用来启动相应的工作区面板，如图 2-4所示。

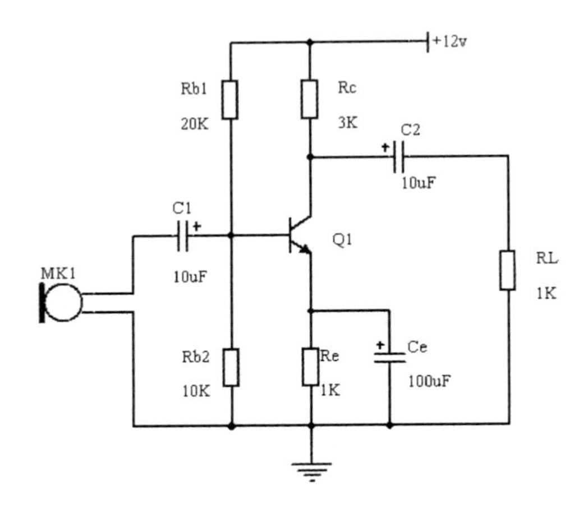

图 2-4　标签栏

活动实施：

一、查阅资料，了解电路板设计的步骤，并记录。

二、查阅资料，了解电路原理图的一般设计步骤，并记录相关内容。

三、认识Protel DXP原理图编辑器的主窗口，指出Protel DXP各工具的名称及功能。

四、活动评分标准。

项　　目	配 分	评　分　标　准		扣分	得分
电路板 设计步骤	30	(1) 设计思路清晰正确 (2) 能说出网络表功能	15分 15分		
电路原理图 设计步骤	30	(1) 对电路原理图的设计思路清晰正确 (2) 能写出电路原理图设计的一般流程	15分 15分		
原理图编辑器主窗口	30	(1) 了解窗口各工具名称与功能 (2) 遵守编辑器窗口菜单功能	15分 15分		
安全文明生产	10	遵守安全文明生产操作规定			
操作时间	30分钟				
开始时间		结束时间			
合　计					

五、收获和体会。

想一想，写一写认识Protel DXP 2004电路原理图编辑器的界面环境的收获和体会。

1.

2.

3.

4.

六、评议。

根据小组分工，在听取小组安装成果汇报的基础上进行评议，填写上机情况评议表。

上机情况评议表

评议项目 评议人	评议意见	评议等级	评议签名
本组			
其他组			
实训老师			
综合			

活动 2 绘制三极管基本放大电路原理图步骤

学习目标

1. 了解 Protel DXP 的文件管理；
2. 掌握原理图文件的建立，学会初步设计电路原理图。

建议学时

4 学时

知识准备

绘制三极管基本放大电路原理图

任务：设计单管共射放大电路原理图，如图 2-5 所示。

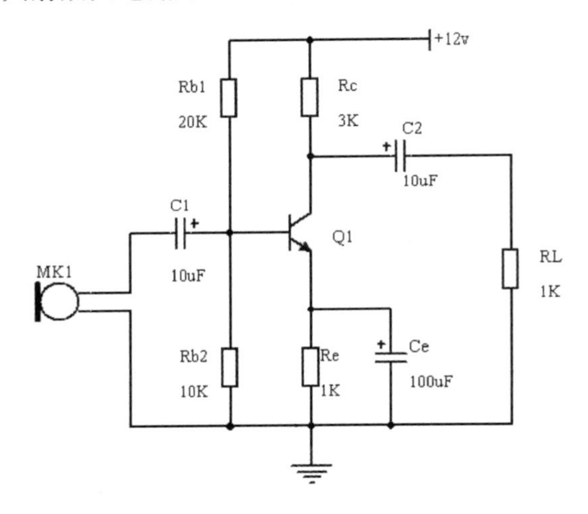

图 2-5 单管共射放大电路原理图

要求：

1. 用如上元器件编号。
2. 显示元器件参数。
3. 不显示元器件注释。

操作步骤：

1. 启动 Protel DXP。
2. 创建 PCB 工程文件，如图 2-6 所示。

创建 PCB 工程文件，执行菜单命令 File→New→PCB Project。

3. 命名并保存 PCB 工程文件。

执行菜单命令 File→Save Project，将新建工程文件保存为“三极管基本放大器.PRJPCB”，保存地址为：D：\ * * * 的电路设计（事先建好这个文件夹），如图 2-7 所示。

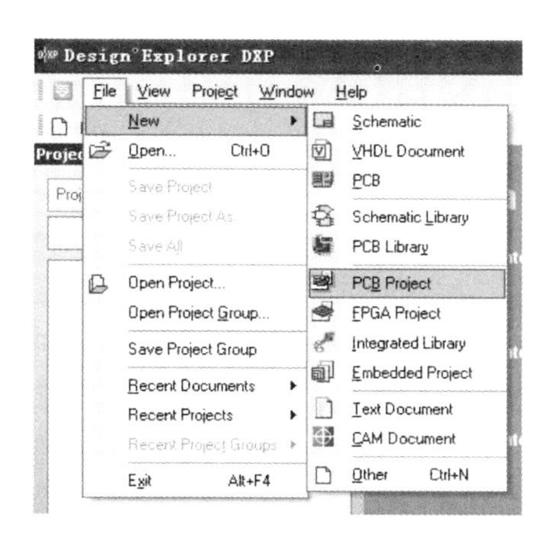

图 2-6　创建 PCB 工程文件

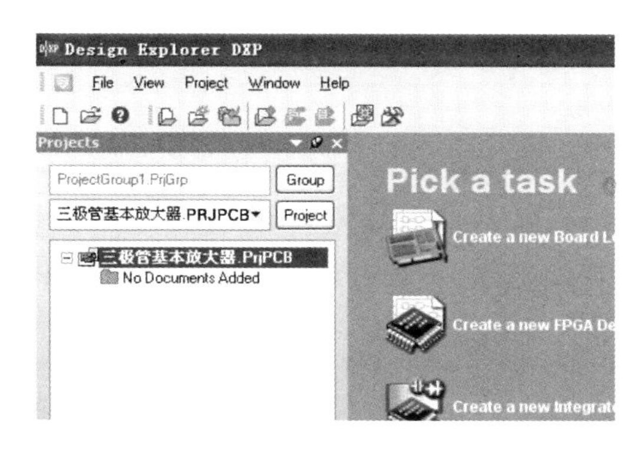

图 2-7　命名并保存 PCB 工程文件

4. 创建原理图文件。

执行菜单命令 File→New→Schematic，如图 2-8（a）所示，将在 Projects 面板的工程文件下新建一个原理图设计文件，如图 2-8（b）所示。

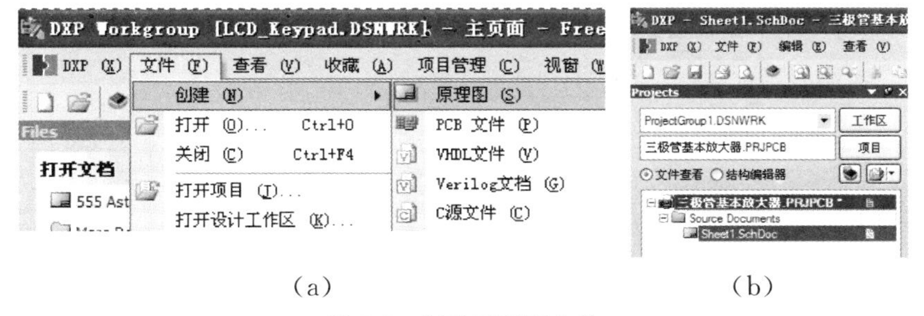

（a）　　　　　　　　（b）

图 2-8　创建原理图文件

5. 命名并保存原理图文件。

执行 File→Save 命令，将新建原理图文件保存为“单管共射放大电路 .SCHDOC”，保存地址为：D：\ * * * 的电路设计（事先建好这个文件夹），如图 2-9 所示。

图 2-9　将新建原理图文件保存为“单管共射放大电路 . SchDOC”

6. 打开库文件面板。

执行菜单命令 Design→Browse Library，或者单击面板标签 Libraries 即可打开库文件面板，如图 2-10 所示。

原理图元器件库介绍如下。

绘制原理图就是将代表实际元器件的电气符号（即原理图元器件）放置在原理图图纸中，并用具有电气特性的导线或网络标号将其连接起来的过程。Protel DXP 为了实现对众多原理图元器件的有效管理，它按照元器件制造商和元器件功能进行分类，将具有相同特性的原理图元器件放在同一个原理图元器件库中，并全部放在 Protel DXP 安装文件夹的 Library 文件夹中。

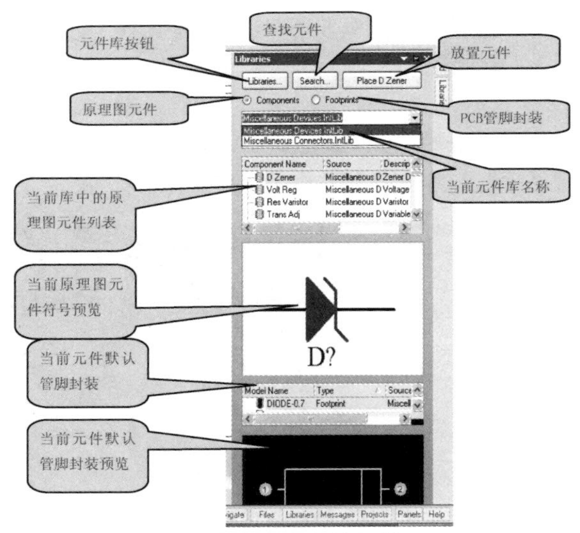

图 2-10　库文件面板

7. 选择元器件库。

元器件库有常用分立元器件库（Miscellaneous Deivices. Intlib）和常用接插件库（Miscellaneous Connectors. Intlib）。

8. 放置元器件。

元器件的图形符号如图 2-11 所示。

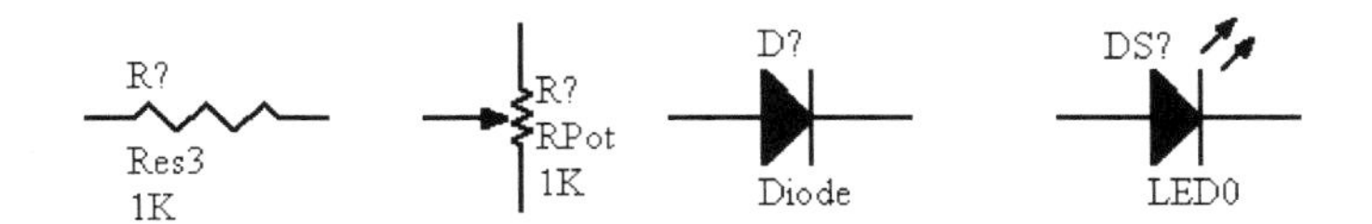

图 2-11　元器件的图形符号

9. 元器件布局。

10. 放置导线，连接电路。

执行菜单命令 Place→Wire，或者单击工具栏布线按钮。

11. 修改元器件属性。

(1) 设置元器件编号。

(2) 修改元器件标称值。

(3) 不显示元器件注释。

12. 编译工程。

执行菜单命令 Project→Compile PCB Project。

13. 生成 Protel 网络表。

执行菜单命令 Design→Netlist→rotel。

14. 生成文件报表。

执行菜单命令 Reports→Billof Materials。

活动实施：

一、观看教师演示 Protel DXP 设计单管共射放大电路原理图过程。

二、学生动手绘制原理图。

1. 新建一个设计项目 Basic Power Supply. PRJPCB，在其中添加一个原理图设计文件 Basic Power Supply. schdoc，绘制如图 2-12 所示的原理图。

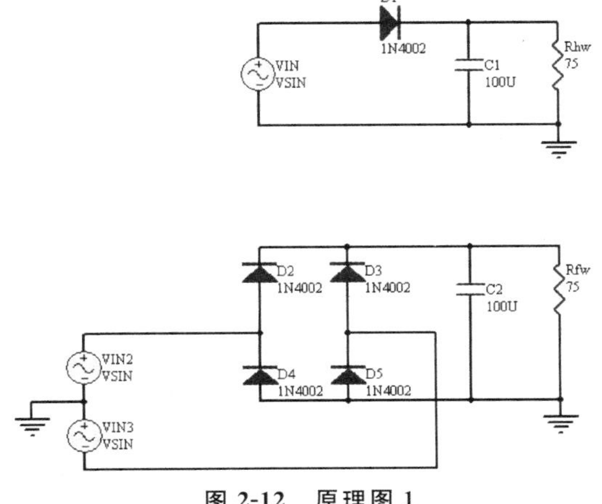

图 2-12　原理图 1

2. 绘制原理图 2。

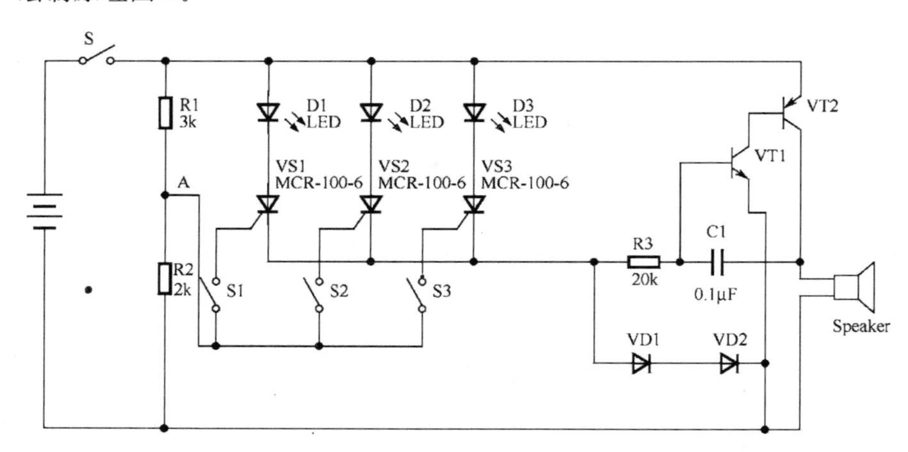

图 2-13 原理图 2

3. 绘制原理图 3。

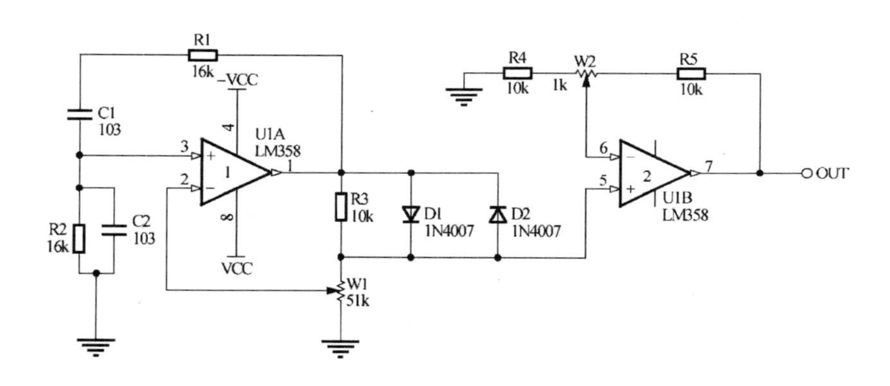

图 2-14 原理图 3

三、操作 Protel DXP 软件设计放大电路原理图，体会操作过程中存在的问题，并记录。

____

____

____

四、活动评分标准。

项 目	配 分	评 分 标 准	扣分	得分
PCB 工程文件	20 分	（1）创建 PCB 工程文件 10 分 （2）保存 PCB 工程文件 10 分		

续表

项　　目	配 分	评　分　标　准		扣分	得分
绘制简单原理图	70 分	(1) 认识原理图元器件库　10 分 (2) 查找文件　10 分 (3) 放置文件　20 分 (4) 正确布局元器件　20 分 (5) 放置导线，连接电路　10 分			
安全文明操作	10 分	遵守安全文明操作规定			
操作时间	30 分钟				
开始时间		结束时间			
合　计					

五、收获和体会。

想一想，写一写收获和体会。

1. ______

2. ______

3. ______

4. ______

5. ______

六、评议。

根据 PLC 的实训课题，在听取小组实训成果汇报的基础上进行评议，填写课题实训情况评议表。

上机情况评议表

评议项目 / 评议人	评议意见	评议等级	评议签名
本组			
其他组			
实训老师			
综合			

活动 3　三极管基本放大电路的元器件库

学习目标

1. 熟悉原理图元器件库的调用及原理图元器件的调用、放置、属性设置；
2. 掌握原理图元器件的连线方法。

建议学时

6 学时

知识准备

一、分析三极管基本放大电路所需的元器件库

经过分析图 2-15 可知，插座 JP1、JP2 的原理图的元器件位于常用接插件杂项集成库 Miscellaneous 、Connectors. IntLib 中，而其他的原理图元器件位于常用元器件杂项集成库 Miscellaneous Devices. IntLib 中，系统默认情况下，已经载入了以上两个常用元器件库，但是，如果要载入其他元器件库，或者使用过程中移除了该库，则必须加载元器件库。

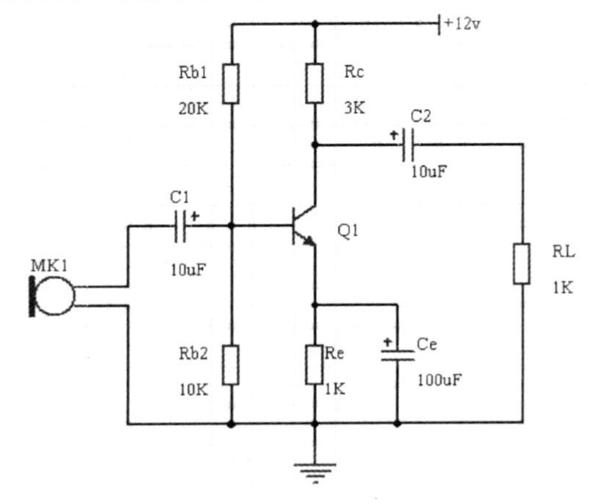

图 2-15　插座 JP1、JP2 的原理图

二、加载和卸载元器件库

1. 加载元器件库

打开库文件面板。在工作区右侧（或右下方）单击 Libraries 标签，即可打开库文件面板，如图 2-16 所示。

2. 打开添加、移除元器件库对话框

单击库文件面板中的 Libraries... 元器件库按钮，弹出如图 2-17 所示的“添加/移除元器件库”对话框。

3. 添加元器件库

在“添加/移除元器件库”对话框中单击 Add Library... 添加元器件库按钮，弹出选择元器件库对话框，如图 2-18 所示。

提示： Protel DXP 的常用元器件库默认保存在安装盘的 D：\ Program Files \ Altium \ Library 目录下。

4. 添加、卸载元器件库

（1）添加的元器件库

单击“添加/移除元器件库”对话框中的 Close 关闭按钮，回到库文件面板中，可以

看到当前元器件库下拉列表框中已经有了刚添加的元器件库 ST Memory EPROM 16-512 Kbit. IntLib，如图 2-19 所示。

图 2-16　库文件面板

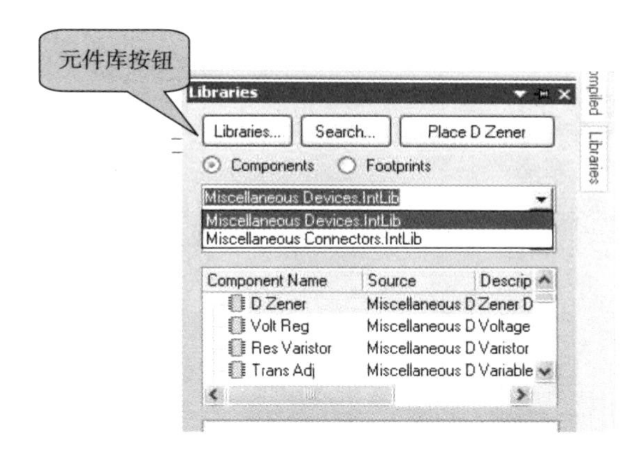

图 2-17　“添加/移除元器件库”对话框

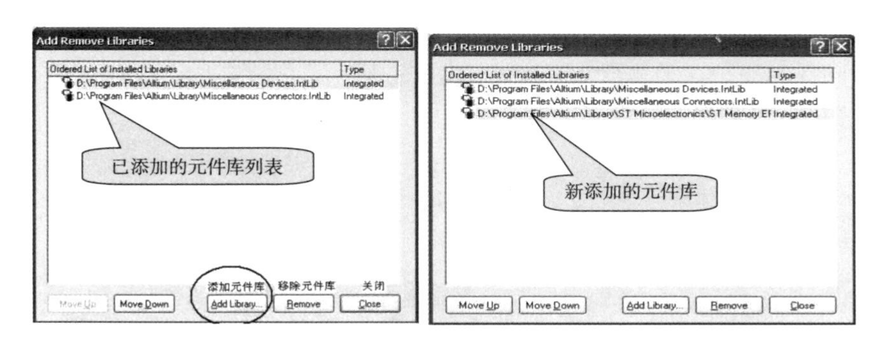

图 2-18　“选择元器件库”对话框

(2) 卸载元器件库

如果想将已经添加的元器件库卸载，可以在“添加/移除元器件库”对话框中，选中要卸载的元器件库名后，单击 Remove 移除按钮即可，如图 2-20 所示。

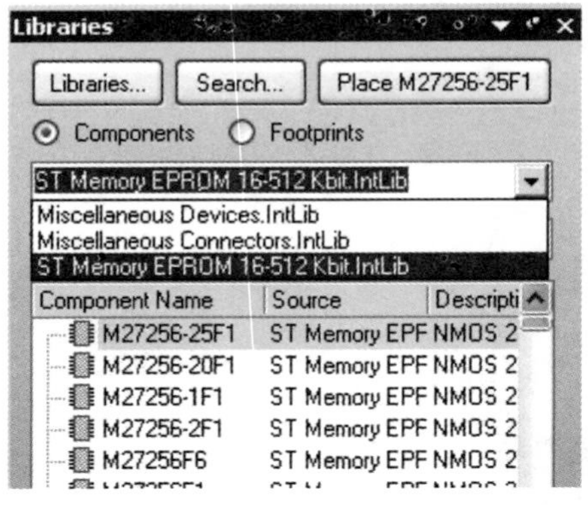

图 2-19 添加了元器件库 ST Memory EPROM 16-512 Kbit. IntLib 的库文件面板

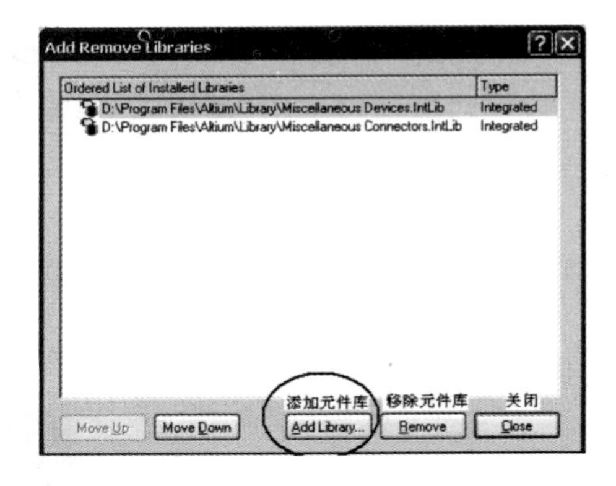

图 2-20 打开“添加/移除元器件库”对话框

注意：卸载元器件库并不是删除元器件库，卸载元器件库只是将该元器件库从当前已添加元器件库列表中移除，该库仍然保存在 Protel DXP 的元器件库文件夹中，下次需要时仍可加载进来使用。

三、放置原理图元器件并设置属性

1. 将图纸放大并移动到适当位置

(1) 图纸显示比例的调节

Page Up 键：每按一次，图纸的显示比例放大一次，可以连续操作，并可在元器件的放置过程中操作。

Page Down 键：每按一次，图纸的显示比例缩小一次，可以连续操作，并可在元器件的放置过程中操作。

End 键：每按一次，图纸显示刷新一次。

Ctrl+Page Down 键：两个按键同时按下，可以显示图纸上的所有图件。

(2) 图纸位置的移动

如图 2-21 所示，图纸位置的移动分为上下移动滑块和左右移动滑块。

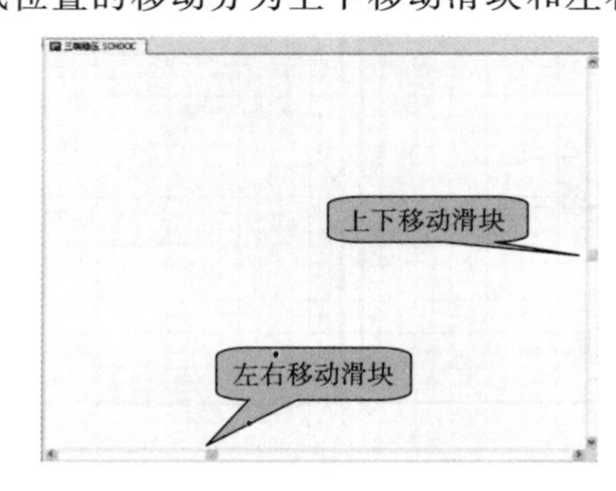

图 2-21 图纸位置的移动

经过前面的分析，二极管的原理图元器件位于常用元器件杂项集成库 Miscellaneous Devices. IntLib 中，因此在库文件面板中选择 Miscellaneous Devices. IntLib 库。

2. 找到原理图元器件

在库文件面板中浏览原理图元器件，找到二极管的原理图元器件，如图 2-22 所示。

提示：为了加快寻找的速度，可以使用关键字过滤功能，由于二极管的原理图元器件名称为 Diode，因此可以在关键字过滤栏中输入 Diode 或 Dio *（* 为通配符，可以表示任意多个字符），即可找到所有含有字符 Dio 的元器件。

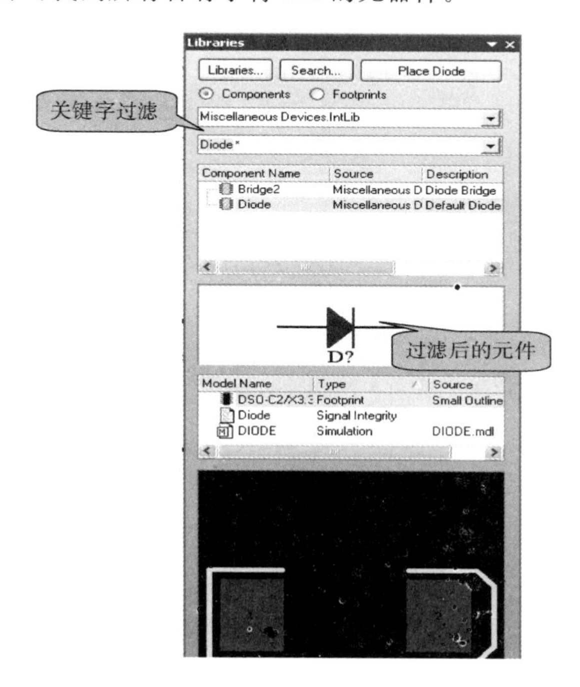

图 2-21　浏览原理图元器件

注：常用元器件的关键字：

DIO：二极管；CAP：电容；RES：电阻；PNP：PNP 型三极管；NPN：NPN 型三极管。

3. 取出原理图元器件

找到二极管元器件后，双击鼠标左键或单击库文件面板中的 Place Diode 按钮，将光标移到图纸上，此时可以看到光标下已经带出了二极管原理图元器件的虚影，如图2—23所示。

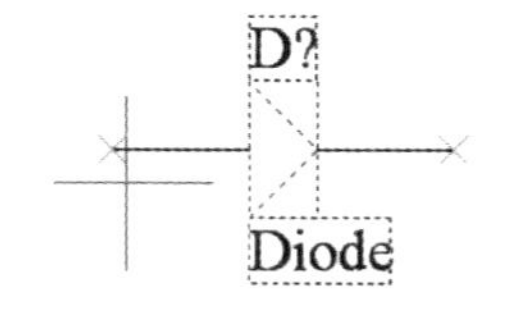

图 2-23　光标下的二极管

4. 设置原理图元器件属性

从原理图库中取出的原理图元器件还没有输入元器件编号、参数等属性，按下键盘上的 Tab 键，将弹出元器件的属性对话框，如图 2-24 所示。

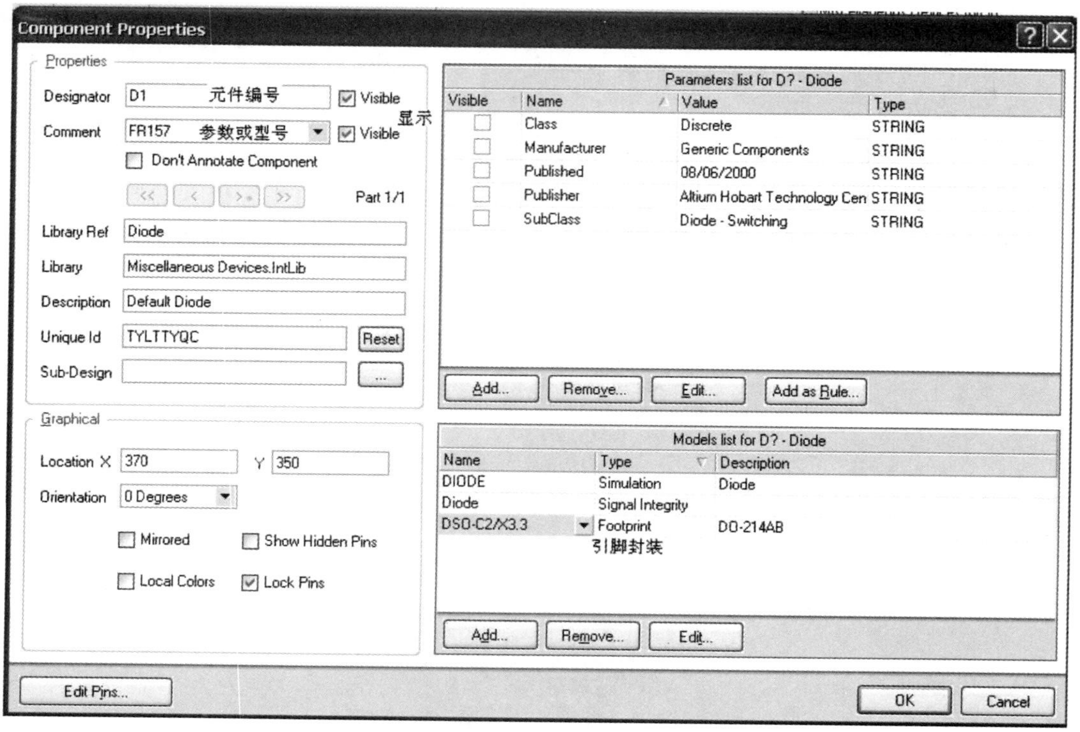

图 2-24 元器件属性对话框

5. 带有参数元器件的属性设置

对于电阻、电容、电感等带有参数的元器件，其原理图属性对话框的设置稍有不同，例如电阻的属性对话框，由于其参数栏的 Value 项可以输入参数，所以 Comment 项可以不设置，并且其后的 Visible 复选框也不选上。

6. 设置原理图元器件属性

Desinnator 元器件编号：用于图纸中唯一代表该元器件的代号。它由字母和数字两部分组成，字母部分通常表示元器件的类别，如电阻一般以 R 开头、电容以 C 开头、二极管以 D 开头、三极管以 Q 开头等。数字部分为元器件依次出现的序号。其后的复选框 Visible 用于设置元器件编号在图纸中是否显示出来。Comment元器件型号或参数：如电阻的阻值（以 Ω 为单位）、电容的容量（以 pF 和 uF 为单位）、三极管或二极管的型号等。

Footprint 引脚封装：该参数关系到 PCB 板的制作，在后面章节将会详细介绍，这里暂时不进行设置。电阻 R1 的属性设置如图 2-25 所示。

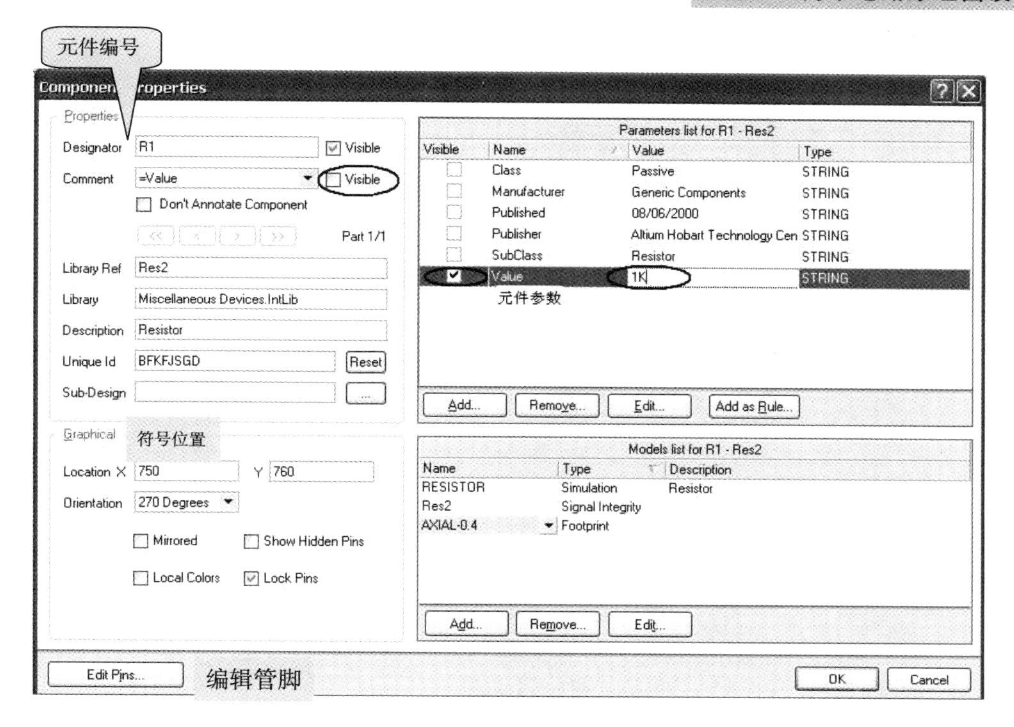

图 2-25　电阻 R1 的属性设置

7. 元器件布局、方向调整

(1) 布局调整的必要性

一张好的原理图应该布局均匀，连线清晰，模块分明，所以在元器件的放置过程中或连线过程中不可避免地要对元器件的方向、位置等进行调整。

(2) 调整元器件方向

“空格”键：元器件逆时针方向旋转 90°，如图 2-26 所示。

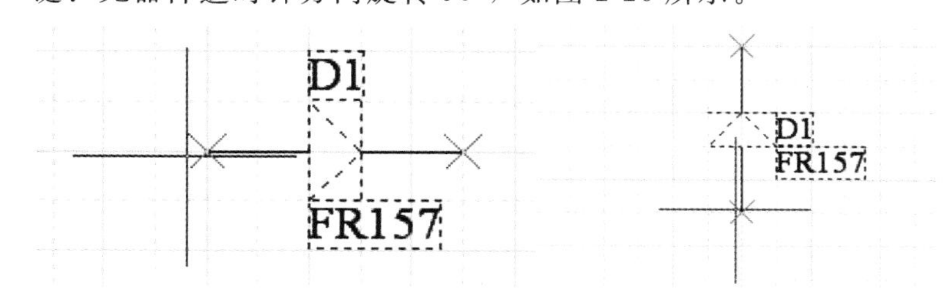

图 2-26　元器件逆时针方向旋转 90°

提示：可以连续操作。

X 键：每按一次，元器件水平方向翻转一次，如图 2-27 所示。

Y 键：每按一次，元器件垂直方向翻转一次，如图 2-28 所示。

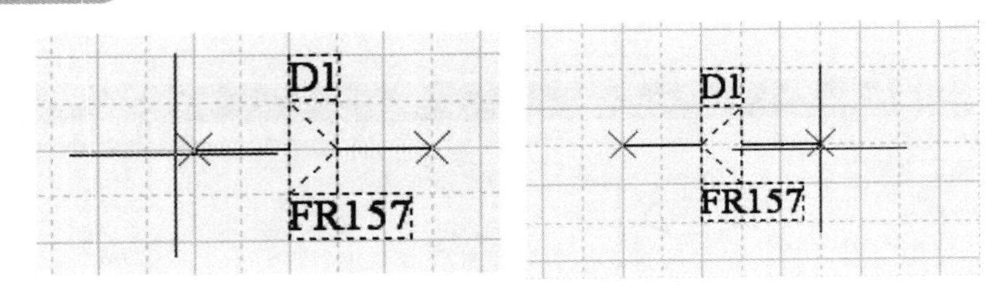

图 2-27 元器件水平方向翻转

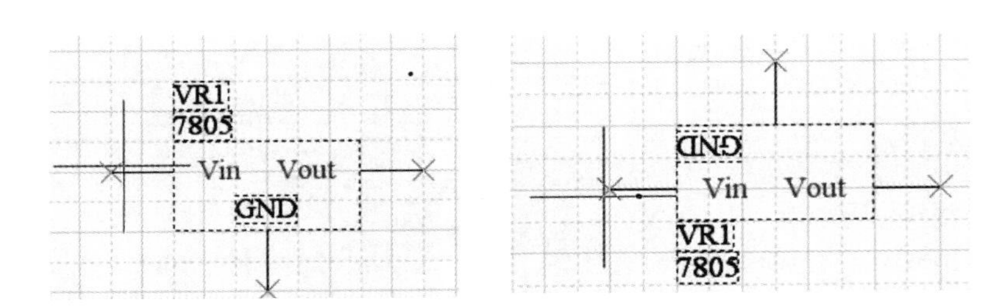

图 2-28 元器件垂直方向翻转

（3）元器件放置到图纸后的方向和位置调整

如果元器件已经放置到图纸上，要调整元器件的方向和位置，必须先将光标移到要调整的元器件图形上，然后按住鼠标左键不放，此时元器件粘附在光标下，如图 2-29 所示。此时如果移动鼠标，即可调整元器件位置，如果同时按下“空格”、X、Y 键，同样可以调整元器件的方向。

8. 元器件的选取

以上介绍的是对单个元器件的位置和方向进行调整，当要同时对多个元器件进行调整时，必须先选取它们，然后才能对它们进行调整和编辑。

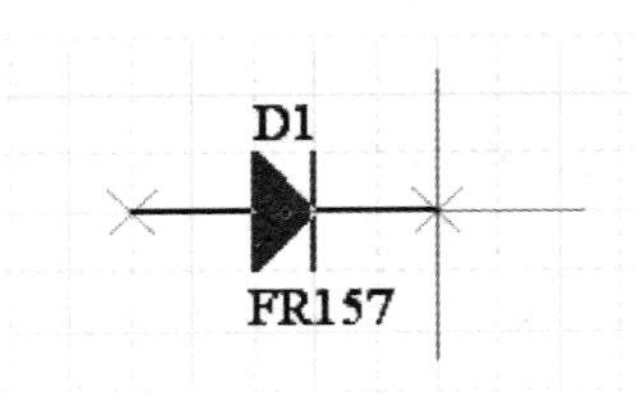

图 2-29 元器件放置到图纸后的方向和位置调整

（1）单个元器件的选取

当只想单独选中某个元器件时，可以将光标移到该元器件上，单击鼠标左键即可。

注意：元器件的选取实际上是为其他操作作好准备。选取元器件后，就可以对其进行移动、旋转、翻转等调整，还可以进行删除、复制等编辑工作。

（2）多个元器件的选取

当想选中多个元器件时，先将鼠标移到要选取元器件的左上角，按下鼠标左键不放，此时出现十字光标，然后移动鼠标，光标下方出现矩形虚线框，继续移动鼠标，确保将所有要选取的元器件包含在虚线框中，然后松开鼠标左键，此时处于虚线框中的所有元器件全部处于选中状态，如图 2-30 所示。

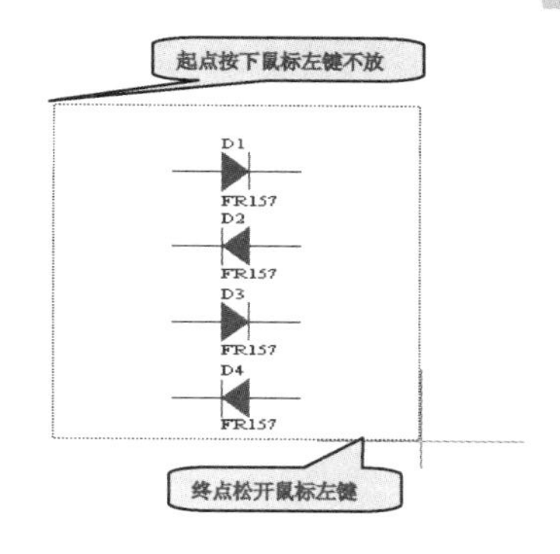

图 2-30　处于选中状态的元器件

（3）选取状态的撤销

当选取多个元器件完成调整、编辑工作后，可以单击图纸的空白处，或单击工具栏中的按钮，取消元器件的选中状态。

注意： 当多个元器件处于选中状态时，调整、编辑过程中就可以将其当成一个元器件来操作。例如，移动多个元器件时，只需先选取多个元器件，然后将光标移到处于选中状态的任何一个元器件上，按照移动单个元器件的方法，按下鼠标左键不放，移动鼠标即可同时移动多个元器件。

9. 元器件的删除、复制和粘贴

（1）元器件的删除

元器件的删除有两种方法：一种是选取元器件后，按键盘的 Delete 键，即可将选取的元器件删除。另一种为执行菜单命令 Edit→Delete，将十字光标对准要删除的元器件，单击鼠标左键，即可将其删除，如图 2-31 所示。

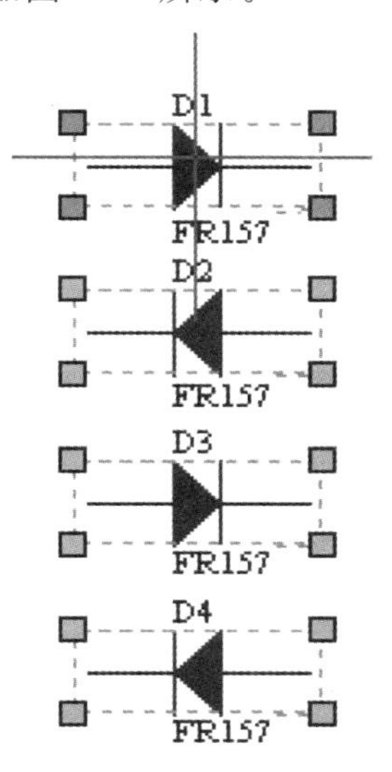

图 2-31　元器件的删除

注意：删除该对象后，编辑器仍处于删除状态，可以继续删除其他元器件，最后单击鼠标右键结束删除状态。

（2）元器件的复制

先选取要复制的元器件，使其处于选中状态，然后按下 Ctrl＋C 键，光标变为十字型，对准处于选中状态的任意一个元器件单击鼠标左键，即可将选取的元器件复制到剪贴板中。

（3）元器件的粘贴

按 Ctrl＋V 键，十字光标下出现被复制的元器件，如图 2-32 所示，将光标移到合适位置单击鼠标左键，即可完成元器件的粘贴。继续按 Ctrl＋V 键，可以继续粘贴。

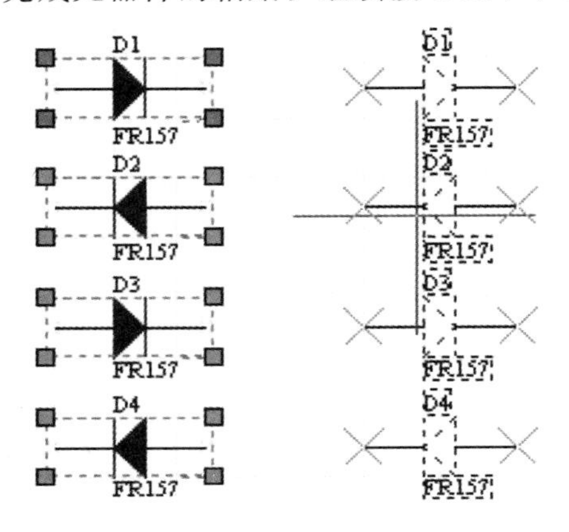

图 2-32 元器件的复制、粘贴

四、原理图元器件的连线

将元器件放置到图纸后，就要用有电气特性的导线将孤立的元器件通过管脚连接起来，此时必须用到连线工具。

1. 打开原理图工具栏

如果原理图工具栏没有打开，可以执行菜单命令 View→Toolbars→Wiring，将打开如图 2-33 所示的原理图工具栏。

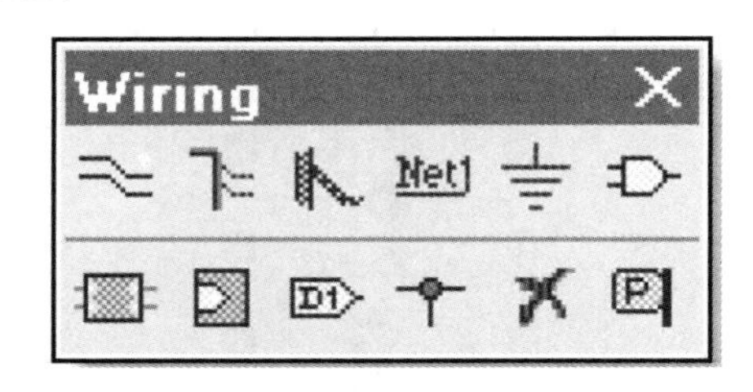

图 2-33 原理图工具栏

2. 工具栏中工具的作用

原理图工具栏中各个工具的作用，如表 2-1 所示。

表 2-1　原理图工具栏中各个工具的作用

工具符号	作用	工具符号	作用
	绘制导线		绘制方块电路
	绘制总线		放置方块电路的端口
	总线分支		放置图纸的端口
	网络标号		放置节点
	电源或接地符号		设置忽略电气法则测试
	放置元器件		设置 PCB 布线规则

3. 连接导线

连接图 2-34 中的元器件 VR1 的 Vout 管脚和 JP2 的 1 脚之间的导线。

图 2-34　连接导线

4. 设置导线属性

选择原理图工具栏中的绘制导线工具，光标变为十字型，此时可以按下键盘上的 Tap 键，弹出如图 2-35 的属性对话框。

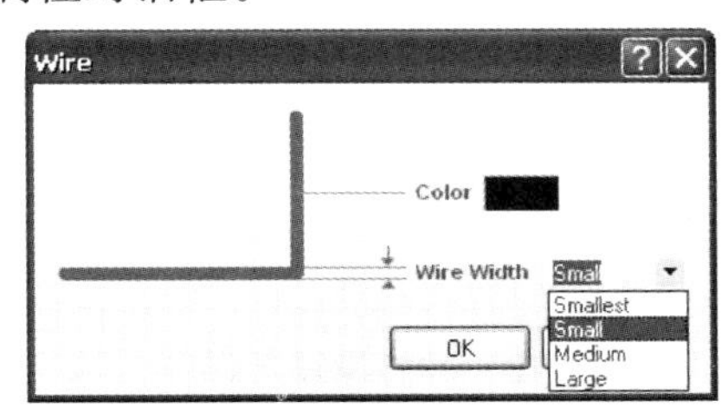

图 2-35　属性对话框

设置属性如下。

Wire Width：导线宽度，有 Smallest（最小）、Small（小）、Medium（中）、Large（大）几种选项，默认为 Small。

Color 颜色框：在弹出的属性对话框中设置不同的颜色，设置好后，单击 OK 按钮完成设置。

连接第一个管脚：移动光标接近 VR1 的 Vout 管脚，这时由于图纸中设置了自动搜索电气节点的功能，光标自动跳到 VR1 的 Vout 管脚的电气节点上，并出现小的十字型黑点，表示接触良好，如图 2-36 所示。

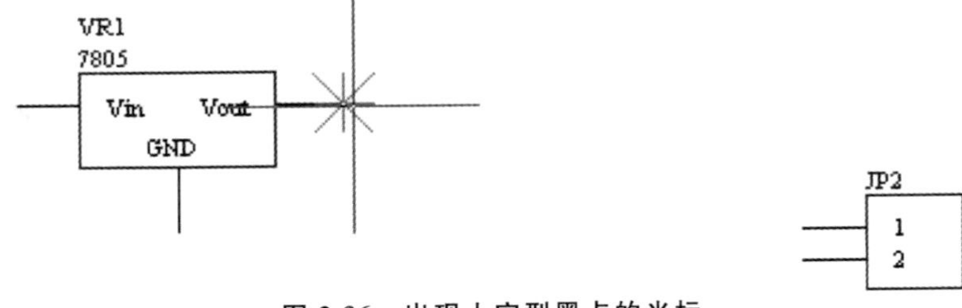

图 2-36　出现十字型黑点的光标

（1）带出导线

此时单击鼠标左键，移动鼠标即可带出一段导线，如图 2-37 所示。

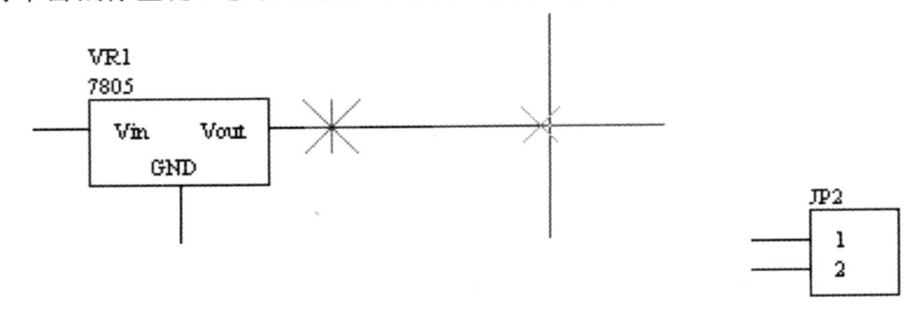

图 2-37　带出导线

（2）导线拐角

移动鼠标到要拐角的地方再单击鼠标左键，继续移动鼠标绘制导线，如图 2-38 所示。

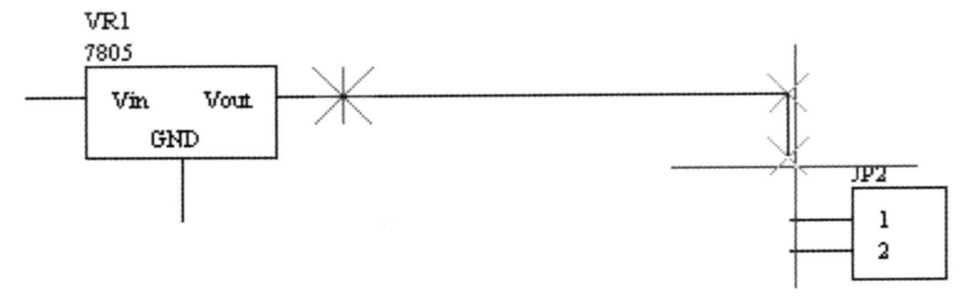

图 2-38　导线拐角

（3）完成导线绘制

光标接近 JP2 的 1 脚，同样由于自动搜索电气节点的功能，光标会自动跳到 JP2 的 1 脚电气节点上，此时再单击鼠标左键，将导线连到该管脚，由于导线绘制已经完成，单击鼠标右键结束当前导线的绘制，如图 2-39 所示。

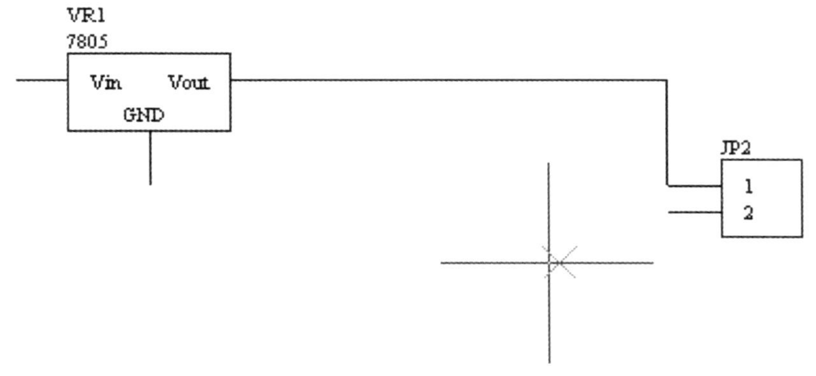

图 2-39　完成导线绘制

（4）放置节点

原理图中的节点表示相交的导线是连接在一起的，如图 2-40 所示。

（a）没有节点，表示二导线没连接　　（b）有节点，表示二导线连接

图 2-40　放置节点

在导线的绘制过程中，为了连线的方便，可以进一步调整元器件的位置、方向，以及元器件标号和参数的位置。

建议： *导线绘制最好采取分模块、单元电路的方式从左到右、从上到下依次进行，以免漏掉某些导线。*

活动实施：

一、分析三极管基本放大电路所需的元器件库。

二、动手加载和卸载元器件库。

三、绘制电路原理图并设置原理图元器件属性。

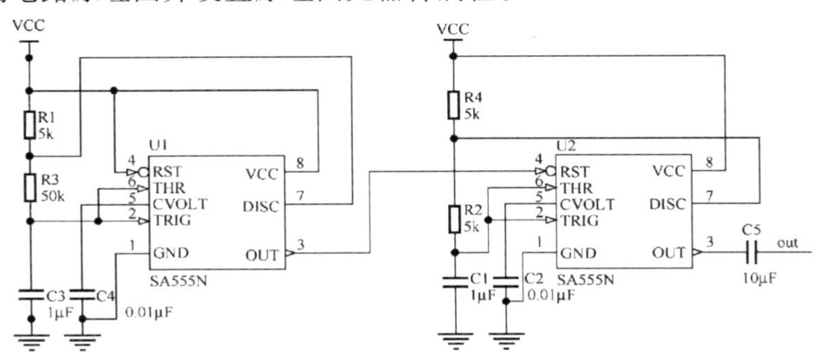

图 2-41　电路原理图

四、写出原理图工具栏中各工具的作用。

______　　______　　______

Net1 ______　　______　　D1 ______

______　　______　　P ______

______　　______　　______

五、活动评分标准。

项　　目	配　分	评　分　标　准	扣分	得分
正确分析三极管基本放大电路所需的元器件库	20	正确找到原理图元器件所在元器件库　20 分		
加载和卸载元器件库	30	(1) 正确加载元器件库　15 分 (2) 正确卸载元器件库　15 分		
绘制电路原理图	40	(1) 正确放置元器件　10 分 (2) 正确设置元器件属性　10 分 (3) 合理布局　10 分 (4) 正确进行导线转接　10 分		
安全文明生产	10	遵守安全文明生产操作规定		
操作时间	30 分钟			
开始时间		结束时间		
合　计				

六、收获和体会。

想一想，写一写设计电路原理图的收获和体会。

1. ______
2. ______
3. ______
4. ______
5. ______

七、评议。

根据实训课题，在听取小组实训成果汇报的基础上进行评议，填写课题实训情况评议表。

实训情况评议表

评议项目 / 评议人	评议意见	评议等级	评议签名
本组			
其他组			
实训老师			
综合			

思考与练习

一、判断题（对的打“√”，错的打“×”）

(　　) 1. 电路原理图设计是整个电路设计的基础，它还涉及具体元器件的封装。
(　　) 2. 原理图设计的第一步是新建原理图文件。
(　　) 3. 原理图元器件之间的连线必须用具有电气意义的导线。
(　　) 4. Protel DXP 2004 设计系统对不同类型的文档操作时，菜单栏不变。
(　　) 5. 菜单项前面有“√”标志表示该菜单项已被选中，选中的菜单项所对应的工具就不会出现在工具栏中。
(　　) 6. 关闭面板，可单击面板右上角的“×”。
(　　) 7. 在放置元器件之前要先加载完元器件库并在库中找到要放置的元器件。
(　　) 8. 图纸大小设置有标准图纸和自定义图纸两种方法，标准图纸默认为 A4。
(　　) 9. 图纸颜色设置包含“基本”“标准”“自定义”三个选项卡。
(　　) 10. 因为不知道要用多少元器件，所以最好尽可能多地载入元器件库备用。

二、填空题

1. 原理图编辑器的__________栏显示了该软件的标志和当前打开的工程项目等。
2. 原理图编辑器窗口，按字母__________可打开“文件”子菜单，按字母__________可打开“查看”子菜单。
3. 工作面板包括__________面板、__________面板和__________面板。
4. 通过__________面板可以浏览当前加载的所有元器件库。
5. 所有缩放窗口的命令都集中于__________菜单中。
6. 要放大窗口，可以按__________键。
7. 通常情况下，绘图及显示设为__________，打印设为__________。(填：横向或纵向)
8. 将网格中“捕获”和“可视”均设置为 10 mil，光标每次移动__________个网格；若“捕获”设置为 10mil，“可视”设置为 20mil，光标每次移动__________个网格。
9. 通常情况下，电气网格应__________于捕获网格。
10. 图纸设计公司名称、地址等可通过命令“__________”→“__________”→“__________”标签设置。

三、简答题

1. 简述原理图设计的基本流程。

2. 简述添加 Motorola 公司的 Motorola DSP 16-bit. IntLib 元器件库，然后卸载该元器件库的操作步骤。

3. 简述查找电位器的操作步骤。

任务 2　单片机实验板原理图绘制

活动 1　单片机实验板原理图各模块设计

学习目标

1. 采用自底向上（Bottom up）的层次化原理图方法绘制单片机实验板；
2. 熟悉总线及入口的绘制、网络标号绘制；掌握原理图设计中 ERC 放置、器件镜像的基本操作；
3. 掌握 Rubber Stamp（橡皮图章）、Array Paste、Align 电路原理图编辑器的界面环境。

建议学时

12 学时

知识准备

单片机是电子工程师的基本技能之一，单片机实验板是学习单片机的必备工具之一。通过层次化原理图的设计方法，以单片机实验板设计实例介绍 Protel DXP 的原理图到 PCB 设计的整个过程。一款经典单片机实验板如图 2-42 所示。

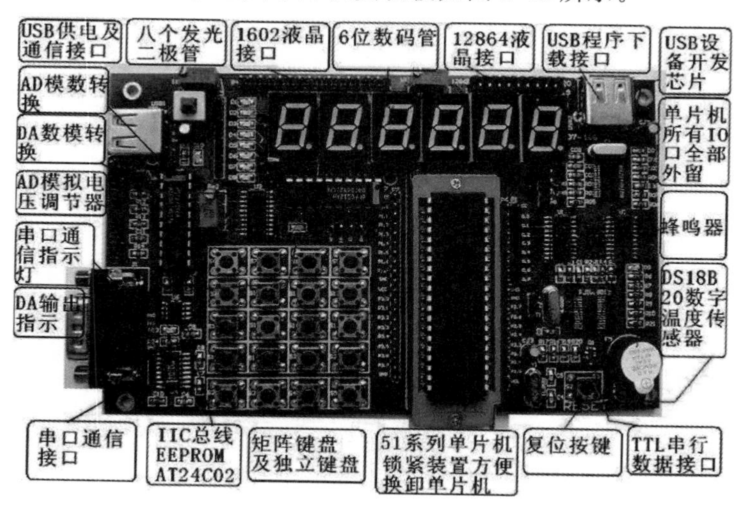

图 2-42　经典单片机实验板

单片系统包括 MCU 组成的最小系统、各种功能的外围电路及接口，具体如下。

1. 89C52 单片机。
2. 6 位数码管（做动态扫描及静态显示实验）。
3. 8 位 LED 发光二极管（做流水灯实验）。

4. MAX232 芯片 RS232 通信接口（可以作为与计算机通信的接口，同时也可作为单片机下载程序的接口）。

5. USB 供电系统，直接插接到计算机 USB 口即可提供电源，不需另接直流电源。

6. 蜂鸣器（做单片机发声实验）。

7. ADC0804 芯片（做模数转换实验）。

8. DAC0832 芯片（做数模转换实验）。

9. PDIUSBD12 芯片（可进行 USB 设备开发，如单片机读写 U 盘、自制 U 盘、自制 MP3 等，还可通过此芯片让计算机与单片机传输数据）。

10. USB 转串口模块（直接由计算机 USB 口下载程序至单片机）。

11. DS18B20 温度传感器（初步掌握单片机操作后即可亲自编写程序获知当时的温度）。

12. AT24C02 外部 EEPROM 芯片（IIC 总线元器件实验）。

13. 字符液晶 1602 接口（可显示两行字符）。

14. 图形液晶 12864 接口（可显示任意汉字及图形）。

15. 4×4 矩阵键盘另加四个独立键盘（键盘检测试验）。

知识准备

一、设计任务

采用自底向上（Bottom up）的层次化原理图方法绘制单片机实验板原理图及 PCB。本实验板主要有 CPU 部分、电源部分（Power）、串口通信（RS-232）部分、数码显示（LED）部分、继电器（Relay）部分和其他（misc）各部分。同时，通过层次化原理图的绘制掌握原理图绘制的众多技巧。单片机原理图总图如图 2-43 所示。

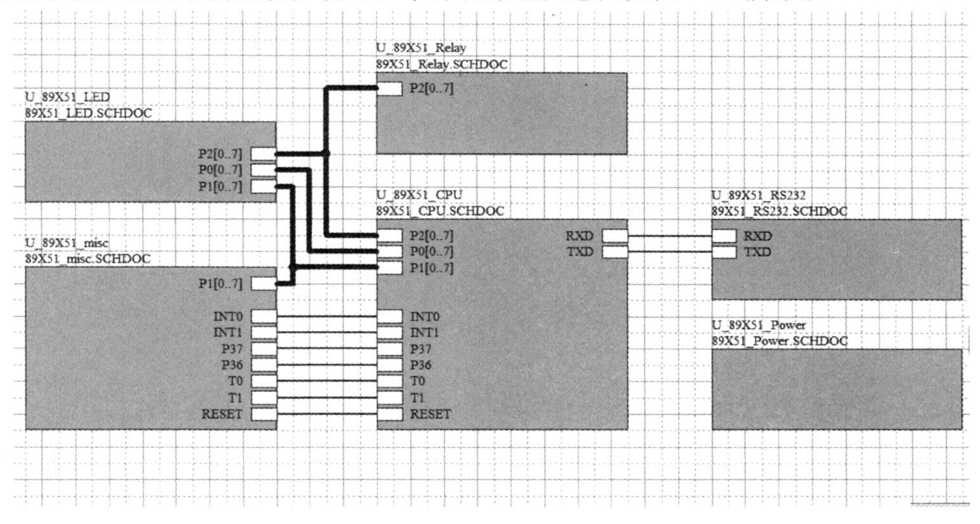

图 2-43 单片机原理图总图

二、子图绘制

下面开始各原理子图的绘制，如图 2-44 所示，建立单片机实验板工程，建立各个原理图，并把库文件加载到工程里。

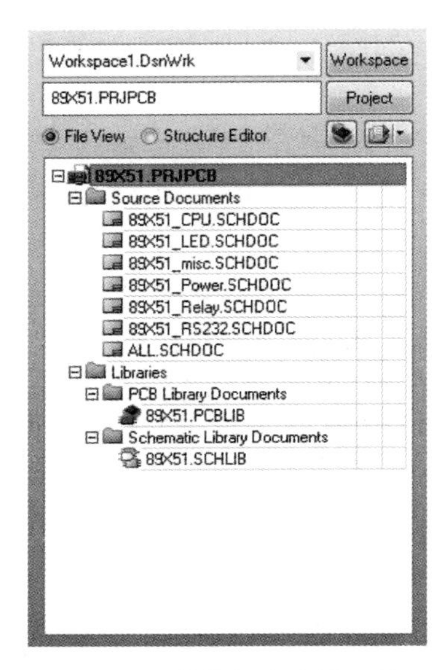

图 2-44　单片机实验板工程

1. CPU 模块（图 2-45 所示）

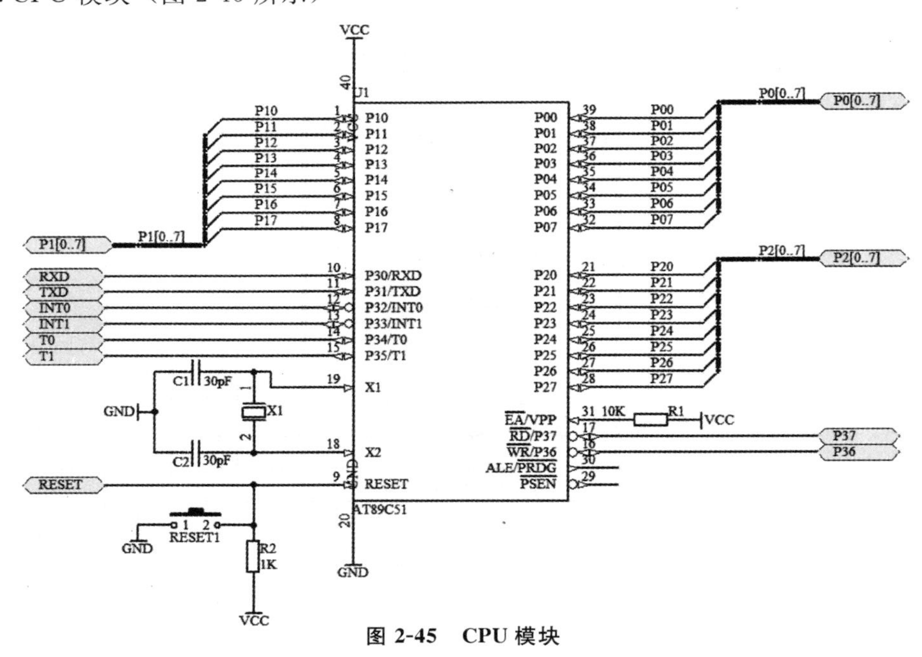

图 2-45　CPU 模块

掌握的技能：总线及入口的绘制、网络标号绘制、端口放置。

知识 1　绘制总线

总线是多条平行导线的集合，也就是用一条粗线来表示数条性质相同的导线，它类似于计算机系统的数据总线、地址总线及控制总线。在原理图绘制中，总线纯粹是为了迎合人们绘制原理图的习惯，其目的仅是简化连线的表现形式，使图面简洁明了。总线本身并不具有实际电气特性。图 2-46 是总线及与总线相关概念的示意图。

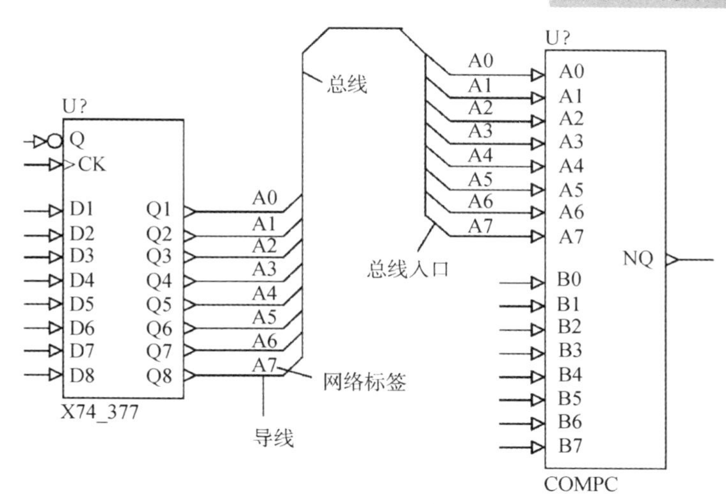

图 2-46 总线及与总线相关概念的示意图

(1) 总线的绘制

总线的绘制方法与导线绘制基本相同，具体操作步骤如下。

第 1 步，执行“放置”→“总线”命令或者单击工具栏图标，光标变成十字状。

第 2 步，单击鼠标左键确定起点，再单击鼠标左键确定多个固定点和终点。

第 3 步，单击右键结束当前总线的绘制，此时鼠标仍处于放置总线状态，可继续放置其他总线。

第 4 步，单击右键或按 Esc 键退出总线放置。

放置总线常采用 45°模式，并且导线末端最好不要超出总线入口。

(2) 总线的属性设置

在放置总线状态下按 Tab 键，或在已放置的总线上双击，打开“总线”属性对话框，如图 2-47 所示。在该属性对话框中，可以设置总线的宽度、颜色等属性。系统默认总线宽度为粗线。

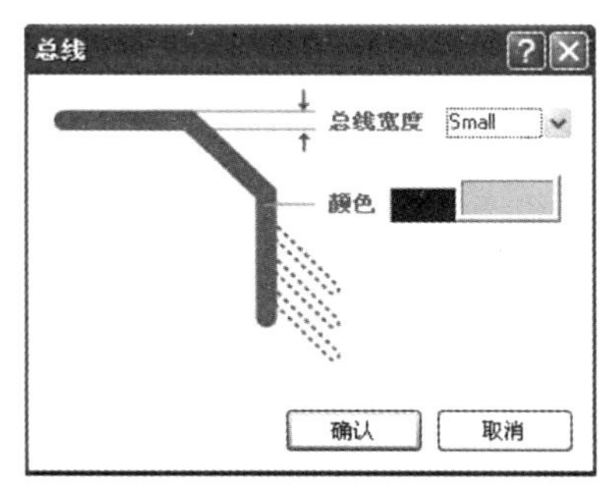

图 2-47 “总线”属性对话框

(3) 改变总线的走线模式

在光标处于画线状态时，按 Shift＋空格键可自动转换总线的拐弯样式。

知识 2 绘制总线入口

总线入口表示单一导线进出总线的出入端口，也称为总线分支线，在图中用斜线表示。总线入口跟总线一样，同样不具备实际电气特性，但可以美化电路图，使电路看上去更具有专业水准。

(1) 放置总线入口步骤

第 1 步，执行“放置”→“总线入口”命令或者单击工具栏图标，光标变成十字状，并且上面有一段 45°或 135°的线，表示系统处于绘制总线入口状态。

第 2 步，将光标移动到所要放置总线入口的位置，光标处将出现红色的“×”形标记，单击即可完成一个总线入口的放置。

第 3 步，放置完一个总线入口后，系统仍处于放置总线入口状态，将光标移动到另一位置，重复操作直到放置完所有需要的总线入口。

第 4 步，右击工作区或者按 Esc 键，退出放置总线入口状态。

放置总线入口过程中，按空格键可使总线入口方向逆时针旋转 90°；按 X 键可左右翻转；按 Y 键可上下翻转。

(2) 总线入口的属性设置

双击已放置好的总线入口，或者在放置总线入口的状态下按 Tab 键，打开“总线入口”属性对话框，如图 2-48 所示。

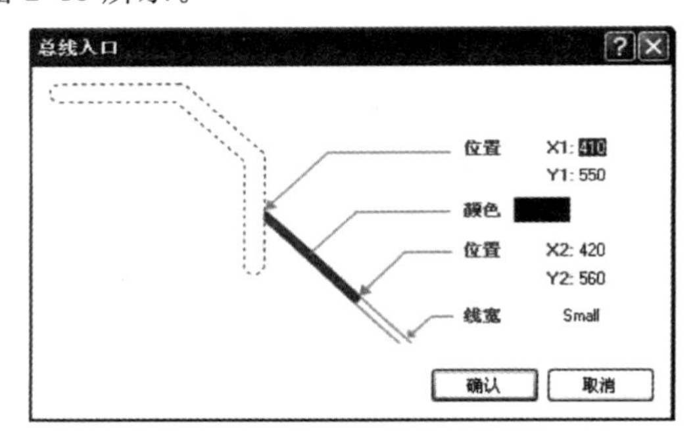

图 2-48 “总线入口”属性对话框

在图 2-48 中，“线宽”设置总线入口的宽度，系统默认用 Small（细）；“颜色”设置总线入口的颜色；“位置”X1、Y1 和 X2、Y2 设置总线入口起点和终点的 X 轴和 Y 轴坐标值。

知识 3 放置网络标签

在 Protel DXP 2004 中，元器件管脚之间用导线来表示电气连接。但在总线中聚集了多条并行导线，怎样来表示这些导线之间的具体连接关系呢？在比较复杂的原理图中，有时两个需要连接的电路距离很远，甚至不在同一张图纸上，这时又该怎样进行电气连接呢？这些都要用到网络标签，即通过放置网络标签来建立元器件管脚之间的电气连接。

与总线和总线入口不同，网络标签具有实际的电气连接特性。在电路图上具有相同网络标签的电气连接是连在一起的，即在两个以上没有相互连接的网络中，把应该连接在一起的电气连接点定义成相同的网络标签，使它们在电气含义上属于真正的同一网络。

网络标签多用于具有总线结构的电路和层次式电路中，简化线路连接。网络标签的作用范围可以是一张电路图，也可以是一个项目中的所有电路图。

(1) 放置网络标签步骤

第 1 步，执行菜单中“放置”→“网络标签”命令或单击工具栏快捷工具 Net，进入网络标签放置状态，光标呈十字状并浮动着一个初始标签 Net Label1。

第 2 步，移动光标到网络标签所要指示的导线上，此时光标将显示红色的“×”形标记，提醒设计者光标指针已到达合适的位置。

第 3 步，单击鼠标左键，网络标签将出现在导线上方，即完成一个网络标签的放置。

第 4 步，右击工作区或按 Esc 键，退出网络标签放置状态。

Protel DXP 2004 系统提供了网络标签自加功能，即当网络标签的最后一个字符为数字时，在放置网络标签的过程中，每放置一个网络标签就自动加一个单位。如现在放置的网络标签是 D1，则下一个放置的网络标签自动设为 D2。

(2) 设置网络标签的属性

双击已放置的网络标签或在放置状态下按 Tab 键，打开“网络标签”属性对话框，如图 2-49 所示。属性中要注意“网络”是指该网络标签所在的网络，确定了该标签的电气特性，是最重要的属性。具有相同网络属性值的网络标签及与其相关联的元器件管脚被认为属于同一网络，有电气连接特性。如图 2-46 中“X74－377”的 Q1 脚和 COMPC 中的 A0 脚，它们的网络标签都为 A0，所以被认为处于同一网络，它们有电气连接特性。

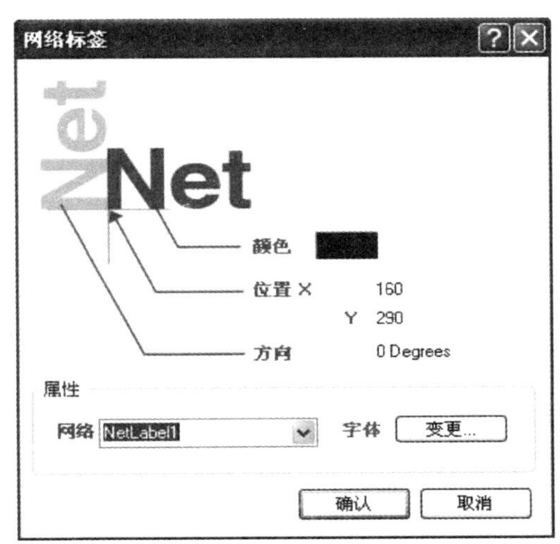

图 2-49　“网络标签”属性对话框

网络标签不能直接放置在元器件的引脚上，一定要放置在引脚的延长线上；网络标签是有电气意义的，千万不能用任何字符串代替。

知识 4　放置端口

在 Protel DXP 2004 中，通过导线和网络标签可以使两个网络具有相互连接的电气意义，还有第三种电气连接，那就是端口。端口通过导线和元器件管脚相连，两个具有相同名称的端口可以建立电气连接。与网络标签不同的是，端口通常表示电路的输入或输出，因此也称输入/输出端口，或称 I/O 端口，常用于层次电路图中。

（1）放置端口的步骤

第 1 步，执行“放置”→“端口”命令，或者单击“配线”工具栏图标。

第 2 步，光标变成十字状，且有一个浮动的端口粘在光标上随光标移动，如图 2-50 所示。

第 3 步，移动光标到合适位置，光标处将出现红色的“×”形标记，单击确定端口的一端。

第 4 步，移动鼠标调整端口大小，单击完成一个端口的放置。

第 5 步，鼠标仍为放置端口状态，移动到其他位置，继续放置另一个端口。

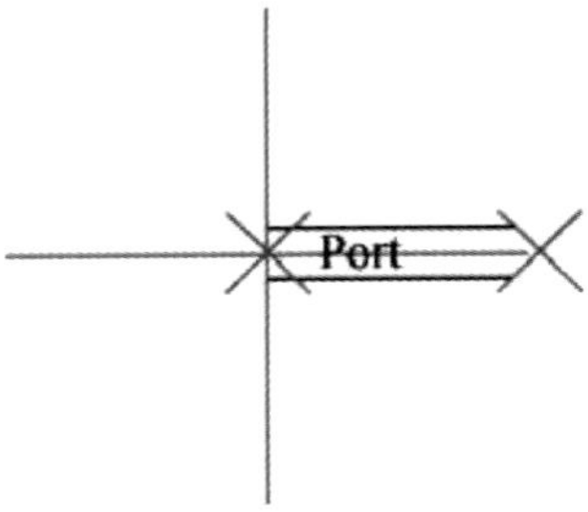

图 2-50　放置端口状态

第 6 步，完成所有端口的放置，右击工作区或按 Esc 键退出端口放置状态。

（2）设置端口属性

双击已放置的端口或在放置状态下按 Tab 键，弹出“端口属性”对话框，如图2-51所示，对话框中共有 10 个选项，下面介绍几个比较重要的选项。

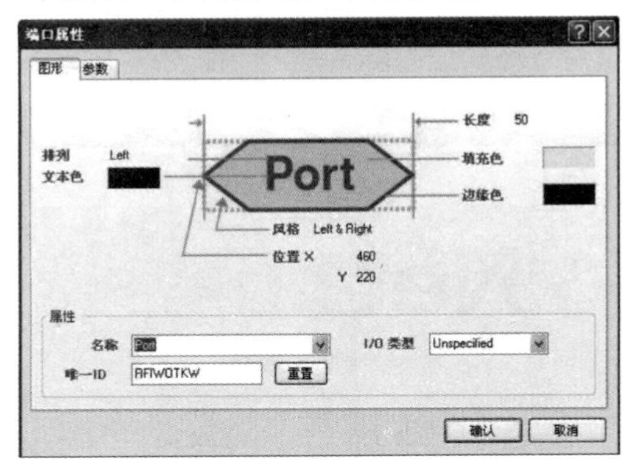

图 2-51　“端口属性”对话框

①名称。指端口的名称。这是端口最重要的属性之一，具有相同名称的端口在电气上是连接在一起的。在该下拉列表框中可以直接输入端口名称。端口默认值为 Port。

②I/O 类型。指定 I/O 端口信号传输的方向。这是设置端口电气特性的关键，为以后的电气规则检查（ERC）提供依据。例如，当两个同属输入类型的端口连接在一起，电气规则检查时，会产生错误报告。单击下拉按钮可以打开如图 2-52 所示的下拉列表框。Protel DXP 2004 提供四种端口类型：Unspecified（未指明）、Output（输出型）、Input（输入型）和 Bidirectional（双向型）。

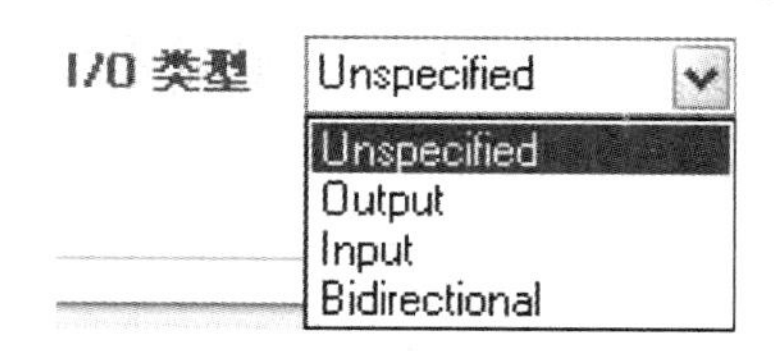

图 2-52　I/O 类型

I/O 类型应与信号传输方向一致。

③风格。设定端口外形。单击下拉按钮，列表中提供了 I/O 端口的 8 种外形。端口的其他几个属性，如设置边缘色、填充色和文本框等的操作和元器件中的相关操作设置完毕后，单击“确认”按钮。

2. 电源（Power）模块

电源模块如图 2-53 所示。

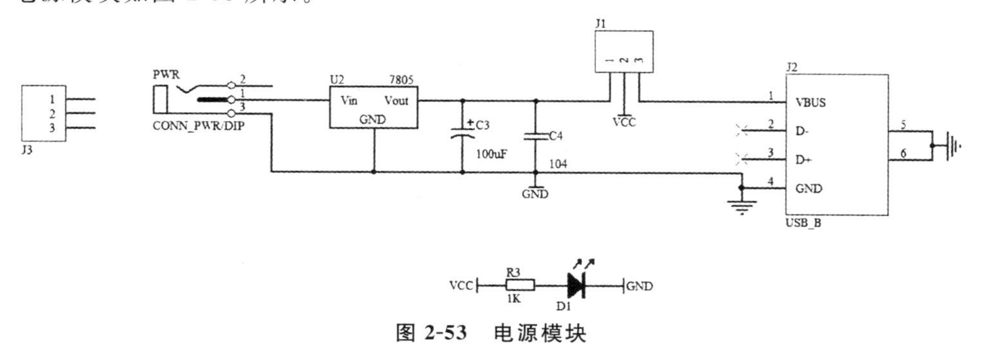

图 2-53　电源模块

需掌握的技能：ERC 放置、器件镜像。

知识链接：ERC，即为 Electrical Rules Check 的缩写。使用 ERC 检测可以对原理图的电气连接特性进行全方位的自动检查，并将错误信息在 Messages 工作面板中列出，同时也可以在原理图中在线显示错误。

3. 串行通信（RS-232）模块

串行通信模块如图 2-54 所示。

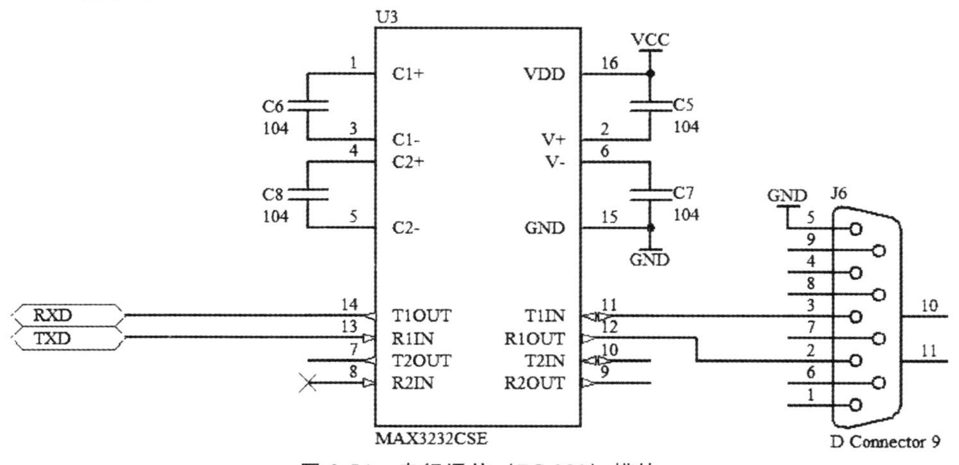

图 2-54　串行通信（RS-232）模块

需掌握的技能：ERC 放置、器件镜像。

4. 数码显示（LED）模块

数码显示如图 2-55 所示。

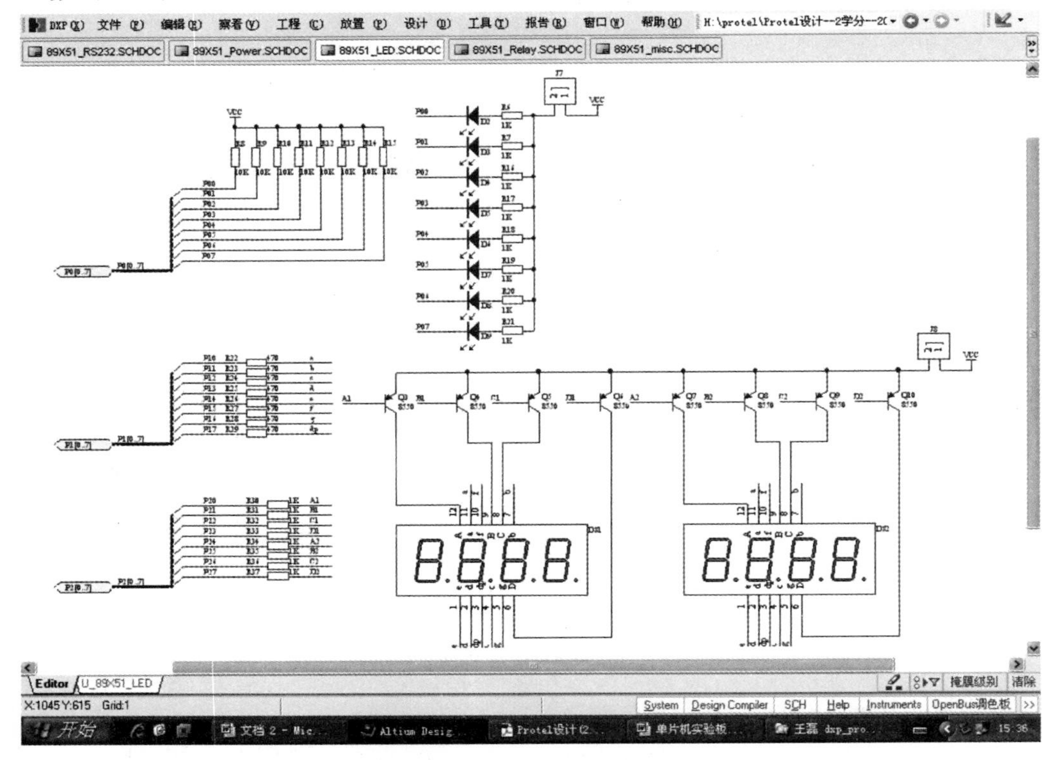

图 2-55　数码显示（LED）模块

需掌握的技能：Rubber Stamp（橡皮图章）、Array Paste、Align。

5. 继电器（Relay）模块

继电器模块如图 2-56 所示。

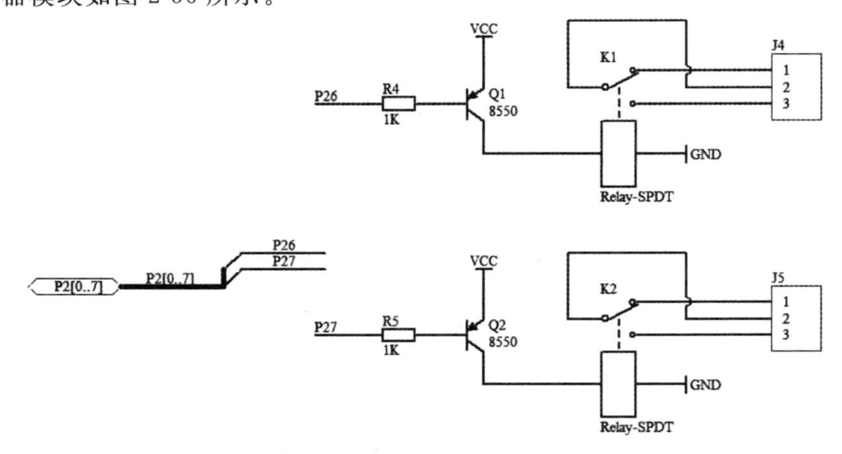

图 2-56　继电器（Relay）模块

需掌握的技能：Copy/Paste、Align。

6. 其他各模块

其他各模块如图 2-57 所示。

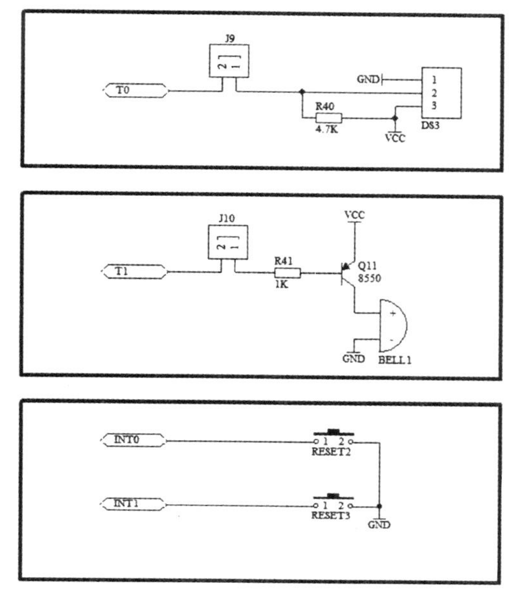

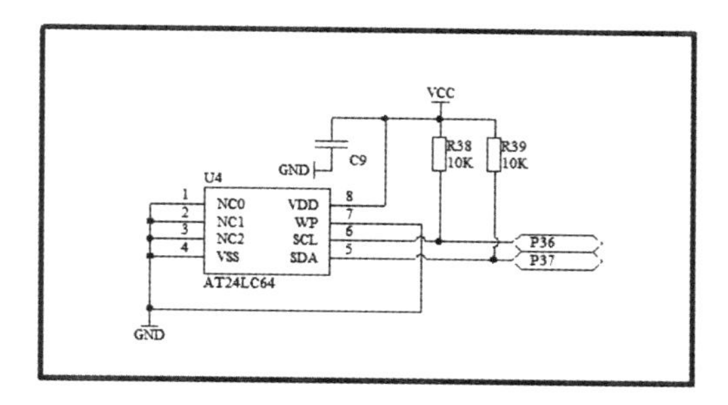

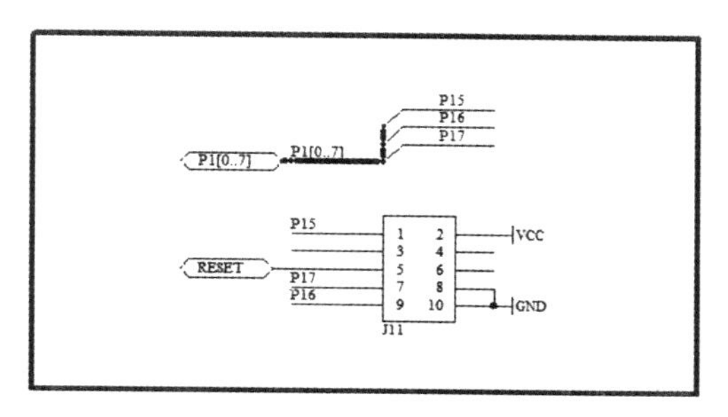

图 2-57 其他模块

需掌握的技能：文本、注释等。

【拓展】 “阵列式粘贴”工具的特殊用途

用“阵列式粘贴”工具一次可以按指定间距将同一个元器件重复地粘贴到图纸上，这在前面已作过介绍。“阵列式粘贴”还可以一次完成网络标签的放置。下面以图 2-58 中 U1 和 U2 之间的连接导线和网络标签为例，介绍阵列式粘贴的操作步骤。

第 1 步，在原理图中放置元器件 U1、U2（U1、U2 为 DM74LS273M）。

第 2 步，在 U1 的 2 号管脚和 U2 的 3 号管脚间放置一条导线和两个网络标签 DA1，并选中该导线和两个网络标签，如图 2-59 所示。

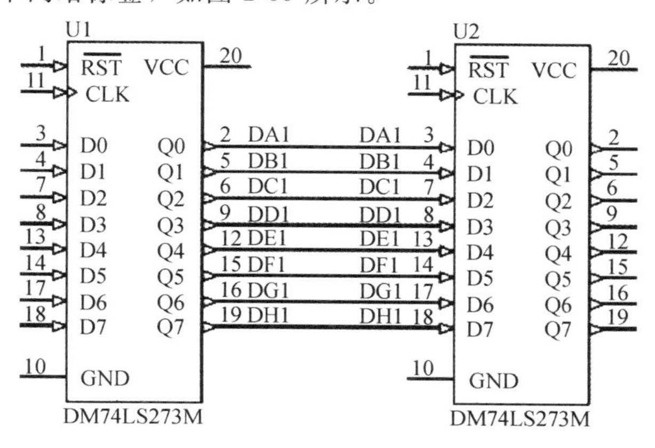

图 2-58 阵列式粘贴效果图

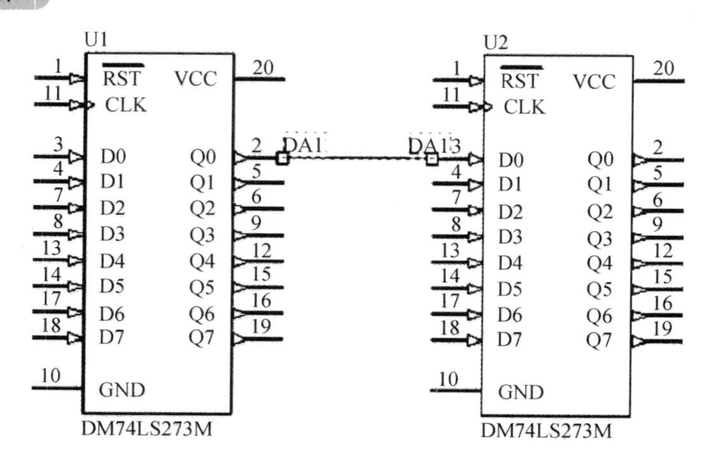

图 2-59　粘贴前原理图

第 3 步，执行“编辑”→“复制”命令。

第 4 步，执行“编辑”→“粘贴队列”命令或单击画图工具栏中的工具。系统弹出如图 2-60 所示的“设定粘贴队列”对话框。设置参数说明如下。

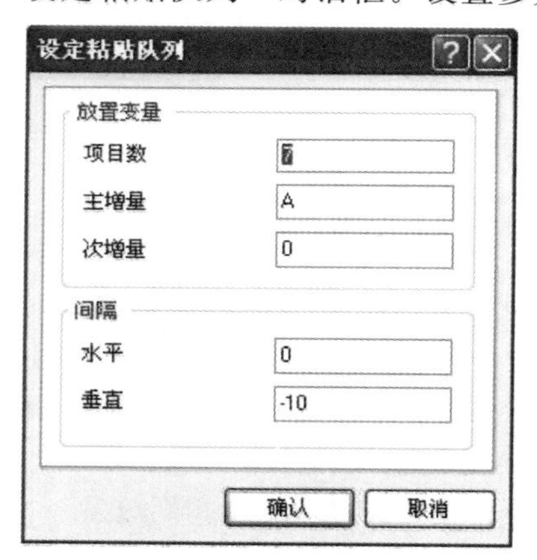

图 2-60　“设定粘贴队列”对话框

①项目数。对象被重复粘贴的次数为 Q1～Q7（D1～D7），因此此处设置为 7。

②主增量。粘贴对象序号的增加量，此处为 A～H，字符 A 和数字 1 不变，因此设置为 A，表示英文字母依次序递增，相当于数字增量 1。

③水平。粘贴对象间的水平间距设置为 0，指对象呈水平状态。

④垂直。粘贴对象间的垂直间距设置为－10，表示按从上到下的顺序放置对象。

第 5 步，设置完成后，单击“确认”按钮，关闭该对话框，光标处出现一个“十”字。

第 6 步，移动光标到合适位置，单击左键，即得到如图 2-58 所示的结果。

阵列式粘贴是一种类似批处理命令的特殊粘贴方式，它可以将同一对象（集）按指定间距一次性地粘贴到图纸中。

活动实施：

一、查阅资料，完成单片机实验板原理图各模块设计。

二、练习绘制原理图（图 2-61、图 2-62）。

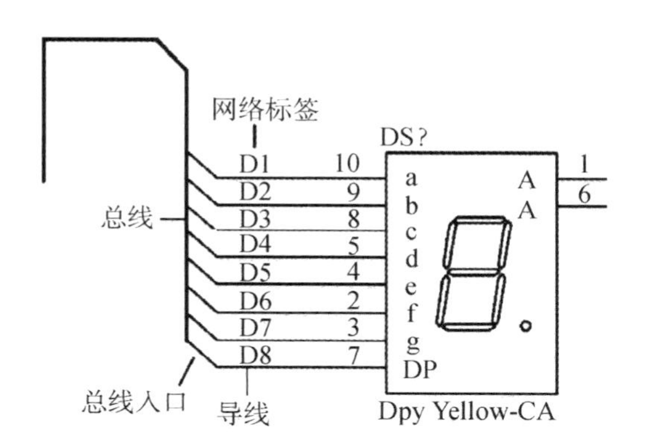

图 2-61　练习 1

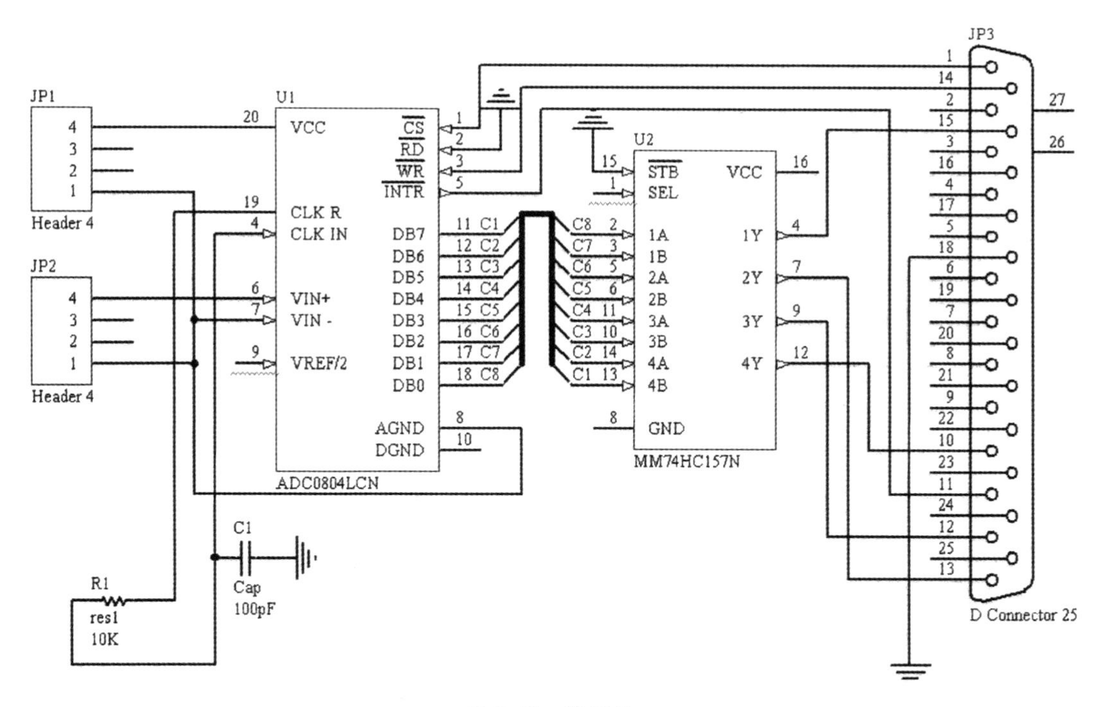

图 2-62　练习 2

三、活动评分标准。

项　目	配分	评　分　标　准	扣分	得分
正确绘制 CPU 模块	30	(1) 正确进行总线及入口的绘制 10 分 (2) 正确进行网络标号的绘制 10 分 (3) 正确完成端口放置 10 分		
正确绘制电源模块、串行通信（RS-232）模块	30	(1) ERC 放置 15 分 (2) 器件镜像 15 分		
正确绘制继电器（Relay）等模块	30	(1) Rubber Stamp（橡皮图章） 10 分 (2) Array Paste 10 分 (3) Align 10 分		
安全文明生产	10	遵守安全文明生产操作规定		
操作时间	30 分钟			
开始时间		结束时间		
合　计				

四、收获和体会。

想一想，写一写完成单片机实验板原理图各模块的收获和体会。

1. ____________________

2. ____________________

3. ____________________

4. ____________________

5. ____________________

五、评议。

根据实训课题，在听取小组实训成果汇报的基础上进行评议，填写课题实训情况评议表。

实训情况评议表

评议项目 / 评议人	评议意见	评议等级	评议签名
本组			
其他组			
实训老师			
综合			

活动2　单片机实验板原理图总图绘制

学习目标

1. 掌握原理图文件生成“方块电路符号”的方法和步骤，学会绘制单片机实验板总图。
2. 掌握设置更新元器件流水号方法。
3. 熟悉编译工程及查差错方法，掌握 ERC 规则设置。

建议学时

12 学时

知识准备

一、总图绘制

本部分介绍由原理图文件生成“方块电路符号”的方法和步骤，然后绘制原理图总图，如图 2-63 所示。

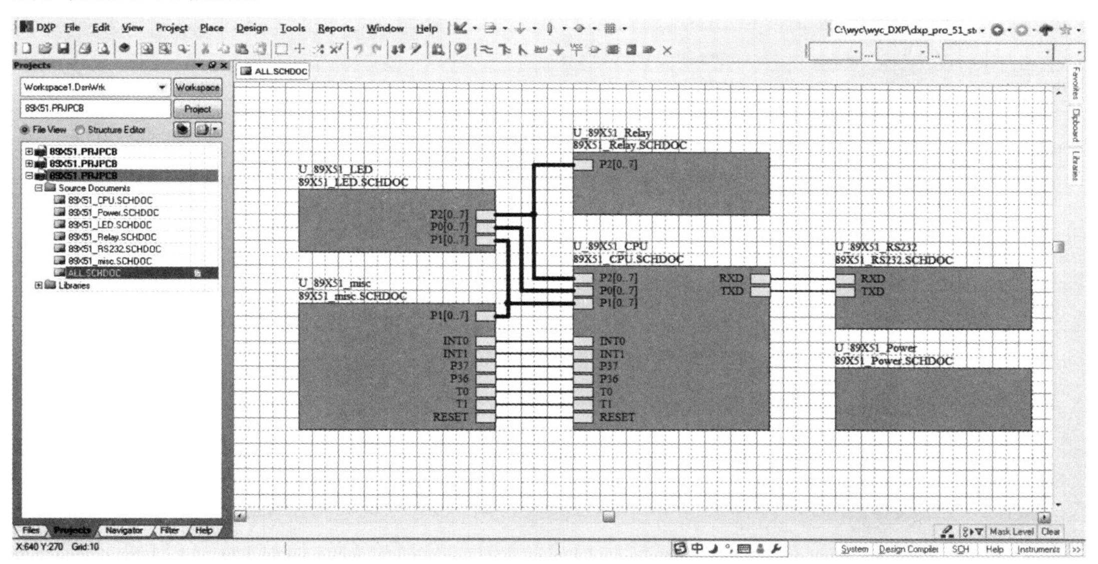

图 2-63　绘制原理图总图

1. 打开总图原理图，如图 2-64 所示。
2. 执行 Design→Create Sheet Symbol From Sheet 命令，如图 2-65 所示。
3. 选中要生成“方块电路符号”原理图，如图 2-66 所示。

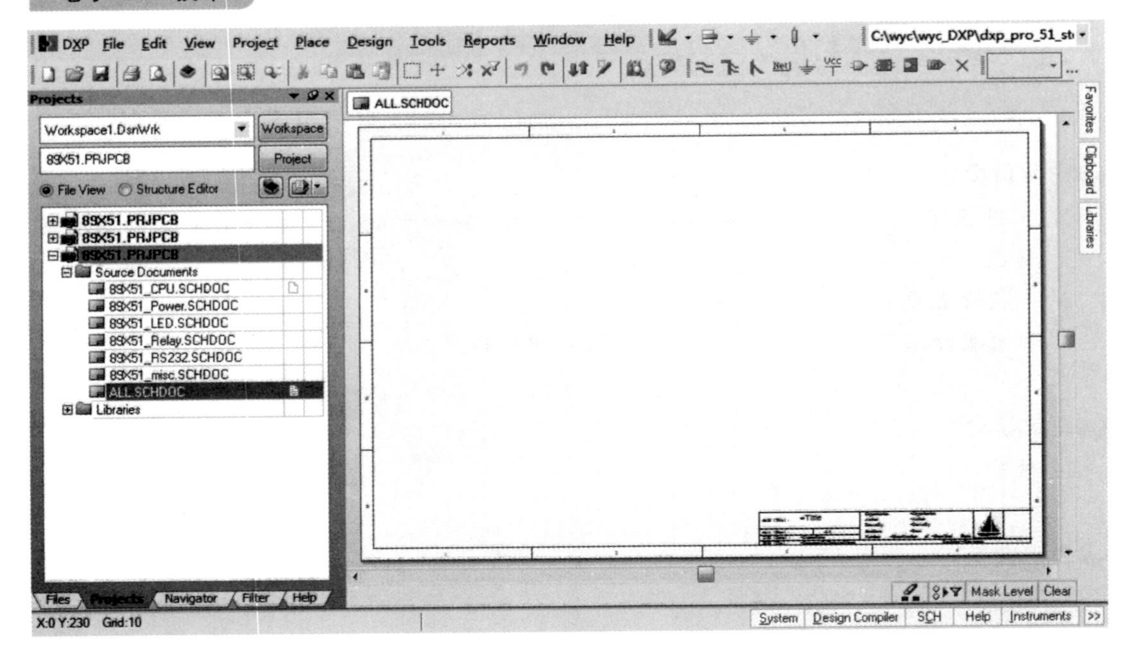

图 2-64　总图原理图

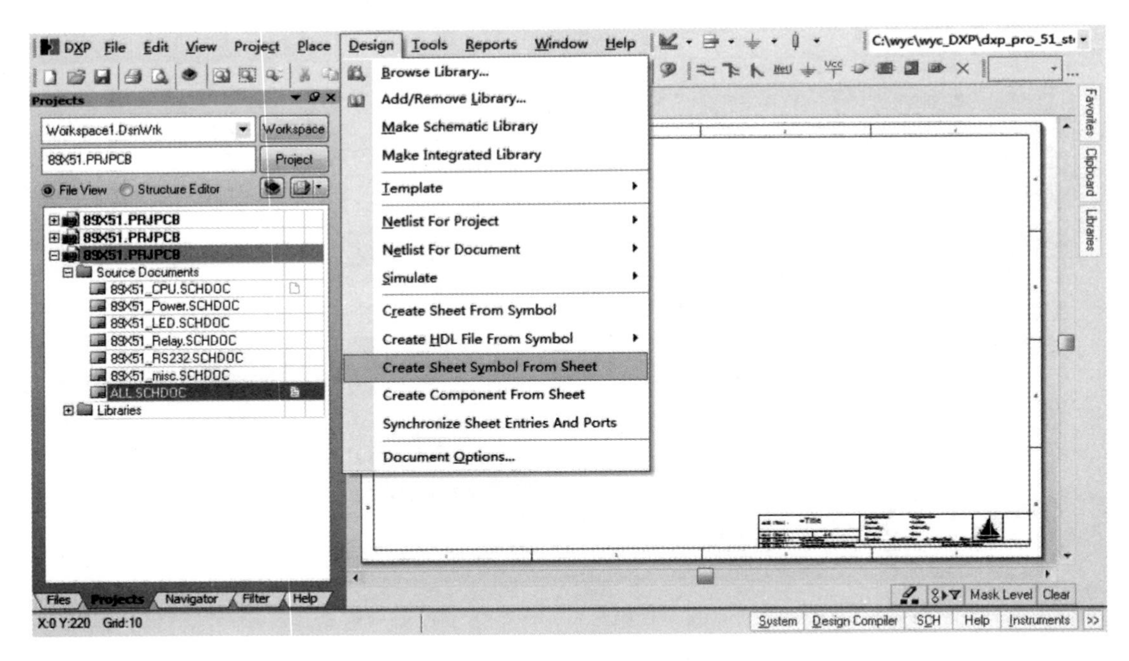

图 2-65　执行 Design→Create Sheet Symbol From Sheet 命令

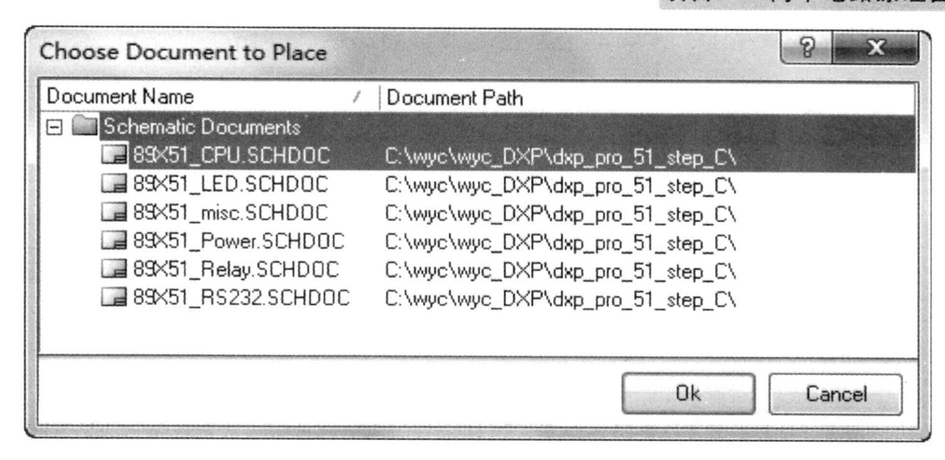

图 2-66　选中要生成“方块电路符号”原理图对话框

4. 提示是否 I/O 反向，选择 No，如图 2-67 所示。

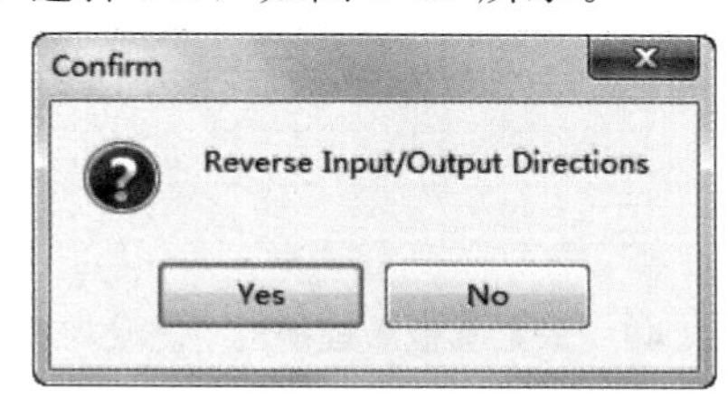

图 2-67　是否 I/O 反向对话框

5. 和放置器件一样放置“方块电路符号”，如图 2-68 所示。

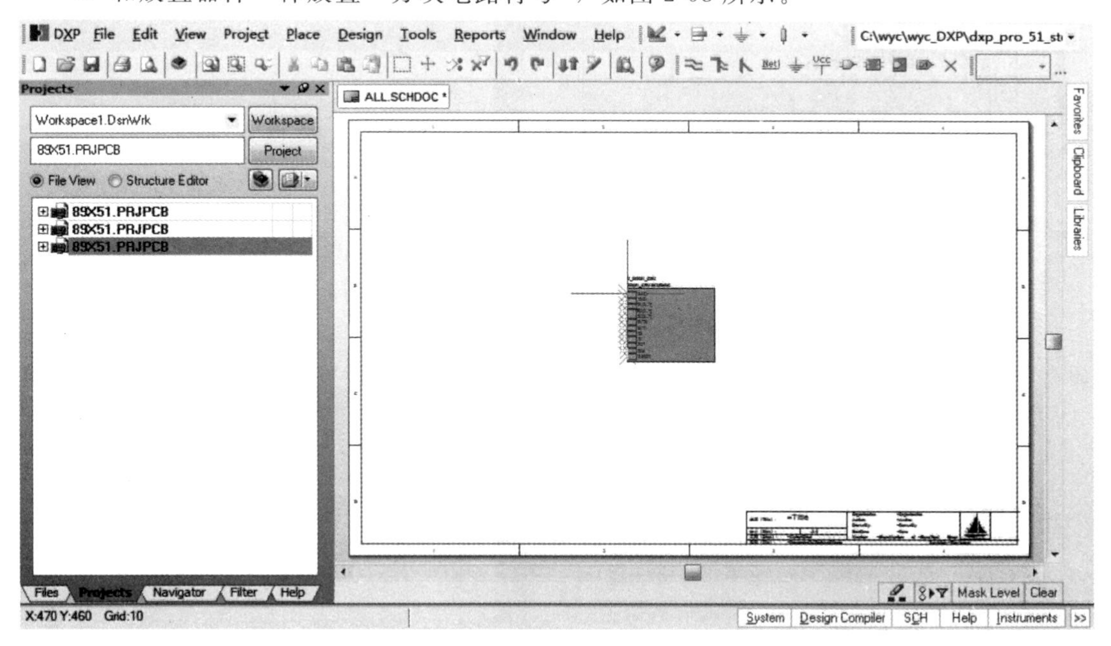

图 2-68　放置“方块电路符号”

6. 放置其他原理图的“方块符号”，并根据连线方便安排方块电路符号，如图 2-69 所示。

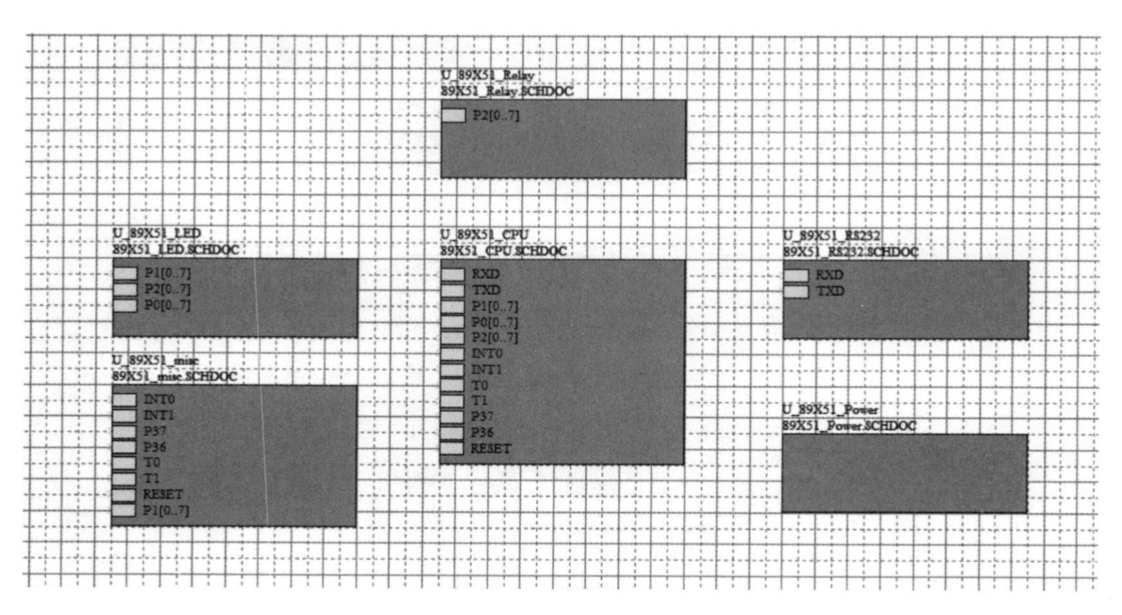

图 2-69　放置其他原理图的“方块符号”

7. “方块符号”的大小调整和端口位置调整，如图 2-70 所示。

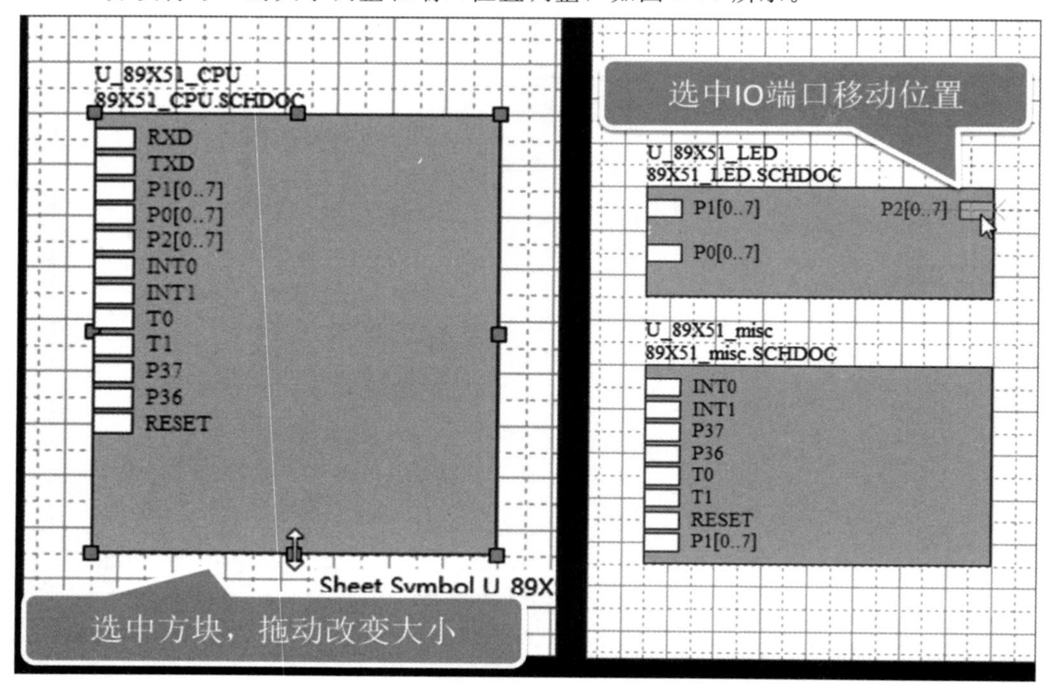

图 2-70　“方块符号”的大小调整和端口位置调整

8. “方块符号”的连线，注意线、总线的使用，如图 2-71 所示。

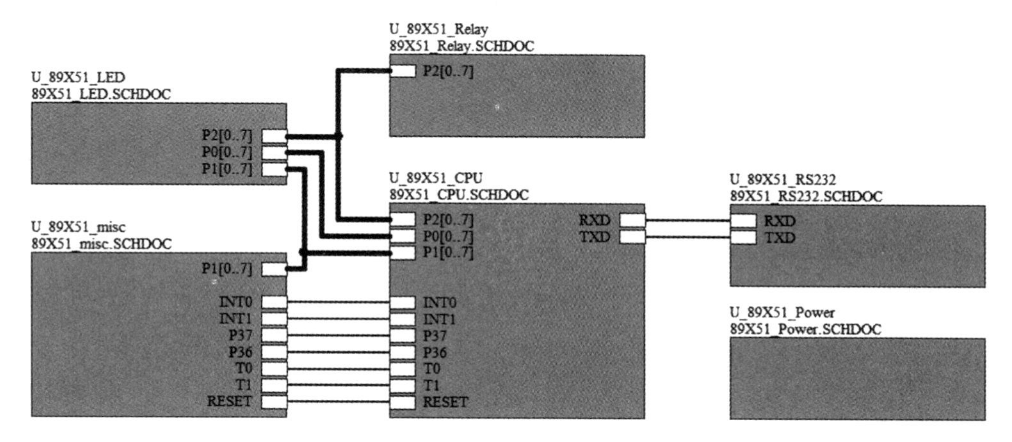

图 2-71 “方块符号”的连线

二、设置更新元器件流水号

1. 执行菜单命令 Tools→Annotate，更新元器件的流水号，如图 2-72 所示。

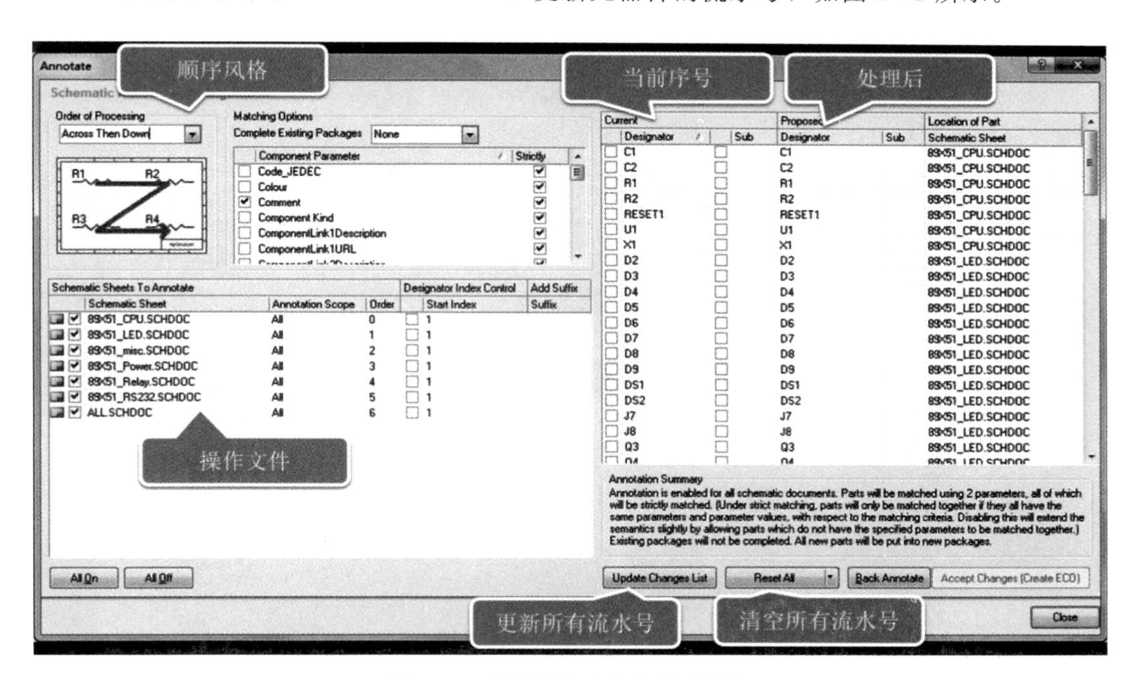

图 2-72 元器件流水号设置对话框

对话框左上角的“处理顺序”下拉列表框中提供了 4 种编号的编排方法。

（1） Up then across：从下到上、从左到右重新排列元器件编号；

（2） Down then across：从上到下、从左到右重新排列元器件编号；

（3） Across then up：从左到右、从下到上重新排列元器件编号；

（4）Across then down：从左到右、从上到下重新排列元器件编号。

当用户选择了某种编排方法时，列表框下方将出现一个图形，能够形象地说明该种排列方法。

2. 在对话框中执行 Reset All 复位所有流水号，执行结果如图 2-73 所示。

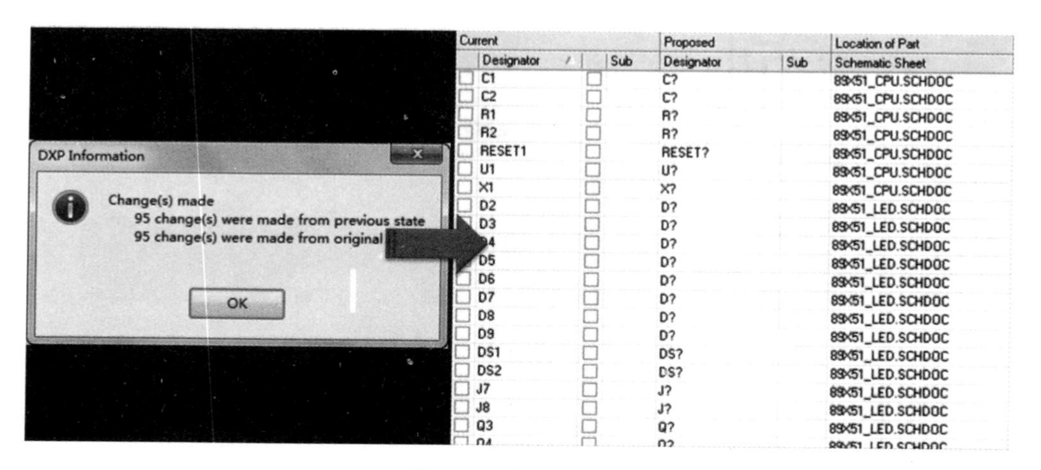

图 2-73 复位流水号

3. 在对话框中执行 Update Changes List 更新所有流水号，执行结果如图 2-74 所示。

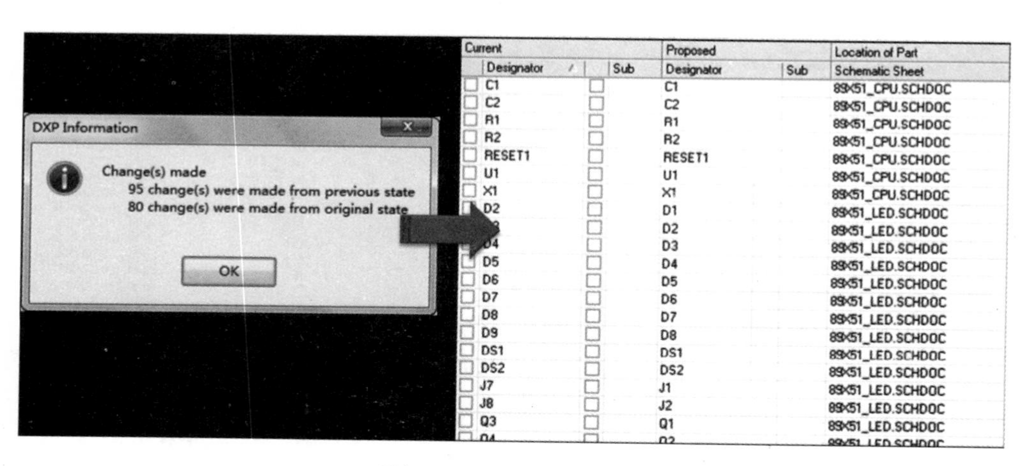

图 2-74 更新所有流水号

4. 在对话框中执行 Accept Changes（Create ECO），执行结果如图 2-75 所示。

5. 在对话框中执行 Validate Changes，使更改有效，在对话框中执行 Execute Changes，执行有效更改，执行结果如图 2-76 所示。

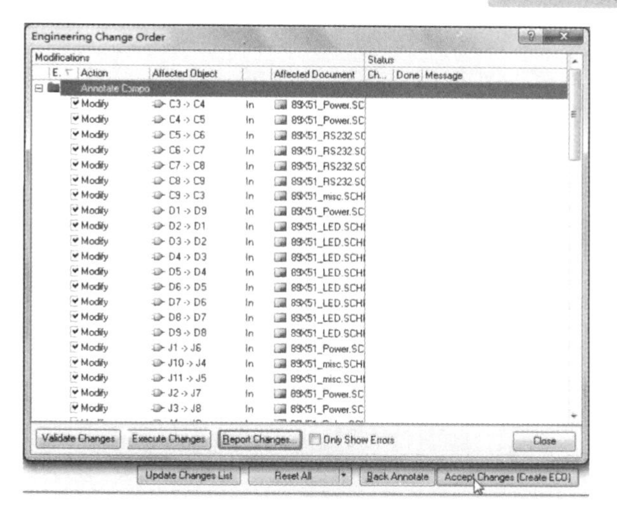

图 2-75　执行【Accept Changes（Create ECO)】

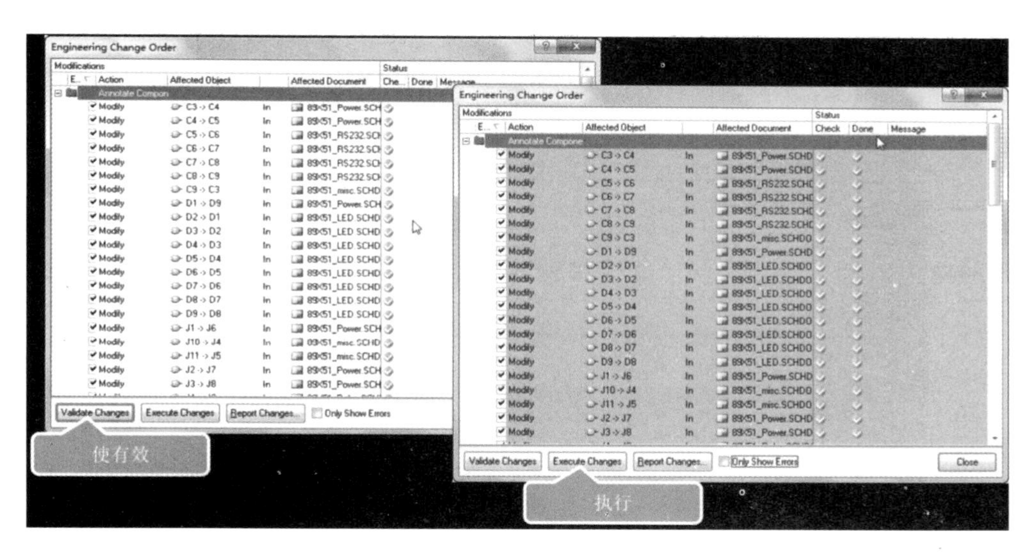

图 2-76　执行 Validate Changes

三、编译工程及查差错

编译的目的是对电路的正确性进行检验，即进行电气规则检查（Electrical Rule Check，ERC)。执行完检查后，系统自动在原理图中标记出错误，以方便用户检查错误。编译工程如图 2-77 所示。

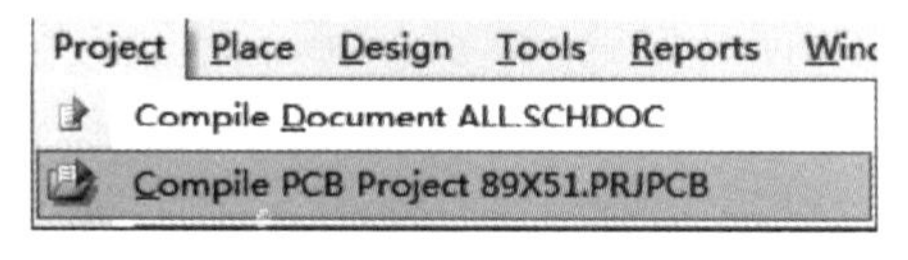

图 2-77　编译工程

如果没弹出窗口，说明没有错误。有错误会弹出 Messages。没弹出时，查看 Messages的方法如图 2-78、图 2-79、图 2-80 所示。

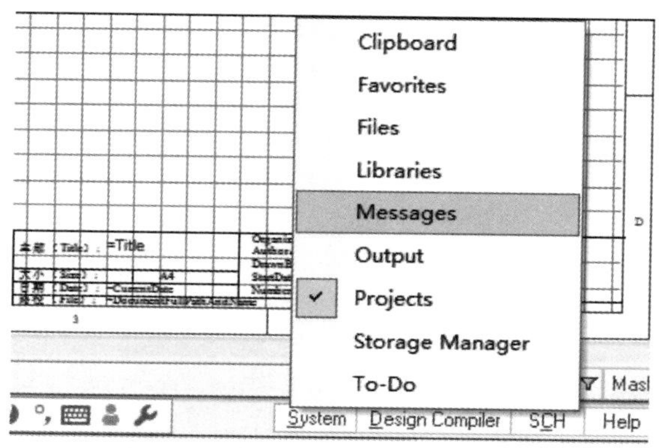

图 2-78　查看 Messages 的方法

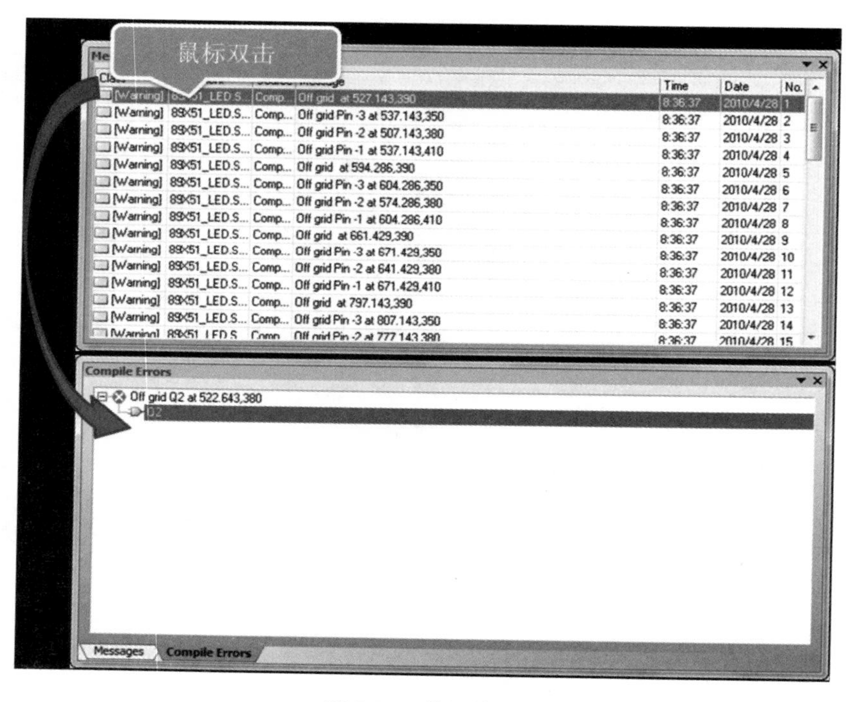

图 2-79　编译信息

再次执行菜单命令“项目管理”→“编译 PCB Project”，编译后打开消息提示框，发现已无任何提示信息，表示编译无错。

四、ERC 规则设置

在对工程项目进行检查之前，需要对工程选项进行一些设置，从而确定检查中编译工具对工程所做的具体工作。

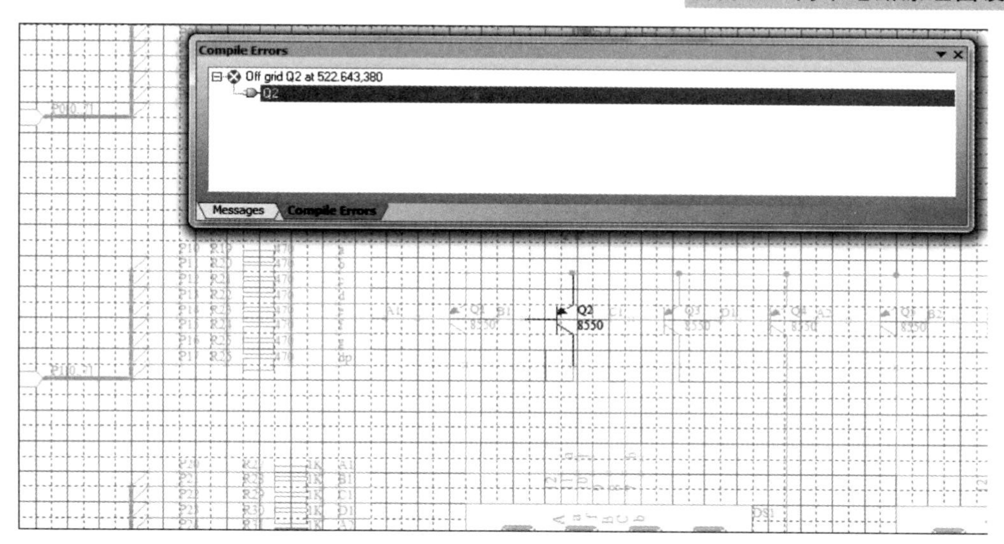

图 2-80　找到原理图中对应具体的位置

执行菜单命令“项目管理”→“项目管理选项…”，系统将弹出如图 2-81 所示的对话框。该对话框主要对产生报告的类型进行一些设置。

下面主要对常用的 Error Reporting 和 Connection Matrix 两个选项卡做一些介绍。

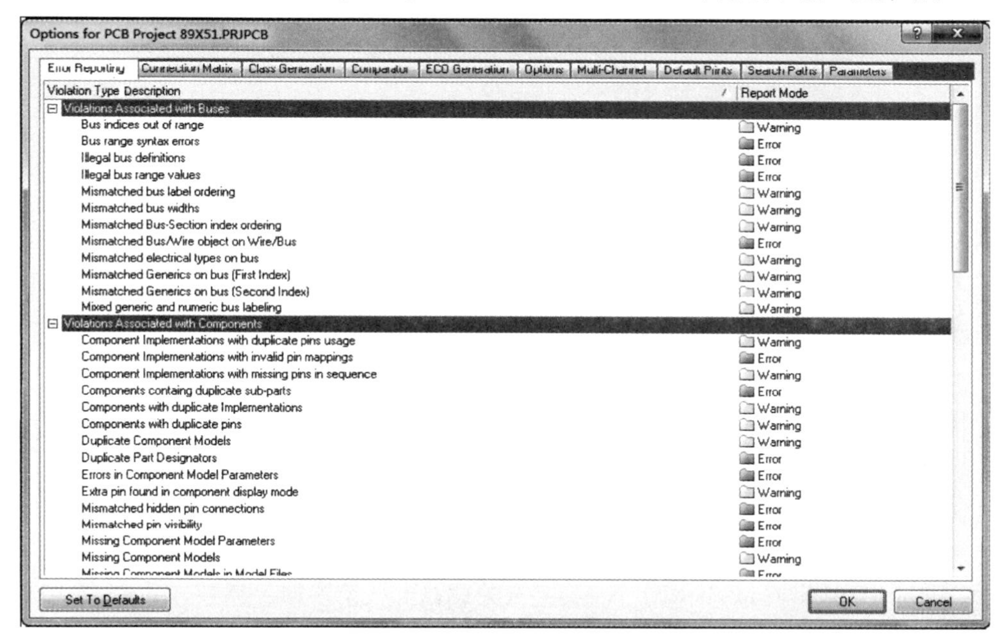

图 2-81　工程选项设置对话框

1. Error Reporting（错误报告）：包含各种类型的错误信息及报告类型。

在该标签中，可以设置所有可能出现的错误的报告类型。错误报告类型可以分为四种：错误（error）、警告（Warning）、严重警告（Fatal Error）、不报告（No Report）。

如果用户希望当在项目中出现“网络标号悬浮”（位置错误）这样的错误时，系统的报告类型为“错误”，用户可以在该标签上的 Floating Net Labels 后面，将错误类型设置为“错误”。

2. Connection Matrix（连接矩阵）：主要用于检测各种引脚、输入/输出端口、方块符号的出入端口的电器冲突。用户也可以在其中设置产生错误的报告类型。

假如用户希望在进行电气规则检查时，当元器件无源引脚未连接，系统不产生报告信息，则可以在矩阵的右侧找到 passivepin（无源引脚），然后再在矩阵上部找到 unconnnected（未连接）这一列，持续单击两行列相交处的小方块颜色，直到其变为绿色（不报告），就可以改变电气连接检查后的报告类型。

小方块有 4 种颜色：绿色表示不报告、黄色代表警告、橙色代表错误、红色代表严重错误（如图 2-82 所示）。

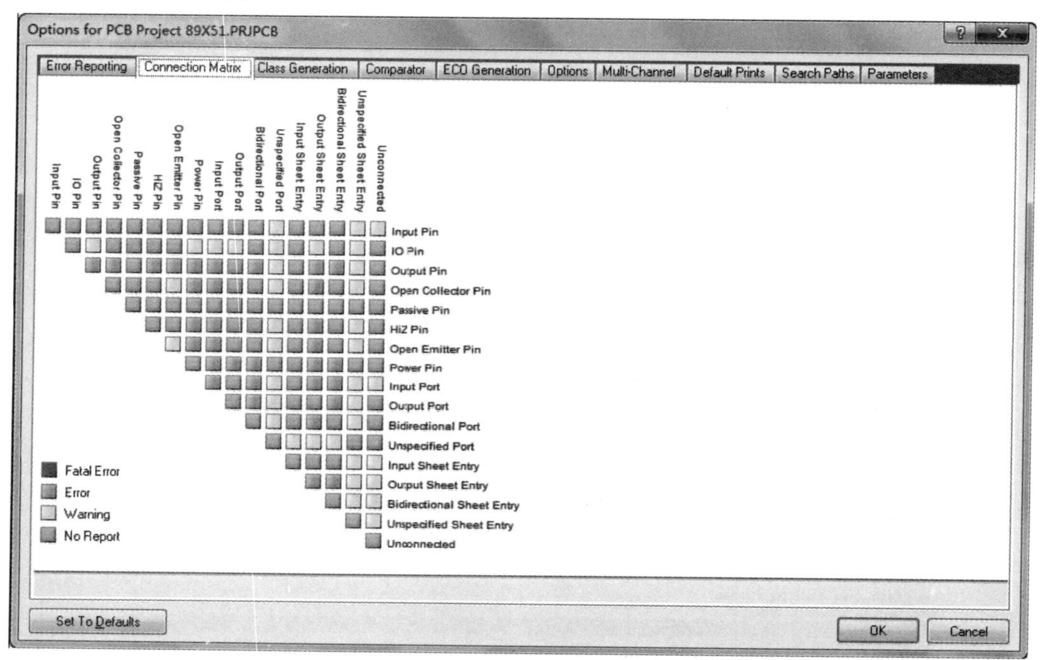

图 2-82　电气连接矩阵设置对话框

在实际使用过程中，用户一般采用的是系统提供的默认设置，也可根据情况适当调整。

具体的信息查询参考如下。

(1) Error Reporting 错误报告

①Violations Associated with Buses：有关总线电气错误的各类型（共 12 项）。

bus indices out of range：总线分支索引超出范围。

Bus range syntax errors：总线范围的语法错误。

Illegal bus range values：非法的总线范围值。

Illegal bus definitions：定义的总线非法。

Mismatched bus label ordering：总线分支网络标号错误排序。

Mismatched bus/wire object on wire/bus：总线/导线错误地连接导线/总线。

Mismatched bus widths：总线宽度错误。

Mismatched bus section index ordering：总线范围值表达错误。

Mismatched electrical types on bus：总线上错误的电气类型。

Mismatched generics on bus (first index)：总线范围值的首位错误。

Mismatched generics on bus (second index)：总线范围值末位错误。

Mixed generics and numeric bus labeling：总线命名规则错误。

②Violations Associated Components：有关元器件符号电气错误（共 20 项）。

Component Implementations with duplicate pins usage：元器件管脚在原理图中重复被使用。

Component Implementations with invalid pin mappings：元器件管脚在应用中和 PCB 封装中的焊盘不符。

Component Implementations with missing pins in sequence：元器件管脚的序号出现序号丢失。

Component contaning duplicate sub－parts：元器件中出现了重复的子部分。

Component with duplicate Implementations：元器件被重复使用。

Component with duplicate pins：元器件中有重复的管脚。

Duplicate component models：一个元器件被定义多种重复模型。

Duplicate part designators：元器件中出现标示号重复的部分。

Errors in component model parameters：元器件模型中出现错误的参数。

Extra pin found in component display mode：多余的管脚在元器件上显示。

Mismatched hidden pin component：元器件隐藏管脚的连接不匹配。

Mismatched pin visibility：管脚的可视性不匹配。

Missing component model parameters：元器件模型参数丢失。

Missing component models：元器件模型丢失。

Missing component models in model files：元器件模型不能在模型文件中找到。

Missing pin found in component display mode：丢失的管脚在元器件上显示。

Models found in different model locations：元器件模型在未知的路径中找到。

Sheet symbol with duplicate entries：方框电路图中出现重复的端口。

Un－designated parts requiring annotation：未标记的部分需要自动标号。

Unused sub－part in component：元器件中某个部分未使用。

③violations associated with document：相关的文档电气错误（共 10 项）。

conflicting constraints：约束不一致的。

duplicate sheet symbol name：层次化原理图中使用了重复的方框电路图。

duplicate sheet numbers：重复的原理图图纸序号。

missing child sheet for sheet symbol：方框图没有对应的子电路图。

missing configuration target：缺少配置对象。

missing sub－project sheet for component：元器件丢失子项目。

multiple configuration targets：无效的配置对象。

multiple top－level document：无效的顶层文件。

port not linked to parent sheet symbol：子原理图中的端口没有对应到总原理图上的端口。

sheet enter not linked to child sheet：方框电路图上的端口在对应子原理图中没有对应端口。

④violations associated with nets：有关网络电气错误（共 19 项）。

adding hidden net to sheet：原理图中出现隐藏网络。

adding items from hidden net to net：在隐藏网络中添加对象到已有网络中。

auto－assigned ports to device pins：自动分配端口到设备引脚。

duplicate nets：原理图中出现重名的网络。

floating net labels：原理图中有悬空的网络标签。

global power－objects scope changes：全局的电源符号错误。

net parameters with no name：网络属性中缺少名称。

net parameters with no value：网络属性中缺少赋值。

nets containing floating input pins：网络包括悬空的输入引脚。

nets with multiple names：同一个网络被附加多个网络名。

nets with no driving source：网络中没有驱动。

nets with only one pin：网络只连接一个引脚。

nets with possible connection problems：网络可能有连接上的错误。

signals with multiple drivers：重复的驱动信号。

sheets containing duplicate ports：原理图中包含重复的端口。

signals with load：信号无负载。

signals with drivers：信号无驱动。

unconnected objects in net：网络中的元器件出现未连接对象。

unconnected wires：原理图中有没连接的导线。

⑤Violations associated with others：有关原理图的各种类型的错误（3 项）。

No Error：无错误。

Object not completely within sheet boundaries：原理图中的对象超出了图纸边框。

Off－grid object：原理图中的对象不在格点位置。

⑥Violations associated with parameters：有关参数错误的各种类型。

same parameter containing different types：相同的参数出现在不同的模型中。

same parameter containing different values：相同的参数出现了不同的取值。

（2）Comparator 规则比较

①Differences associated with components：原理图和 PCB 上有关的元器件不同（共 16 项）。

Changed channel class name：通道类名称变化。

Changed component class name：元器件类名称变化。

Changed net class name：网络类名称变化。

Changed room definitions：区域定义的变化。

Changed Rule：设计规则的变化。

Channel classes with extra members：通道类出现了多余的成员。

Component classes with extra members：元器件类出现了多余的成员。

Difference component：元器件出现不同的描述。

Different designators：元器件标示的改变。

Different library references：出现不同的元器件参考库。

Different types：出现不同的标准。

Different footprints：元器件封装的改变。

Extra channel classes：多余的通道类。

Extra component classes：多余的元器件类。

Extra component：多余的元器件。

Extra room definitions：多余的区域定义。

②Differences associated with nets：原理图和 PCB 上有关的网络不同（共 6 项）。

Changed net name：网络名称出现改变。

Extra net classes：出现多余的网络类。

Extra nets：出现多余的网络。

Extra pins in nets：网络中出现多余的管脚。

Extra rules：网络中出现多余的设计规则 。

Net class with Extra members：网络中出现多余的成员 。

③Differences associated with parameters：原理图和 PCB 上有关的参数不同（共 3 项）。

Changed parameter types：改变参数类型。

Changed parameter value：改变参数的取值 。

Object with extra parameter：对象出现多余的参数。

五、小结

电气规则检查并不能检查出原理图功能结构方面的错误。也就是说，假如设计的电路图原理方面实现不了，ERC 是无法检查出来的。ERC 能够检查出一些人为的疏忽，比如元器件引脚忘记连接了，或是网络标号重复了等。当然，用户在设计时，假如某个元器件确实不需要连接，则可以忽略该检查。可以在忽略检查的地方放置一个忽略 ERC 检查点。该工具在“配线”工具栏上，如图 2-83 所示。

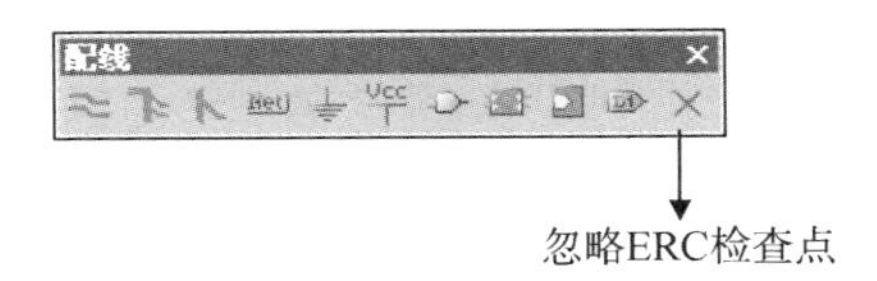

图 2-83　配线工具栏

活动 3 生成元器件报表

学习目标

掌握网络表、元器件报表的生成。

建议学时

4 学时

知识准备

一、元器件报表

元器件列表（Bill of Materials，BOM）主要用于整理电路原理图或一个项目中的所有元器件，主要包括元器件的名称、标注、封装等。执行 Reports→Bill of Materials 命令，弹出“BOM 信息”，如图 2-84 所示。

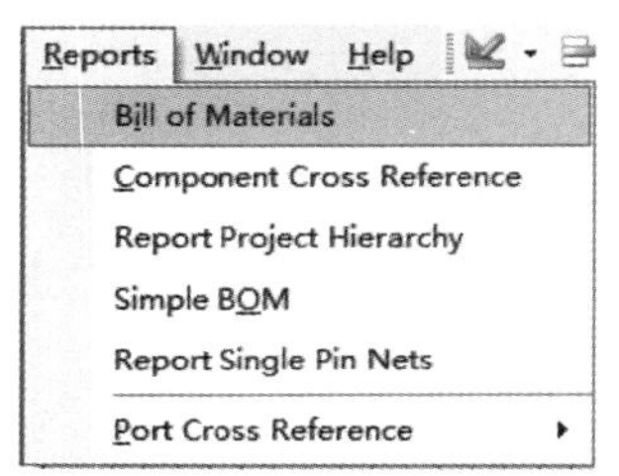

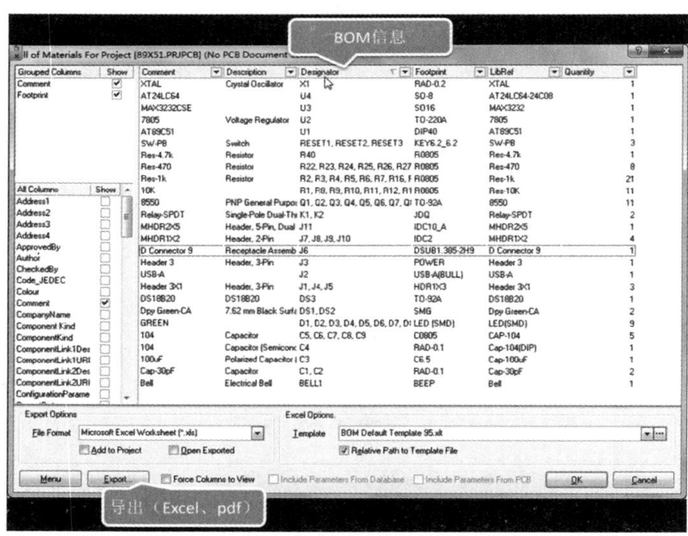

图 2-84 BOM 信息

二、生成网络表

网络表是反映原理图中元器件之间连接关系的一种文件，它是原理图与印制电路板之间的一座桥梁。在制作印制电路板时，主要是根据网络表来自动布线的。网络表也是

Protel DXP 2004 检查、核对原理图、PCB 是否正确的基础。

网络表可以由原理图文件直接生成，也可以在文本编辑器中由用户手动编辑完成；还可以在 PCB 编辑器中，由已经布好线的 PCB 图导出网络表。

网络表中主要包含元器件的信息和元器件之间连接的网络信息。

生成网络表的步骤如下。

1. 打开原理图。

2. 执行菜单命令“设计”→“设计项目的网络表”→Protel DXP，就会生成“原理图电路”所对应的网络表文件。

双击即可打开网络表文件“原理图 . NET”。

网络表文件中包含两部分信息：元器件信息以及元器件之间的网络信息。

网络前面部分的 [] 中列出的是元器件信息。如：

[

C1

RB7. 6—15

Cap Pol1

]

列出的元器件 C1 的信息，该元器件的封装为 RB7. 6—15，该元器件的型号为 Cap Pol1。

网络表后面部分的（ ）中列出的是元器件之间的网络信息。如：

(

NetC1 _ 1

C1—1

D1—2

R1—1

U1—4

)

表示网络名为 C1 _ 1，其中所包含的引脚有 C1 的引脚 1、D1 的引脚 2、R1 的引脚 1、U1 的引脚 4。

三、生成元器件清单报表

元器件清单报表能够生成原理图中所有的元器件信息。如果需要采购原理图中的所有器件，则可以生成元器件清单，按照元器件清单去购买。执行“报告”→Bill of Materials 命令，打开元器件清单报表对话框，如图 2-85 所示。

对话框的右边列出了要产生的元器件的列表信息。

单击“报告”按钮，将弹出元器件清单报表的预览图。

单击“输出”按钮，将弹出输出对话框。在该对话框中设置保存的名字，选择保存的类型和位置，即可将元器件清单输出到指定的文件中。

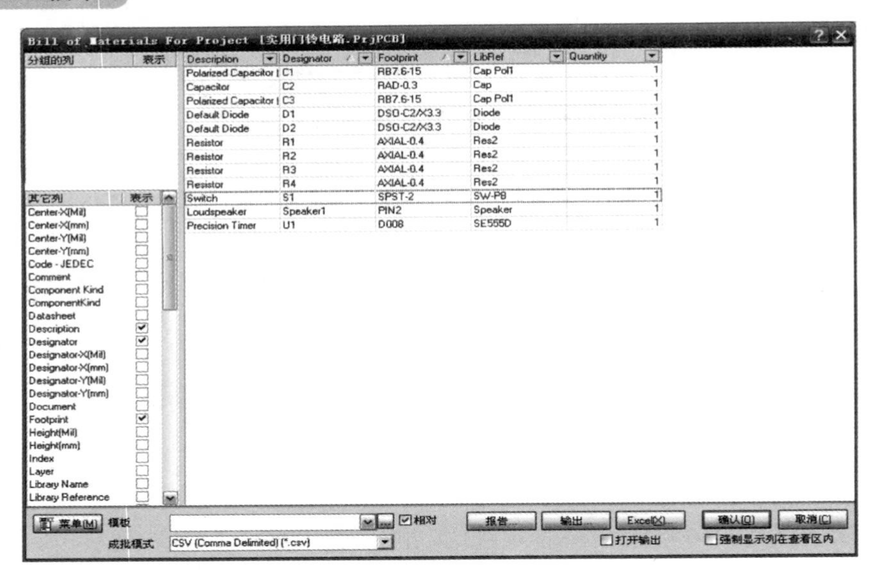

图 2-85　元器件清单报表对话框

四、生成工程结构图

执行菜单命令“报告”→Report Project Hierarchy，即可生成该项目结构的工程结构图。

五、打印输出

用户在打印之前，一般需要先进行页面设置，然后进行打印设置。

1. 页面设置

页面设置的主要作用是设置纸张大小、纸张方向、页边距、打印缩放比例、打印颜色设置等。

执行“文件”→“页面设定”命令，将弹出如图 2-86 所示的对话框。

“尺寸”用于设置打印纸张的大小，可以在其后的下拉列表中选择。

“横向”表示将图纸设置为横向放置。

“纵向”表示将图纸设置为纵向放置。

图 2-86　页面设置对话框

“余白”用于设置纸张的边缘到图框的距离，分为水平距离和垂直距离。

“缩放比例”用于设置打印时的缩放比例。电路图纸的规格与普通打印纸的尺寸规格不同。当图纸的尺寸大于打印纸的尺寸时，用户可以在打印输出时对图纸进行一定的比例缩放，从而使图纸能在一张打印纸中完全显示。

有两种刻度模式可供选择。

Fit Document On Page 表示根据打印纸张大小自动设置缩放比例来输出原理图。

Scaled Print 用于自行设置打印缩放比例。当选择该项后，可以在“修正”下设置 X 和 Y 方向的缩放比例。

“彩色组”用于颜色的设置。“单色”表示将图纸单色输出；“彩色”表示将图纸彩色输出；“灰色”表示将图纸灰色输出。

本例中，图纸大小设置为 B5，放置方式设置为横向，彩色组设置为单色。

2. 打印机设置

执行“文件”→“打印”命令，打开打印机配置对话框，其中用于设置打印机的属性。

在该对话框中可以选择打印机的名称、打印范围、打印份数等。

用户可以根据要求进行设置。

单击“确定”按钮后，如果用户的计算机已经连接了打印机，就可以打印了。

活动实施：

一、查阅资料掌握原理图文件生成“方块电路符号”的方法和步骤。

____

____

____

二、操作软件掌握设置更新元器件流水号的方法和步骤。

____

____

____

____

三、查阅资料掌握 ERC 规则设置。

____

____

____

____

四、读懂编译信息查错报告。

五、掌握原理图打印输出。

六、活动评分标准。

项　目	配　分	评　分　标　准	扣分	得分
正确生成方块电路符号	20	正确完成原理图 生成方块电路符号　20 分		
设置更新元器件流水号	20	正确设置更新元器件流水号　20 分		
掌握 ERC 规则设置	10	熟练掌握 ERC 规则设置　10 分		
编译信息查错报告	10	读懂编译信息查错报告　10 分		
生成元器件报表	15	熟练完成元器件报表、网络表的生成　15 分		
打印原理图	15	正确完成原理图的打印		
安全文明生产	10	遵守安全文明生产操作规定		
操作时间	90 分钟			
开始时间		结束时间		
合　计				

七、收获和体会。

想一想，写一写单片机实验板原理图总图绘制的收获和体会。

1. ______________________________

2. ______________________________

3. ______________________________

4. ______________________________

八、评议。

根据实训课题，在听取小组实训成果汇报的基础上进行评议，填写课题实训情况评议表。

实训情况评议表

评议项目 评议人	评议意见	评议等级	评议签名
本组			
其他组			
实训老师			
综合			

项目三　层次化原理图设计

项目学习目标

1. 理解原理图设计中层次化的电路设计方法；
2. 熟练掌握方块电路的绘制、方块电路端口的放置；
3. 熟练掌握方块电路和端口的属性设置；
4. 熟练使用自上而下的方法设计层次化原理图；
5. 熟练使用自下而上的方法设计层次化原理图；
6. 熟练掌握总图与子图的切换。

任务 1　层次化原理图设计方法

活动 1　层次化原理图的设计概念及方法

学习目标

1. 理解原理图设计中层次化的电路设计方法；
2. 熟练掌握方块电路的绘制、方块电路端口的放置；
3. 熟练掌握方块电路和端口的属性设置。

建议学时

4 学时

知识准备

一、层次化原理图的设计概念及方法

1. 层次化原理图的设计概念

层次化原理图的设计理念就是把整个项目原理图用若干个子图来表示。Protel DXP 2004 用总图与子图的方法来表示整个项目原理图中各个子图的连接关系。

采用层次化设计，原理图按照某种标准划分为若干功能部分，分别绘制在多张原理

图纸上，这些图纸被称为该设计系统的子图，同时，这些子图将由一张原理图来说明它们之间的联系，此原理图被称为该项设计系统的母图。各张子图与母图及其他子图之间是通过输入/输出端口或网络标号建立起电气连接的。层次化原理图中各种符号如图 3-1 所示。

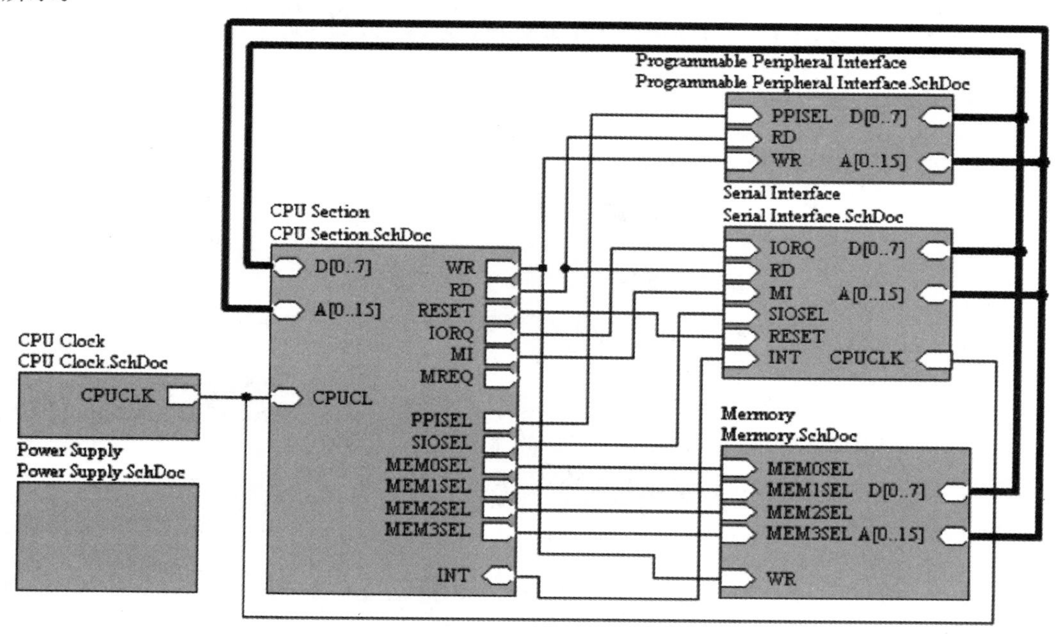

图 3-1　层次化原理图的母图

在图 3-1 中，可以看到层次化原理图由方块电路、方块电路端口以及边线组成，一个方块电路代表一张子原理图，方块电路上的端口代表了子原理图中和其他子原理图相连接的接口。通过导线相连，若干个代表子原理图的方块组成一个完整的系统图。

2. 层次化原理图的设计方法

层次化原理图的设计方法主要有两种：自上而下法和自下而上法。

（1）自上而下的设计是将整个的电路设计分成多个功能模块，确定各个模块要完成的功能，然后对每一个模块进行详细的设计。按照这种方法，用户首先应该绘制出层次化原理图的母图，然后按照各个模块的功能完成各个子图的绘制。

（2）自下而上的设计是设计者先完成绘制层次化原理图的子图，根据子图生成方块电路图，然后生成上层原理图，最后生成整个设计。

活动 2　自上而下的层次化原理图设计方法

1. 建立层次电路原理图

通过浏览层次电路编辑演示文件 Z80 Procesor. SchDoc（对于该图，读者可以参考 Protel DXP 安装目录下 Examples \ Z80（stage）\ Z80 Processor（stage）. PRJPCB 工程中的原理图文件 Z80 Processor. SchDoc），对层次电路的设计概念、文件结构等方面有了一个初步的认识，下面就具体介绍采用“自上而下”方式建立层次电路原理图的操作过程。

（1）单击“文件”菜单下的“创建”命令中的“原理图”，在原理图文件窗口内，即可用原理图的编辑方法绘制项目文件方块电路。

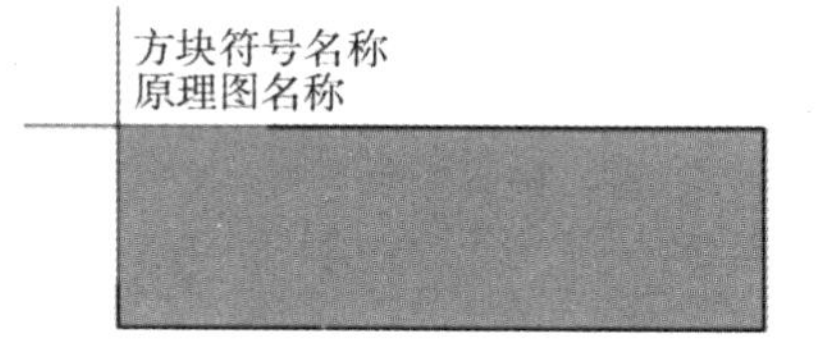

图 3-2　方块电路

（2）单击“配线”工具栏中的 （即放置方块电路图纸符号）工具后，移动光标到原理图编辑区内，即可以看到一个随光标而移动的方框，如图 3-2 所示。

（3）按下 Tab 键，即可进入如图 3-3 所示的方块电路属性设置窗口对话框，其中标识符用于填写该方块电路的标号（名称）。

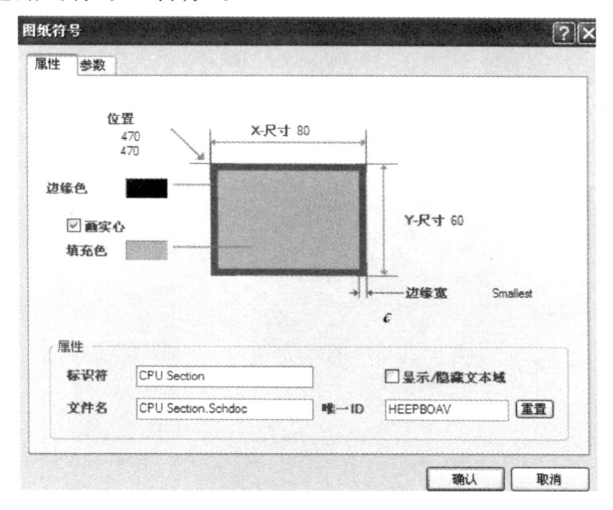

图 3-3　设置方块电路属性对话框

文件名：用于填写方块电路的文件名（包括扩展名. Schdoc），即方块电路原理图文件名。

位置：用于设定方块电路放置的位置。一般不用设定，在画方块电路时可由放置方块电路时自动给定。

X-尺寸/Y-尺寸：用于设置方块电路的宽度/高度。一般不用设定，在画方块电路时由鼠标放置方框时自动给定。

唯一 ID：是系统的区别码，独一无二的表示，一般由系统给出，不需要用户修改。

画实心：方块电路内部填充色显示开关。当该项处于非选中状态时，不显示方块电路的填充色，只显示方块电路的边框，如图3-4 所示。

边缘色：用于设置方块电路的边框颜色。单击后面的长方形色框，就会弹出如图3-5 所示的颜色选择对话框。在该对话框中，只要在选定的色条上单击鼠标，然后单击“确认”按钮即可。

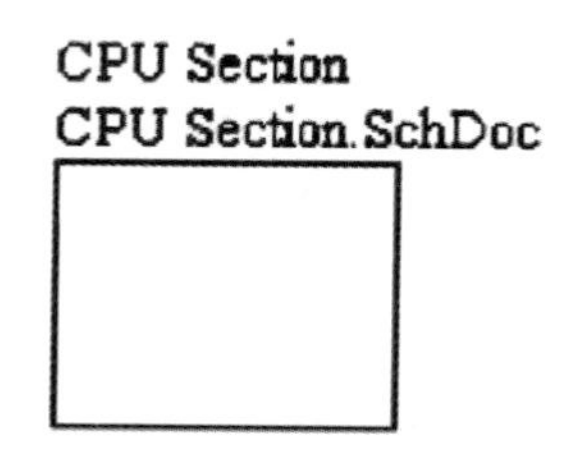

图 3-4 只显示边框的方块电路

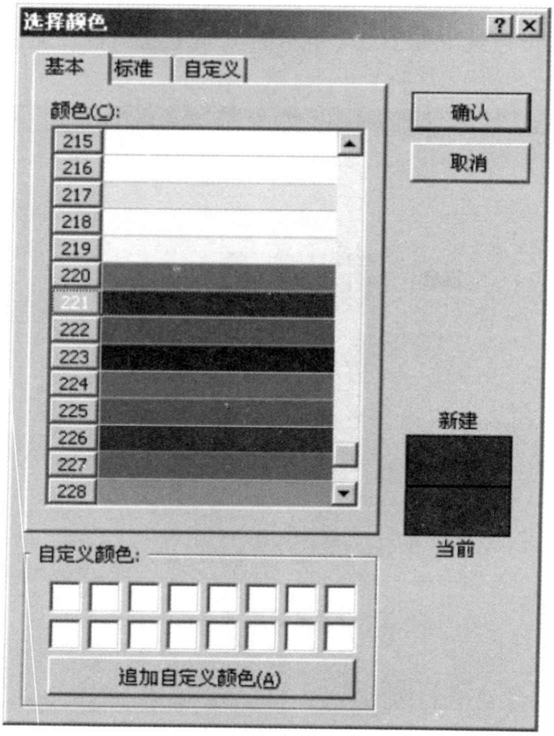

图 3-5 设置边缘颜色的对话框

填充色：用于设置方块电路内部的填充颜色，若要修改与修改边缘色进行同样的操作。

边缘宽：用于设置方块电路的边框的线宽。鼠标移至后面的 smallest 时会出现下拉按钮▼，单击它会出现 Smallest、Small、Medium 和 Large 4 个选项，选中一个即可。将鼠标移至 smallest 时，直接单击 smallest，也会出现 Smallest、Small、Medium 和 Large4 个选项。

（4）在标识符中输入 CPU Section，在文件名中输入 CPU Section. SchDoc，设置结束单击“确认”按钮确定。移动光标将方块电路移到指定位置后，单击鼠标左键，固定方块电路的左上角；再移动光标，调整方块电路的大小，然后单击鼠标左键，固定方块电路的右下角，一个完整的方块电路就画出来了，如图 3-6 所示。

绘制完方块电路后，还可以对方块电路文字标注的字体大小、颜色及摆放角度进行修改。

（5）将光标移至该文字标注处，然后双击，这时将弹出设置方块电路文字属性的对话框，如图 3-7 所示。

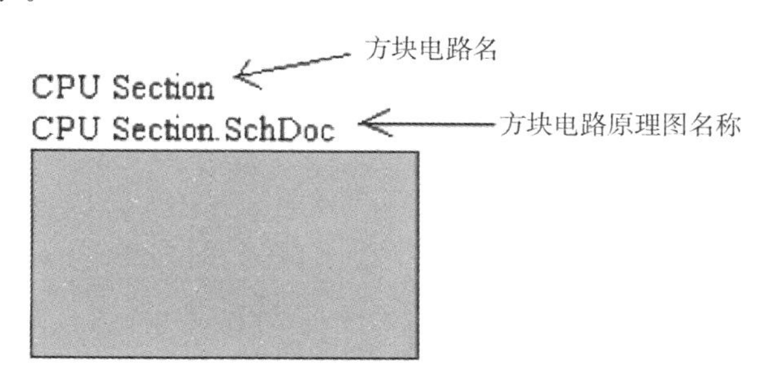

图 3-6　设置好的方块电路

X 位置和 Y 位置：用于确定文字标注的位置。

方向：决定了文字标注摆放的角度，在下拉列表中共有 0 度、90 度、180 度和 270 度 4 个选项。

颜色：代表文字的颜色，单击后面的长方形色框，就会弹出如图 3-8 所示的颜色选择对话框。在该对话框中，只要在选定的色条上单击鼠标，然后单击“确定”按钮即可。

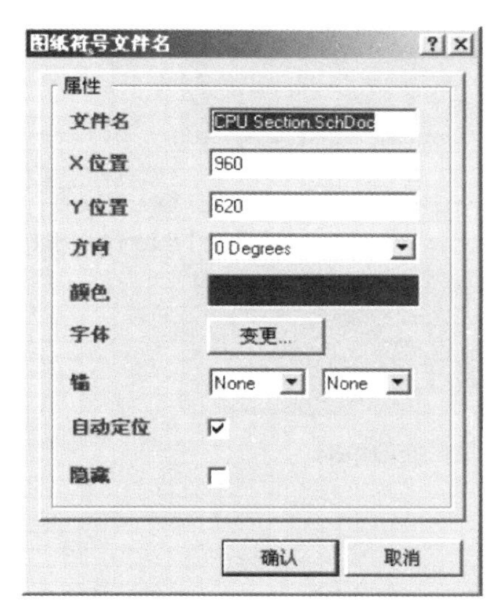

图 3-7　设置方块电路文字属性对话框

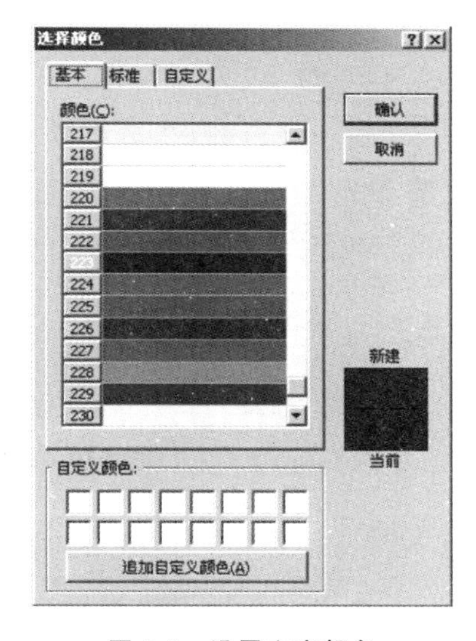

图 3-8　设置文字颜色

文字：用于设置文字的字体。单击其后面的“变更”按钮，在弹出的如图 3-9 所示的字体对话框中选择合适的字体样式后，单击“确定”按钮即可。

隐藏：选中后文字标注隐藏起来。

自动定位：选项一般选中，不选中后会在文字的左下角出现一个小点。

（6）用同样的方法完成其他方块电路的绘制，如图 3-10 所示。

（7）放置方块电路的输入/输出端口。单击配线工具栏中的按钮，这时鼠标光标会变成十字形状。

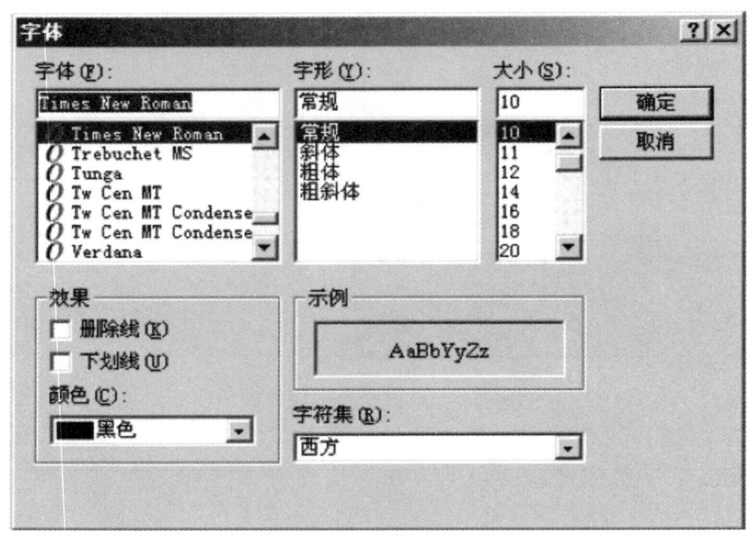

图 3-9　设置字体对话框

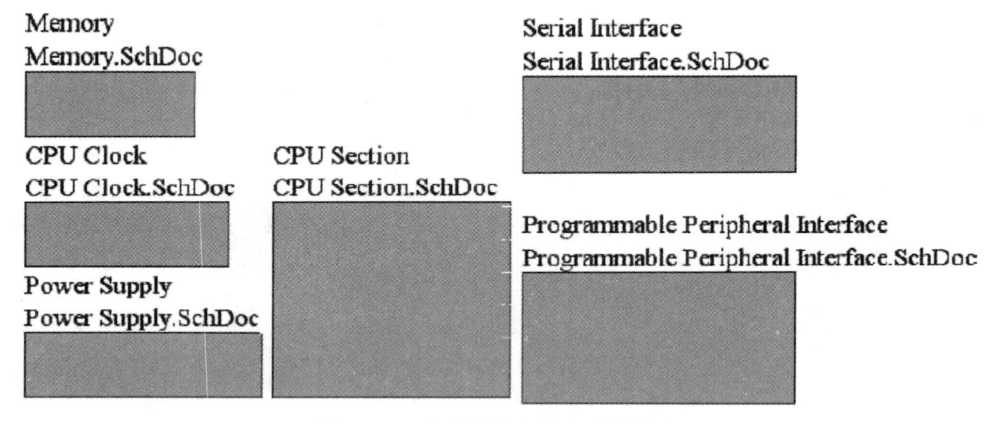

图 3-10　完成其他方块电路的绘制

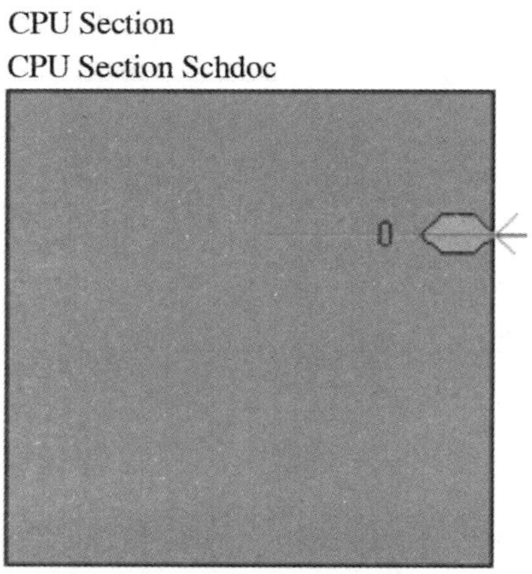

CPU Section
CPU Section Schdoc
0

图 3-11　放置方块电路的 I/O 端口

（8）将光标移入 CPU Section 方块电路图中单击鼠标左键，这时十字光标将叠加一个方块电路输入/输出端口的形状。它会随光标的移动在方块电路中的边缘移动，如图3-11所示。

（9）在此状态下，按 Tab 键将弹出方块电路 I/O 端口属性对话框，如图 3-12 所示。

名称：选项代表了方块电路 I/O 端口的名称，在此将其改为 RD。当需要在方块电路 I/O 端口名上放置上划线，以表示该端口 I/O 信号低电平有效时，可在方块电路 I/O 端口名字符间插入“\”，如“R\D\”，“W\R\”等。对于以总线方式连接的方块电路 I/O 端口名，用“端口名［n1..n2］”表示，如“D［0..7］”（表示数据总线 D7～D0）、“A［8..15］”（表示地址总线 A15～A8）、“AD［0..7］”（表示数据/地址总线 AD7～AD0）。

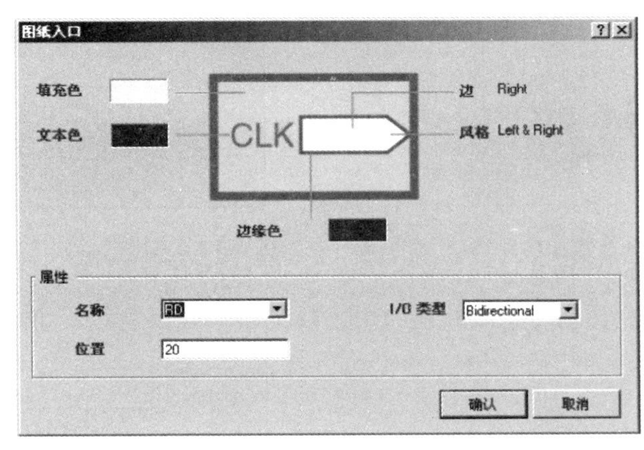

图 3-12　放置方块电路 I/O 端口属性对话框

I/O 类型：决定方块电路输入/输出端口的类型。单击该项右侧按钮（下拉），在下拉列表中有 Unspecified（未定义端口）、Output（输出端口）、Input（输入端口）、Bidirectional（双向端口）4 个选项。

位置：表示 I/O 端口在方块电路中的位置，该项内容将根据端口的移动而自动设置，不用修改。

填充色、文本色、边缘色：指 I/O 端口的颜色、名称字体颜色、I/O 端口边框的颜色。可修改，修改方法与前面介绍的方块电路属性对话框中的颜色修改方法一样。

边：用于设定端口在方块电路中放置的位置，右侧的下拉列表框中有 4 个选项：左侧（Left）、右侧（Right）、顶部（Top）、底部（Bottom）。

风格：用于设定端口的外观样式。将鼠标光标移至其后边，单击下拉按钮，在下拉列表中选择不同的样式，端口外观将发生变化，有 8 个选项，可以尝试一下。在此将它设置为箭头向右（Right）。

（10）设置结束后，单击“确定”按钮。

（11）移动鼠标，将方块电路端口移至如图 3-11 所示位置，单击左键将其定位。这样第一个方块电路端口就完成了，如图 3-13 所示。

这时程序仍处于放置方块电路端口的命令状态（即鼠标上还粘有一个 I/O 端口），

用同样的方法把该方块电路的其他端口放置好，如图 3-14 所示。按鼠标右键或按 Esc 键退出命令状态。

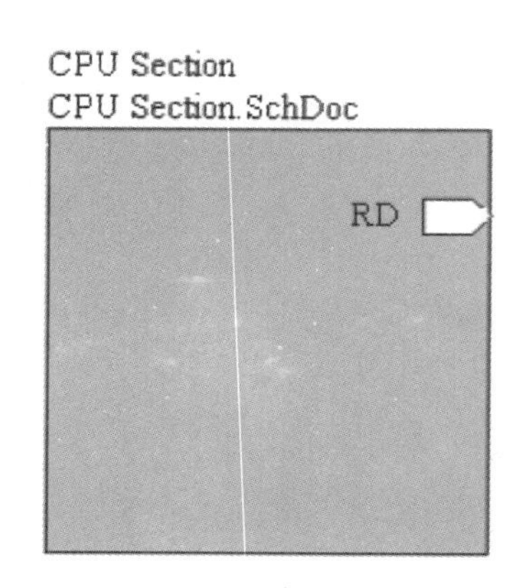

图 3-13 建立的一个方块电路端口

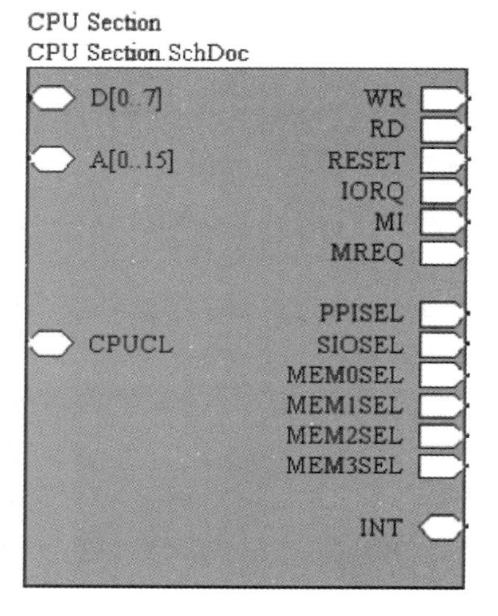

图 3-14 完成一个方块电路的端口放置

（12）按照上面介绍的方法，将所有的方块电路端口放置好，如图 3-15 所示。

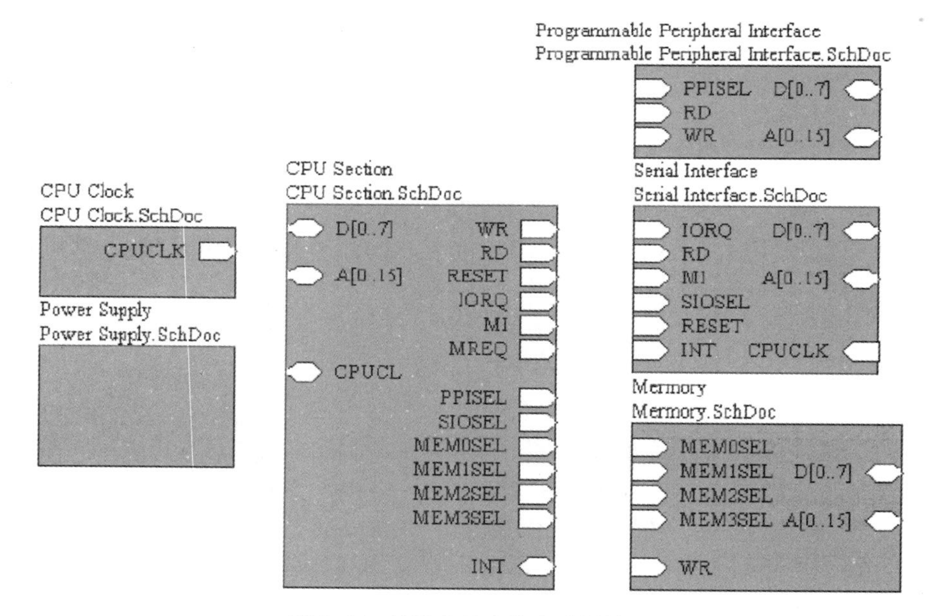

图 3-15 放置完的方块电路及端口

（13）绘制导线和总线，将具有电气连接关系的方块电路端口用导线和总线连接起来，如图 3-16 所示。具体的方法可参考前面的介绍。

在输入方块电路 I/O 端口名称时，必须正确使用总线标号，否则无法在两个方块电路之间建立正确的电气连接关系。连接时，也只能使用“配线”工具栏内的“导线”、

"总线"，不能使用"实用工具"中的"画图"工具栏中的"直线"或"曲线"等其他画图工具。

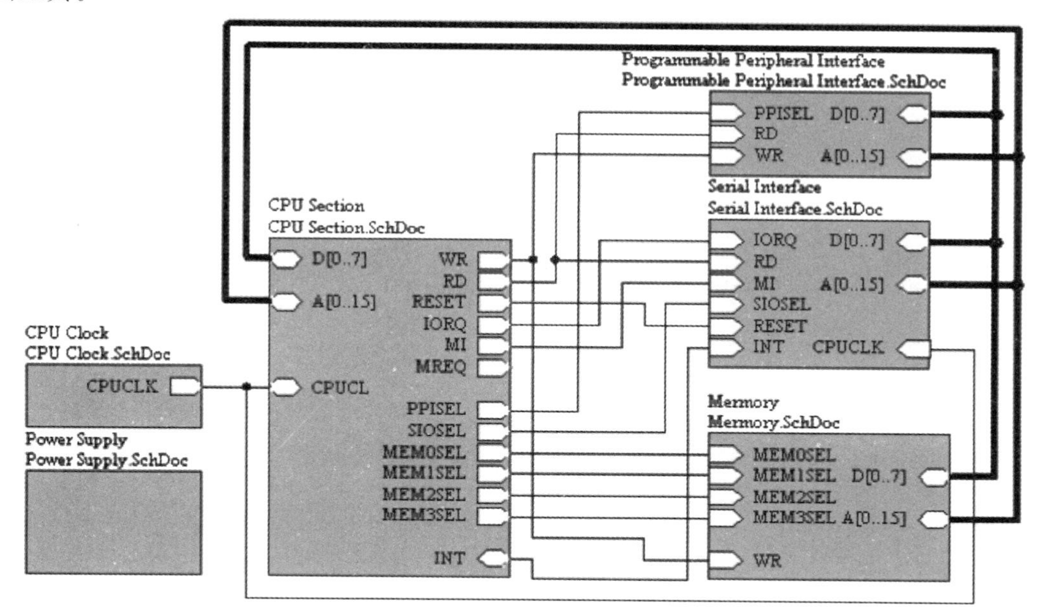

图 3-16　层次化原理图母图最终结果

至此，便完成了一张层次化原理图的母图的绘制。

2. 编辑子图电路原理图

将绘制好的母图中每一个方块电路对应的层次化原理图绘制出来，称为子图。子图中也可以包含方块电路图，从而成为二级母图。如果子图中再没有方块电路，那么它就是一张普通的原理图。

子图的建立原则上可以采用建立、编辑单张原理图的方法，在同一文件内生成各子图电路原理图，只要各子图电路原理图文件名与项目文件中相应"方块电路"文件名一致，即可在原理图编辑状态下编辑。

但为了保证各子图电路中 I/O 端口与相应项目文件方块中的"方块电路 I/O 端口"一一对应，最好使用"设计"菜单下的"根据符号创建图纸"命令创建各子图电路的原理图文件，这样不仅省去了在子图电路原理图中重新输入"I/O 端口"的操作，也保证了子图电路中的"I/O 端口"与项目中"方块电路 I/O 端口"一一对应，这就是所谓的"自上而下"的层次电路设计方法。

现将图 3-16 层次化原理图母图中方块电路 CPU Section 的子图的产生过程演示如下。

(1) 单击"工具"栏中的"改变设计层次"命令，这时光标会变成十字光标，将其移至层次化原理图母图中任意一方块电路中（注意不要指到方块图的进出点上）单击。此操作完成层次化原理图母图与子图的从属关系。

(2) 单击"设计"栏中的"根据符号创建图纸"，这时光标变为十字形状，把光标移动到方块电路 CPU Section 上（注意不要指到方块图的进出点上），如图 3-17 所示。

（3）单击鼠标左键，系统将弹出如图 3-18 所示的转换端口输入/输出方向的对话框。

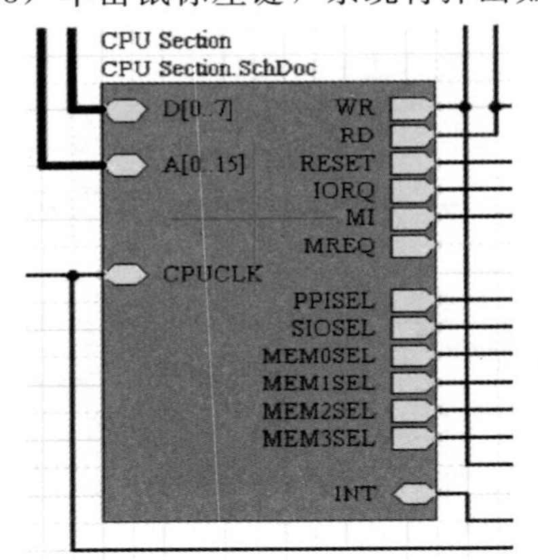

图 3-17　将十字光标移至方块电路上

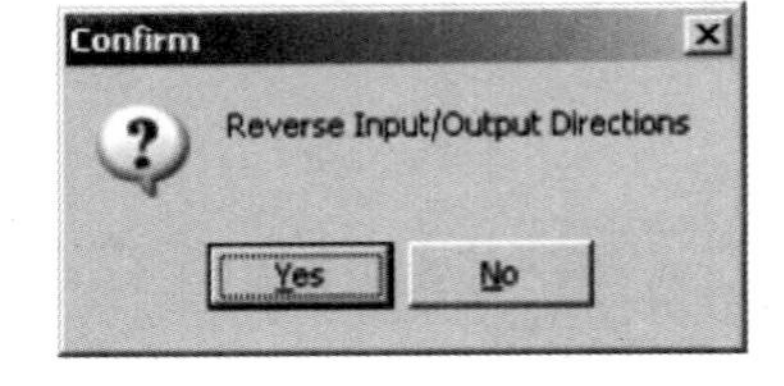

图 3-18　转换端口输入/输出方向的对话框

当单击对话框中的 Yes 按钮时，则新产生的原理图中“I/O 端口”的电气特性与“方块电路 I/O 端口”的电气特性相反；即输入阻抗变为输出阻抗，输出阻抗变输入阻抗。一般来说，子图原理图中的 I/O 端口与项目文件内对应方块电路 I/O 端口特性应保持一致，因此可以单击 No 按钮，则新产生的子图中的“I/O 端口”的电气特性与方块电路中对应的“I/O 端口”的电气特性一致。单击后即可获得一个与方块电路文件名属性同名的原理图文件 CPU Section. SchDoc。这个新文件已经布好了与方块电路相对应的 I/O 端口，这些端口与相应方块电路端口具有相同的名称和输入/输出方向。

因此可以单击 No 按钮，即可得到如图 3-19 所示的层次电路原理图子图编辑区。

（4）按照相同的方法（即 2、3 步）操作，可以得到其他几个子图的原理图编辑区。

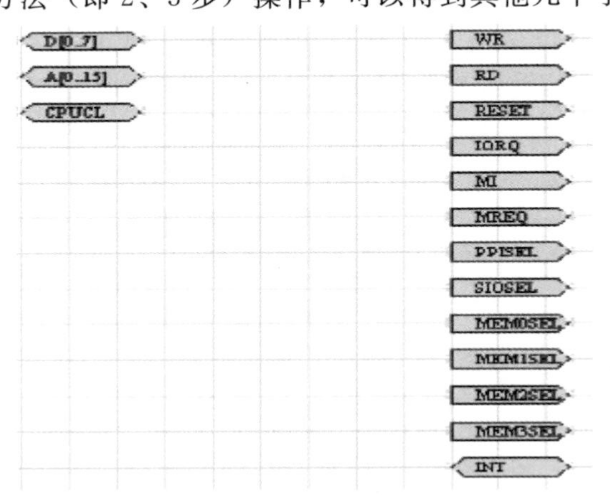

图 3-19　由方块电路产生的原理图

（5）在相应的子图原理图中添加元器件，连线，将这几张子图完成如图 3-20～图 3-26所示的绘制。具体的方法与一般原理图绘制相同。读者可以参见本书前几章关于原理图绘制的章节。这样就将整个层次化电路原理图绘制完了。

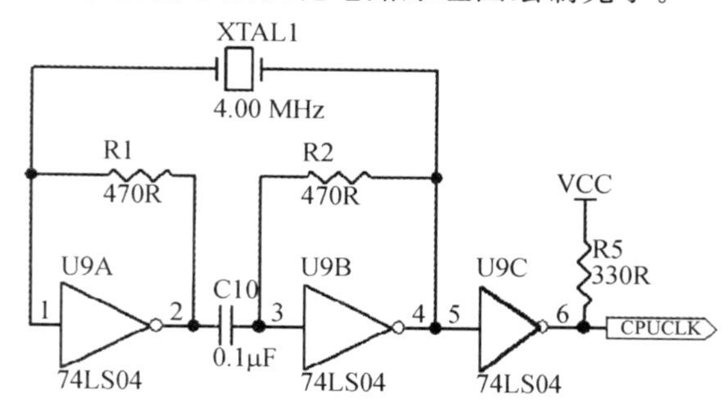

图 3-20　CPU 时钟电路（CPU Clock. SchDoc）

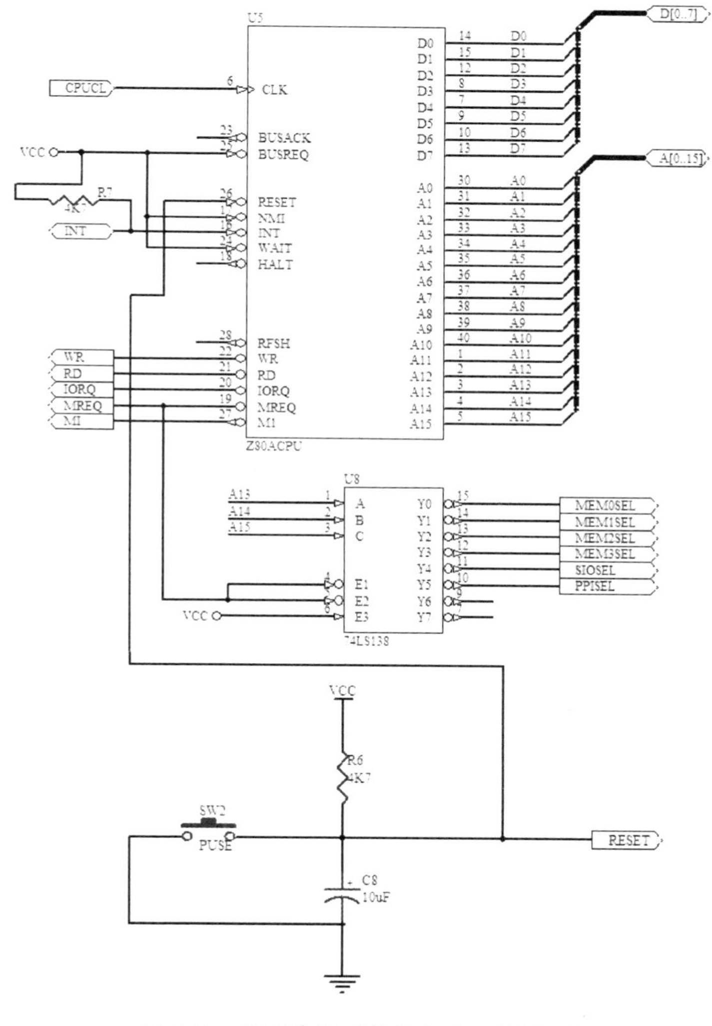

图 3-21　CPU 电路（CPU Section. SchDoc）

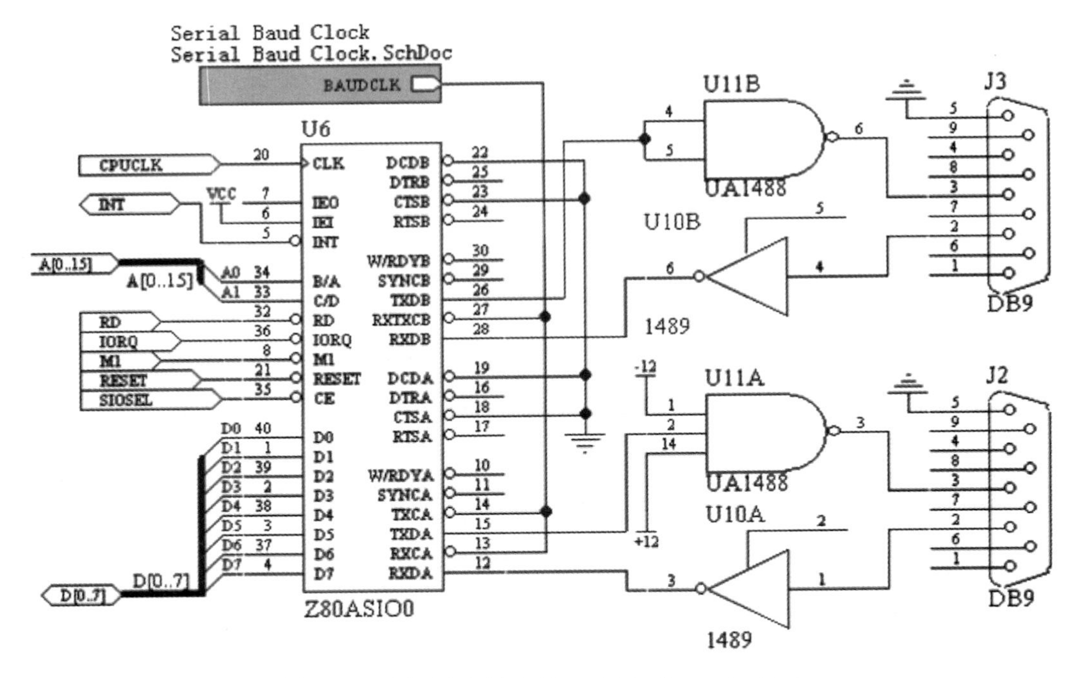

图 3-22　串行接口电路（Serial Interface. SchDoc）

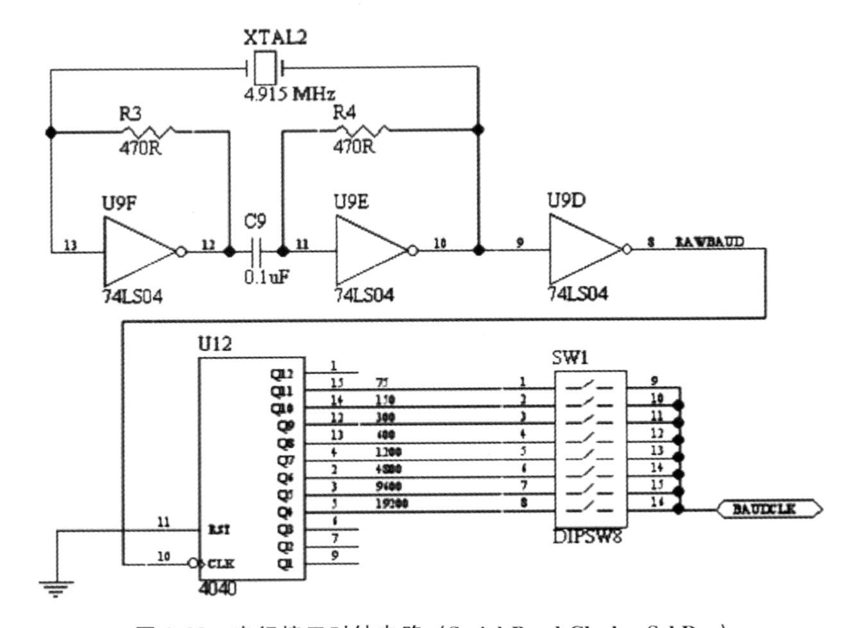

图 3-23　串行接口时钟电路（Serial Band Clock. SchDoc）

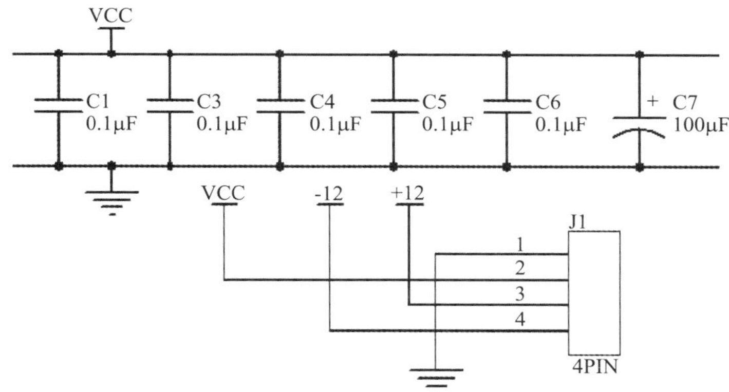

图 3-24　电源电路（Power Supply. SchDoc）

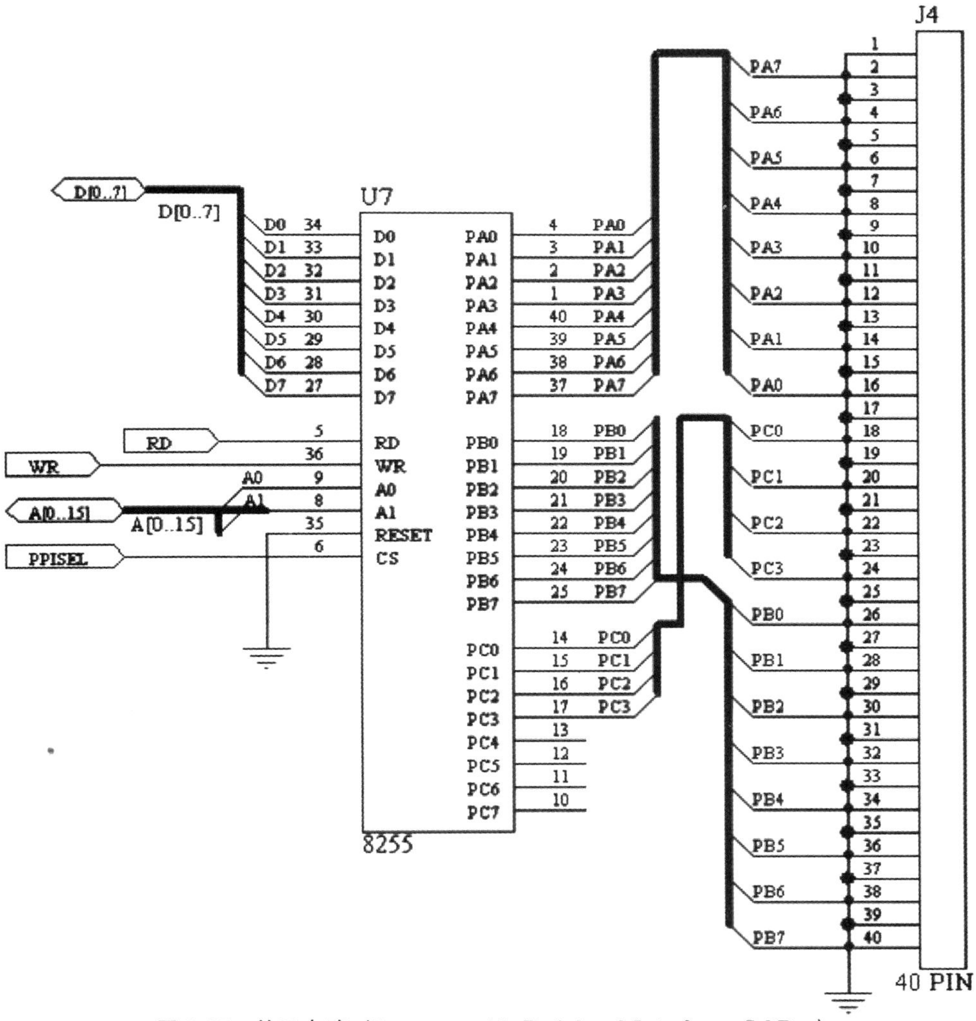

图 3-25　并口电路（Programmable Peripheral Interface. SchDoc）

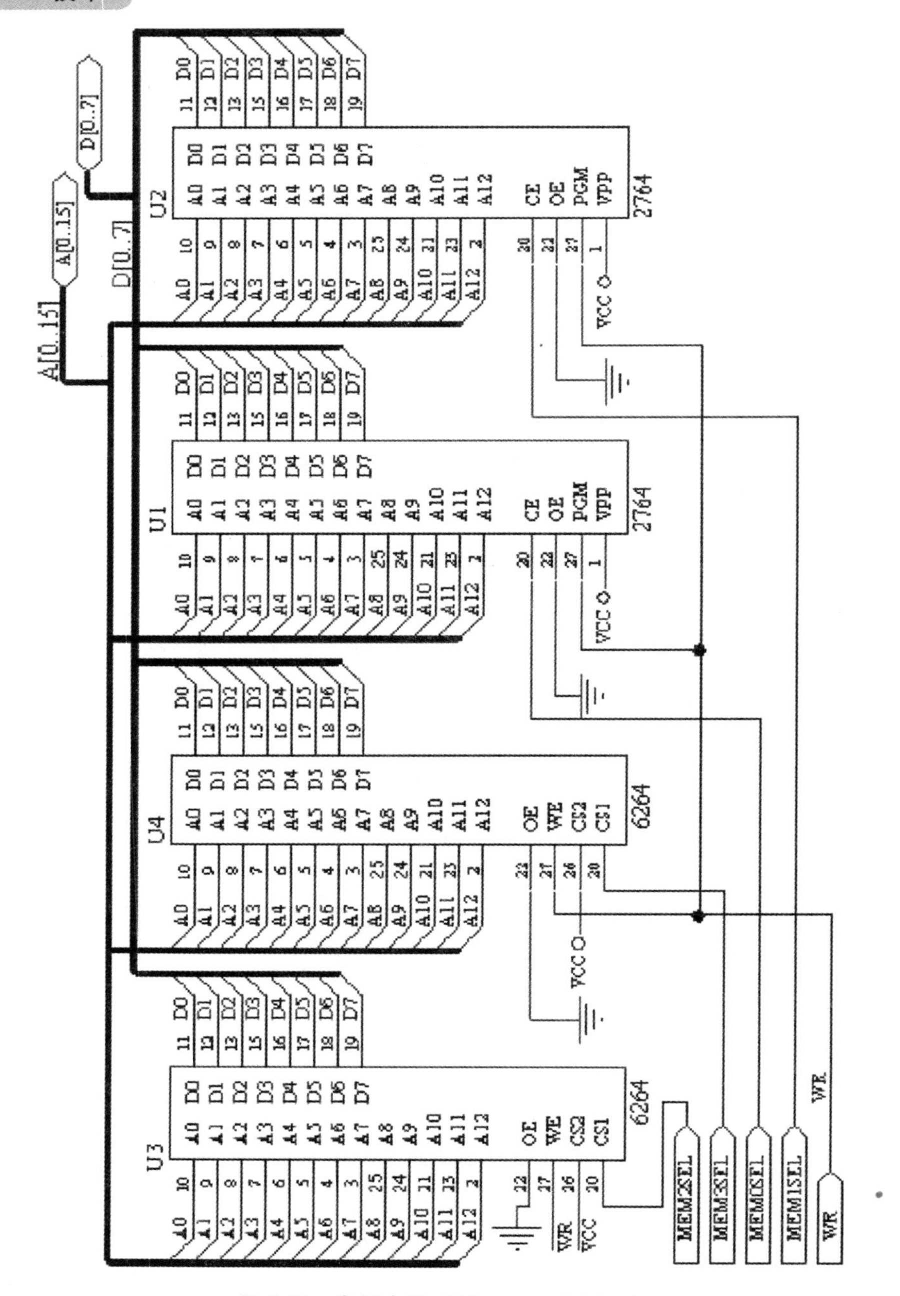

图 3-26　存储电路（Memory. SchDoc）

当然，如果子图中还有层次电路，操作方法也是一样的。用同样的方法将所有的方块电路符号所代表的子原理图全部画出后，整个层次化原理图便完成了。

活动实施：

一、绘制 Z80 Processor. SchDoc 层次原理图文件。

二、活动评分标准：

项目	配分	评分标准	扣分	得分
层次化原理图母图的绘制	30	（1）方块电路的放置和属性设置 15分 （2）方块电路的连接 15分		
CPU电路子图的绘制	45	（1）由母图生成子图 15分 （2）在子图基础上绘制电路图 30分		
层次化原理图间的切换	15	（1）由母图切换到子图 5分 （2）由子图切换到母图 10分		
安全文明生产	10	遵守安全文明生产操作规定		
操作时间	30分钟			
开始时间		结束时间		
合计				

三、收获和体会

想一想，写一写绘制Z80 Processor.SchDoc层次原理图文件的收获和体会。

1. ______________________________

2. ______________________________

3. ______________________________

四、评议

根据小组分工，在听取小组安装成果汇报的基础上，进行评议，填写实训情况评议表。

实训情况评议表

评议人＼评议项目	评议意见	评议等级	评议签名
本组			
其他组			
实训老师			
综合			

任务 2　自下而上的层次化原理图设计方法

活动 1　自下而上的层次化原理图设计方法

学习目标

1. 熟练掌握方块电路的绘制、方块电路端口的放置；
2. 熟练掌握方块电路和端口的属性设置；
3. 熟练使用自下而上的方法设计层次化原理图。

建议学时

4 学时

知识准备

自下而上的方法指首先产生所需要的所有原理图，再由原理图来生成方块电路图的方法。再以图 3-26 所示的 Memory.SchDoc 电路为例，说明如何产生对应的 Memory 方块图。具体步骤如下。

1. 按图 3-26 完成存储器电路图的绘制。
2. 将所有的子原理图绘制完成。
3. 绘制总原理图。

在完成所有子原理图绘制后，系统可以根据子原理图自动生成方块电路图及其端口。

自动生成方块电路图的操作步骤如下。

(1) 新建一个原理图，双击该原理图，使之处于当前编辑状态。

(2) 单击“设计”菜单中的“根据图纸建立图纸称号”命令后，将弹出如图 3-27 所示的对话框。

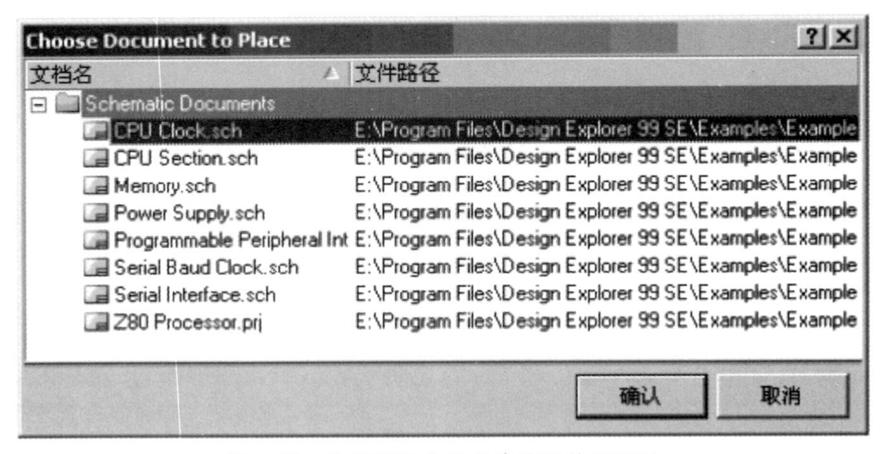

图 3-27　选择产生方块电路符号的原理图

（3）单击选中该文件，再按“确定”按钮（也可直接双击该文件），将会弹出如图 3-28所示的对话框，提示设计者是否需要转换端口输入/输出属性。

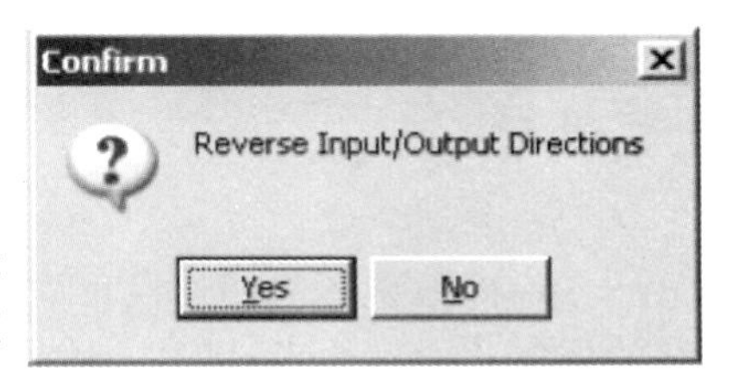

图 3-28　转换端口输入/输出属性

单击 No 按钮后，光标变为十字形状，并附加方块电路图的标志显示在工作窗口中，如图 3-29 所示，在此状态下可以按 Tab 键修改其属性。

（4）将鼠标指针移动到适当位置，单击鼠标左键，完成放置，如图 3-30 所示。

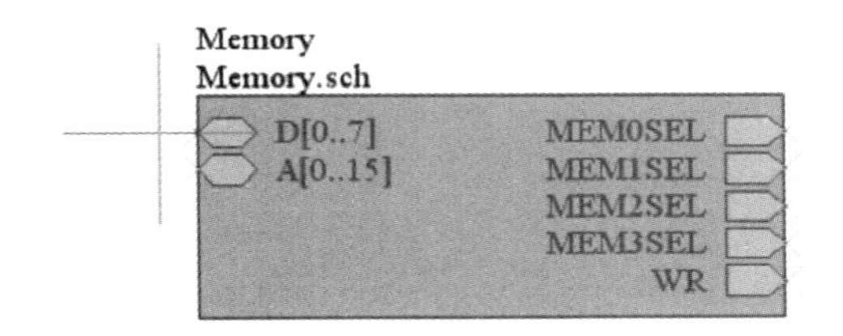

图 3-29　待转换生成的方块电路图

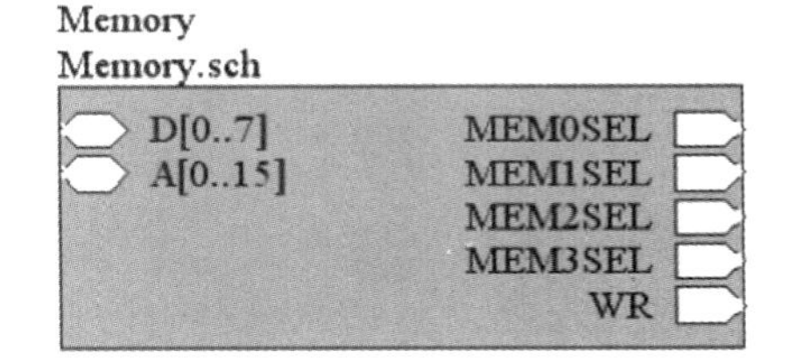

图 3-30　转换生成的方块电路图

（5）重复步骤（2）、（3）、（4），可以生成其他的方块电路图，如图 3-31 所示。

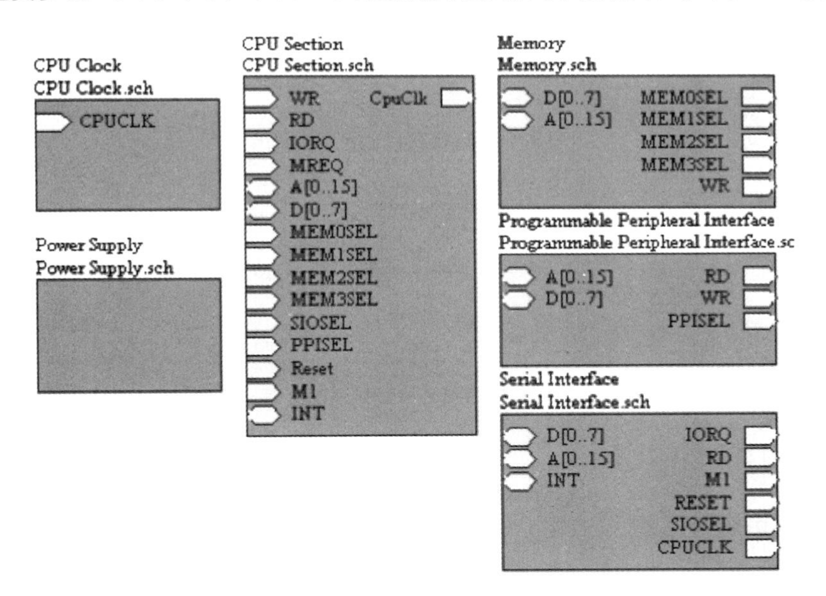

图 3-31　所有转换生成的方块电路图

在所有的方块电路图生成以后，就可以开始放置总原理图上的连线，和原理图的绘制一样。

活动 2 层次化原理图之间的切换

在不同原理图之间切换可以通过单击工作窗口的文件名标签来迅速实现，但是在复杂的层次化原理图设计时，比如想从母图中的方块电路符号切换到对应的子图上，或要从某一层次化原理图切换到它的上层原理图上，通过这种方法进行切换就会显得非常麻烦。为此，Protel DXP 2004 提供了强大的层次化原理图切换功能。下面，以上面的层次化原理图为例，简单介绍一下这种切换的方法。

1. 从母图切换到方块电路符号对应的子图

（1）单击“工具”菜单中的“改变设计层次”，或单击原理图标准工具栏中的按钮。

（2）单击命令后，鼠标光标变成十字形状。将其移至母图某个方块电路符号的端口上，缓慢单击鼠标左键两次，就可以切换到该项方块电路符号所对应的原理图的端口上，如图 3-32 所示。而刚刚单击的 I/O 端口将以选中状态显示。若单击的是某个方块电路符号，再双击鼠标左键两次，就可以切换到相应的原理图，如图 3-33、图 3-34 所示。

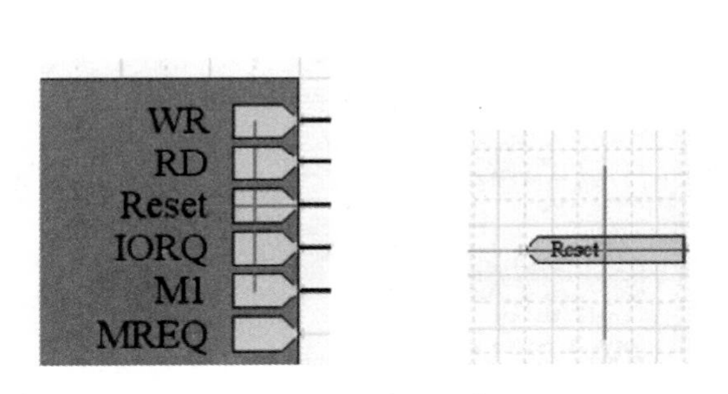

图 3-32 从母图切换到原理图

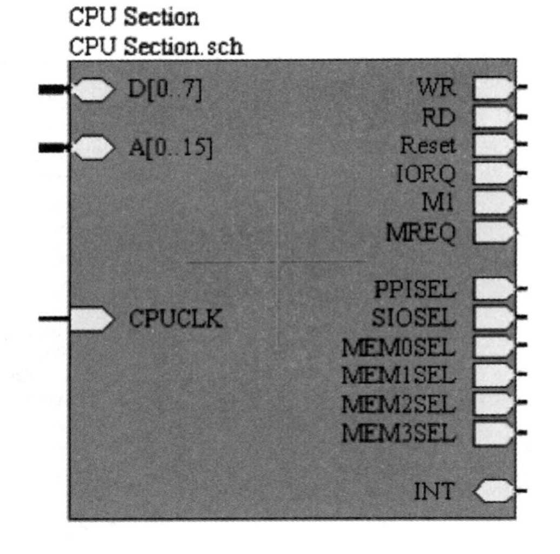

图 3-33 单击母图中的一个方块电路符号

2. 由子图切换到母图

将当前工作窗口切换到层次化原理图总图。

（1）单击“工具”菜单中的“改变设计层次”，或单击原理图标准工具栏中的按钮。

（2）光标变成十字形状后，移动光标至某个子原理图中的某个 I/O 端口，子原理图将以选中状态显示。如选中 CPU Clock. SchDoc 子原理图，可得到如图 3-35、图 3-36 所示的效果。

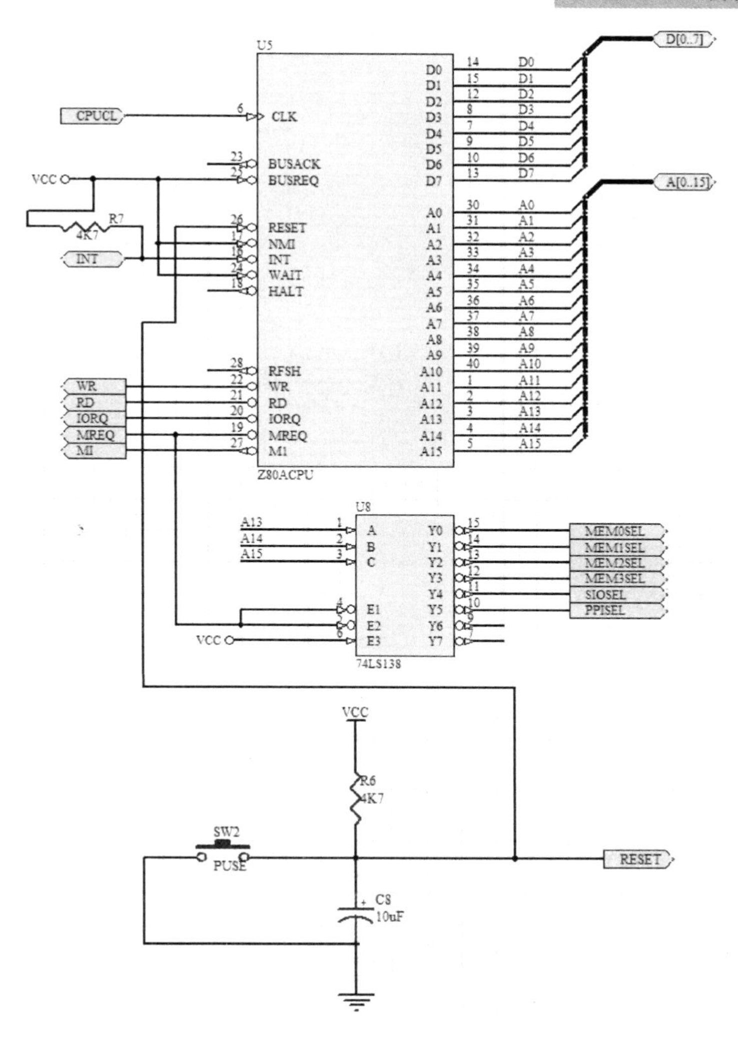

图 3-34 切换到方块电路所代表的子原理图

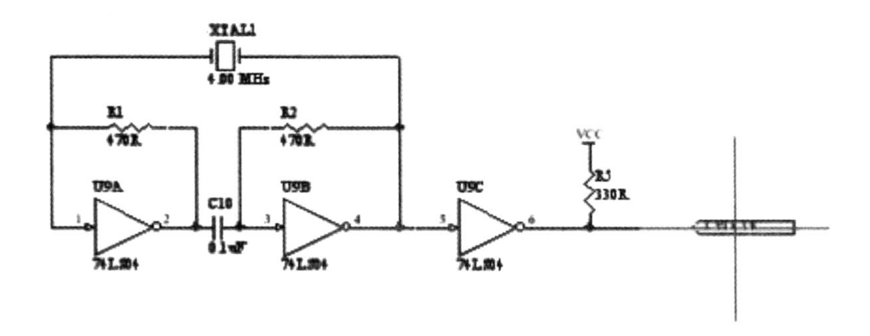

图 3-35 单机子图中的 I/O 端口

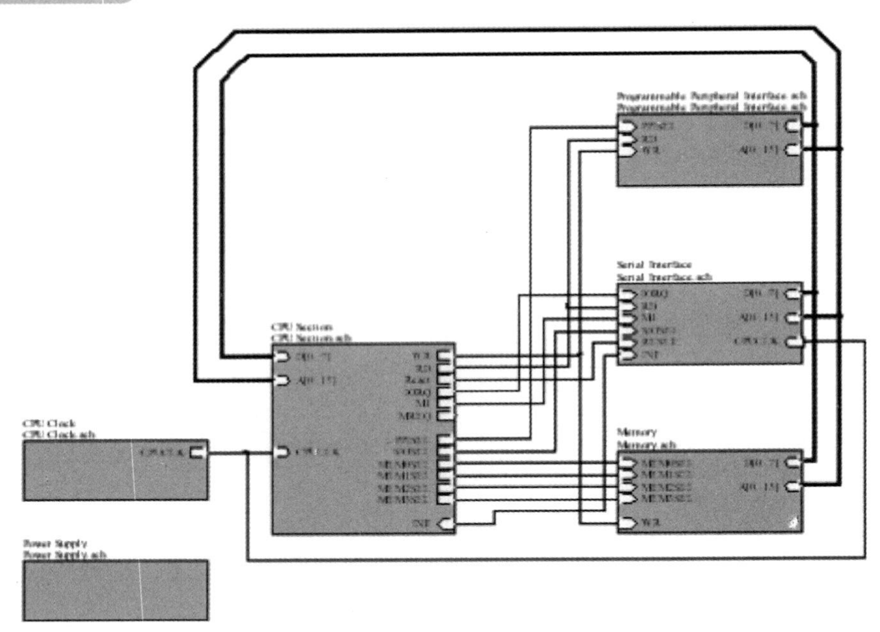

图 3-36　从子图切换的母图

活动实施：

自上向下层次化原理图设计流程，例如，洗衣机控制电路设计，如图 3-27 所示。

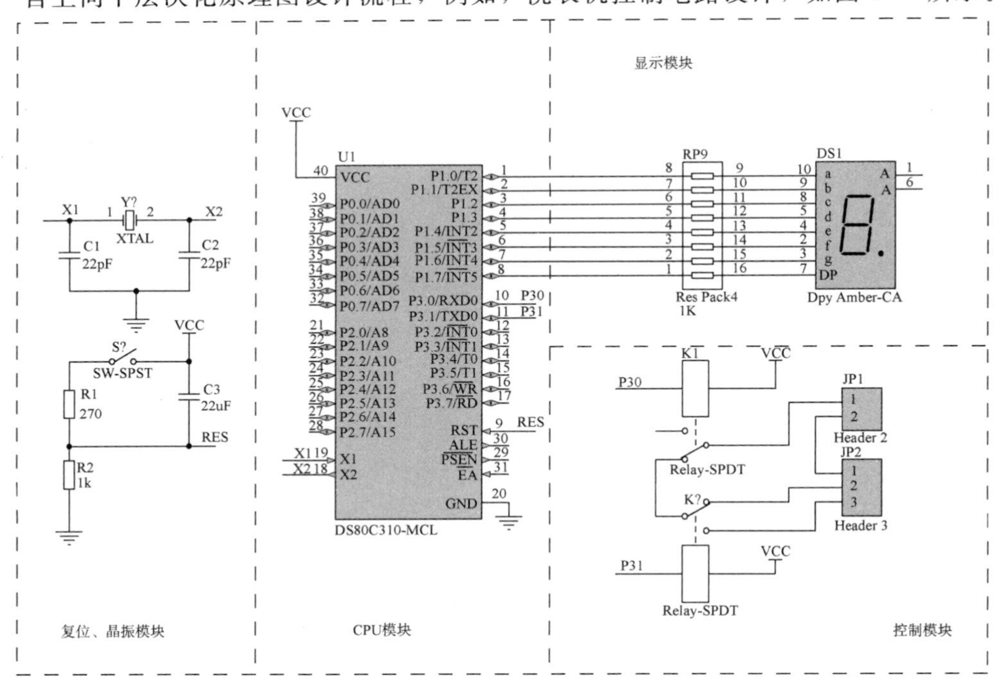

图 3-37　洗衣机控制电路

1. 放置方框电路图及其属性编辑

单击“配线工具栏”中的“放置图纸符号”按钮，如图 3-38 所示。

移动鼠标到合适位置，确定第一个方框的顶点，再移动鼠标，确定对角顶点。按同样的方法，绘制所有方框。

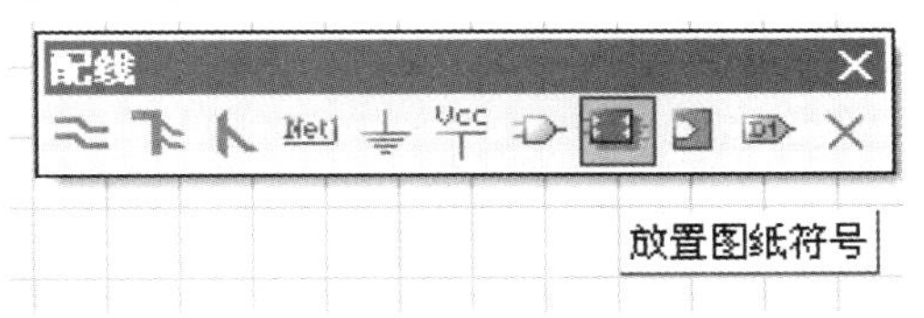

图 3-38　配线工具栏

2. 设置方框电路图的属性，使之与单张原理图有对应关系

双击方框电路图符号，设置电路图的各种属性，如图 3-39 所示。

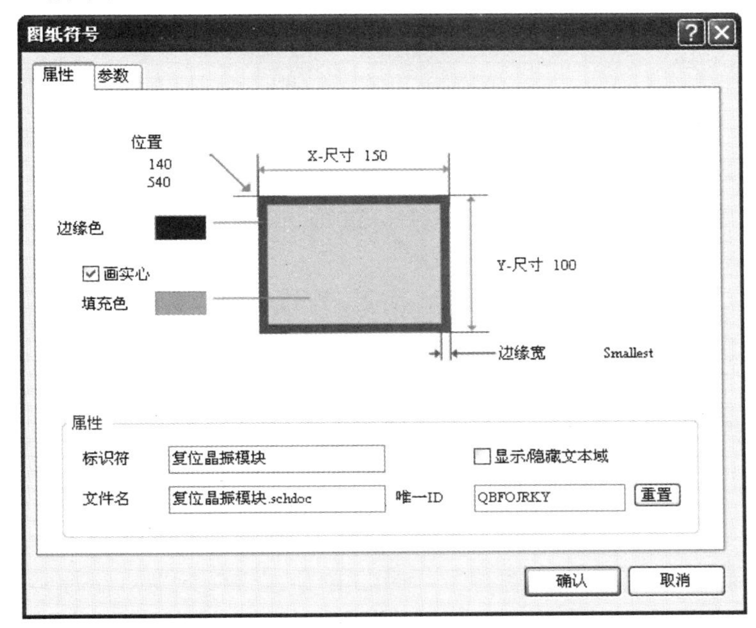

图 3-39　设置方框电路图的属性对话框

可以进行位置、边框颜色、填充色、尺寸等设置。

标识符：方框电路图的标号，该标号通常设置为所代表子原理图的名称。

文件名：方框电路图代表的文件名称，这里的文件名称需要文件扩展名是否显示方框电路图中的隐藏文字。

唯一 ID：这个 ID 值在一个项中是唯一的，单击“重置”按钮可以重新设置该方框电路图的 ID。

这里设置的文件名为“复位晶振模块 . schdoc”，与随后建立的子原理图之间建立起了对应关系。

这里的“标识符”和“文件名”是最重要的两项！

分别设置四个方框电路，如图 3-40 所示。

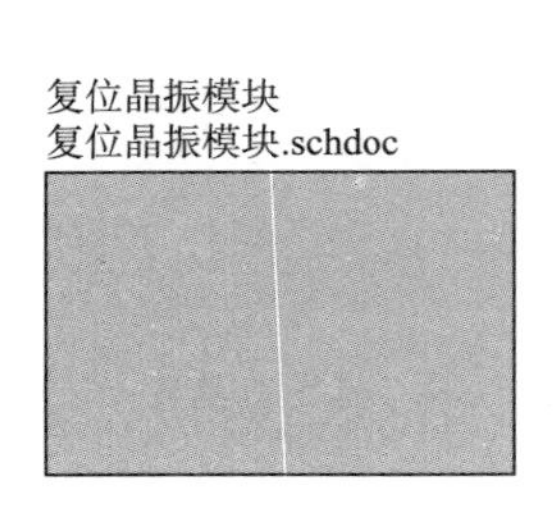

图 3-40　设置四个方框电路

3. 放置方框电路图上的端口及其属性编辑（需要注意，放置端口位置有严格要求——必须处于方框电路图内部边缘处。）

单击“配线工具栏”中的“放置图纸入口”按钮，如图 3-41 所示。

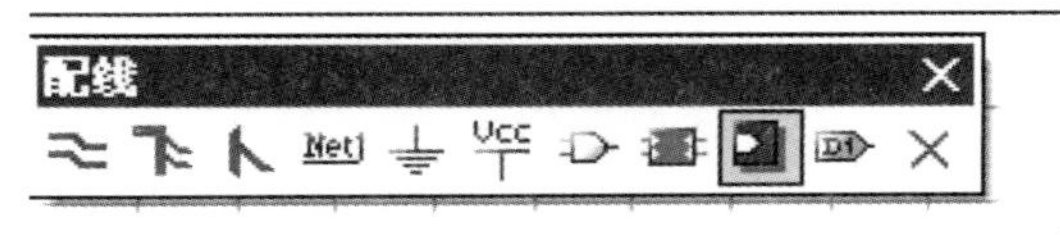

图 3-41　“配线工具栏”中的“放置图纸入口”按钮

鼠标移动到方框电路图内部边缘处，单击鼠标左键，此时，鼠标指针仍为十字形状，并有一个方框电路图端口符号附加在鼠标指针上，移动鼠标，该端口将随着鼠标移动并根据鼠标指针的位置改变端口形式。

放置完成后单击鼠标右键或按 Esc 退出放置。放置好的端口如图 3-42 所示。

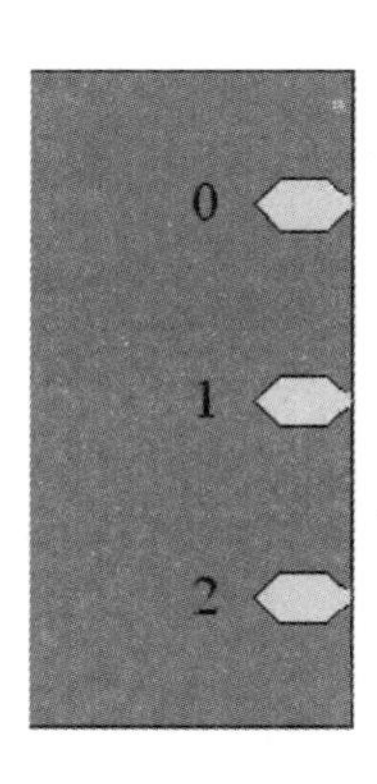

图 3-42　放置好的端口

设置端口属性以建立端口和子原理图端口之间的对应关系。

双击端口打开端口属性编辑对话框，如图 3-43 所示。

填充色：填充在内部的颜色。

文本色：端口文本的颜色。

边：指端口位于方框中的位置（上、下、左、右）。

风格：端口的形状（共 8 种），表示信号的流动方向，如图 3-44 所示。

名称：方框电路图中的端口名称（此选项的内容需要和子电路图中对应端口的名称一致。

I/O 类型：表示端口的输入/输出类型。有四种，分别为不确定、输出、输入、双向。

位置：自动更改，不需要设置。

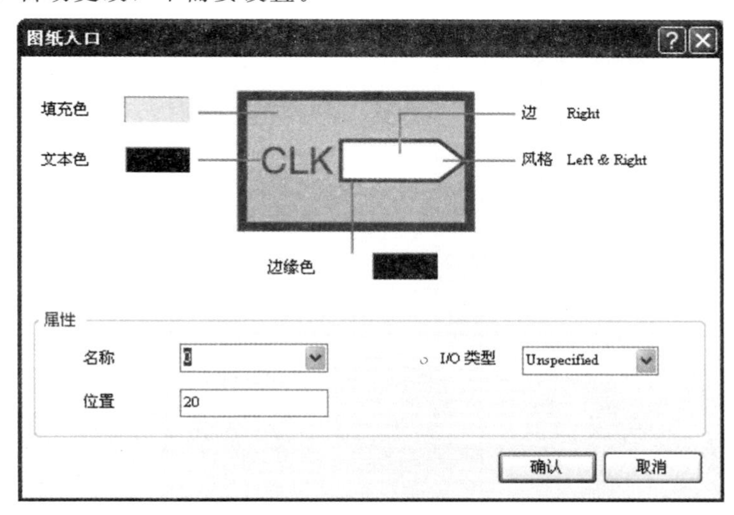

图 3-43　端口属性编辑对话框

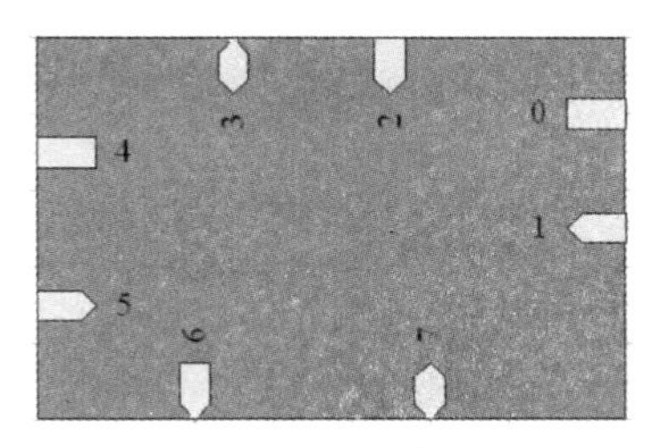

图 3-44　端口的形状

在这里，最重要的是“风格、名称、I/O 类型”。其中“名称”选项建立了方框电路图中的端口和子原理图中的端口之间的对应关系，而风格与 I/O 类型会影响到子原理图端口对应属性的设置。它们一起建立起方框电路图与子原理图间端口的对应关系和电气连接。

按照图 3-45 所示添加端口。

4．添加导线或总线、网格标号

给端口之间按照它们的对应关系添加导线及网络标号（如图 3-46）。

注意：

两个端口之间是导线连接，具有电气特性，不是绘制的直线。

如果在子原理图中是总线端口，则在方框原理图中要用总线进行连接。

5．子原理图的绘制

在完成总原理图的设计后，根据总原理图中的方框电路图可以生成各个子原理图文件及子原理图中的端口，如图 3-47 所示。

单击 Yes，生成的原理图文件中反转对应端口的输入/输出属性。

单击 no，保持端口属性不变。

我们在这里不需要进行端口反转，因此选择 no。

此时，可以看到生成了一个新的原理图文件，名称为方框原理图属性设置中输入的名称。

同时，也可以看到，在新的原理图文件中，有和方框原理图上相同的端口。端口的名称、风格、I/O 类型与方框电路图中的完全相同。

生成原理图后，可以根据子原理图的功能放置元器件、连接。

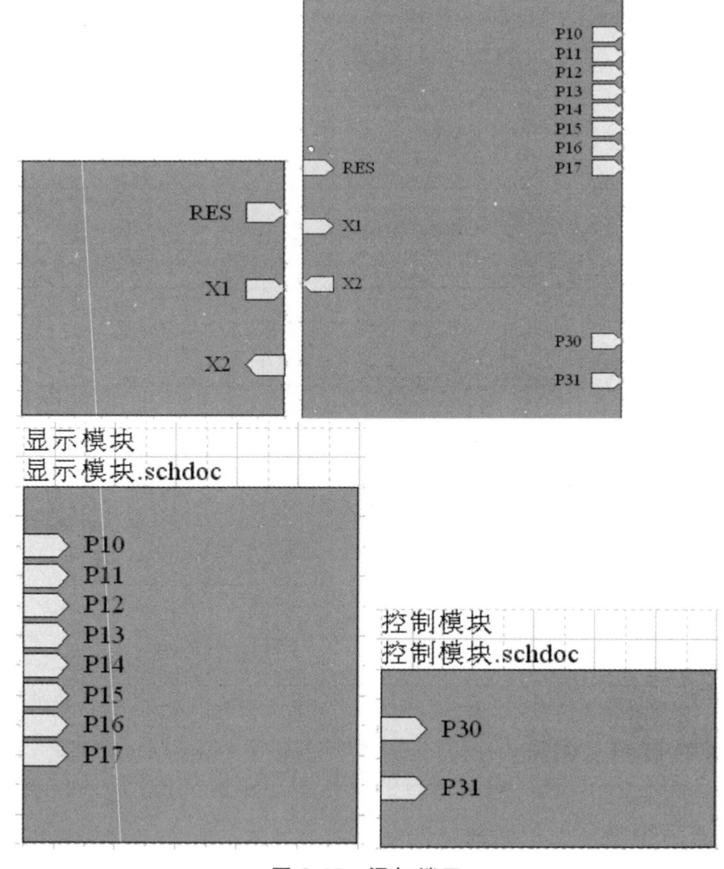

图 3-45　添加端口

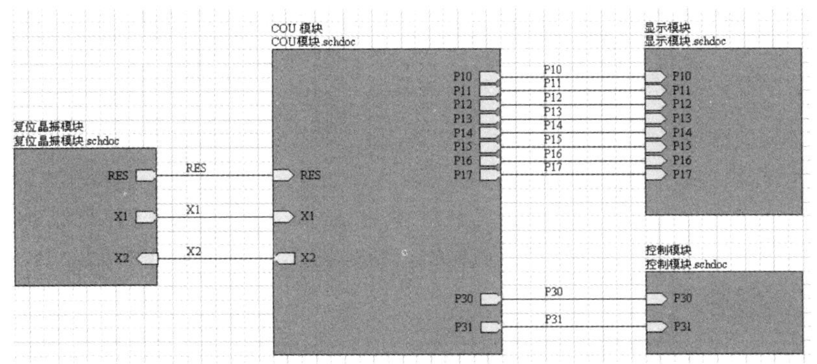

图 3-46　添加导线或总线、网格标号

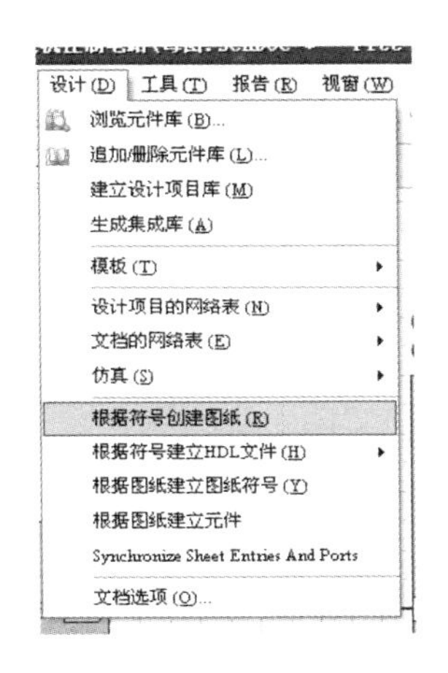

点击“设计”菜单中的“根据符号创建图纸”命令

鼠标指针变成十字形状，单击方框电路图，会弹出“是否在生成的原理图文件中反转对应端口的输入/输出属性”的询问对话框

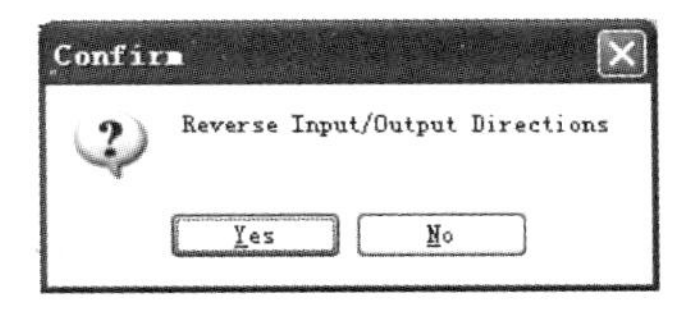

图 3-47　根据符号创建图纸

6. 根据以下图片添加四个子原理图，并保存

(1) 复位、晶振模块

复位、晶振模块如图 3-48 所示。

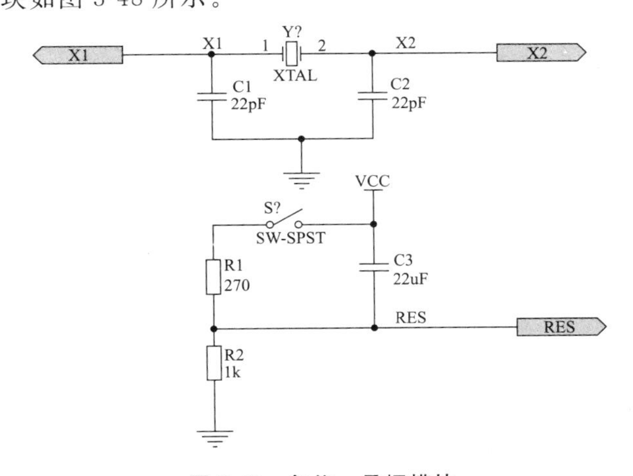

图 3-48　复位、晶振模块

（2）控制模块

控制模块如图 3-49 所示。

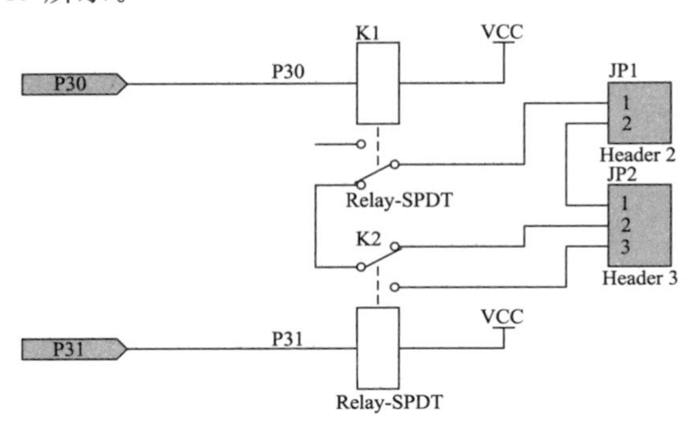

图 3-49　控制模块

（3）CPU 模块

CPU 模块如图 3-50 所示。

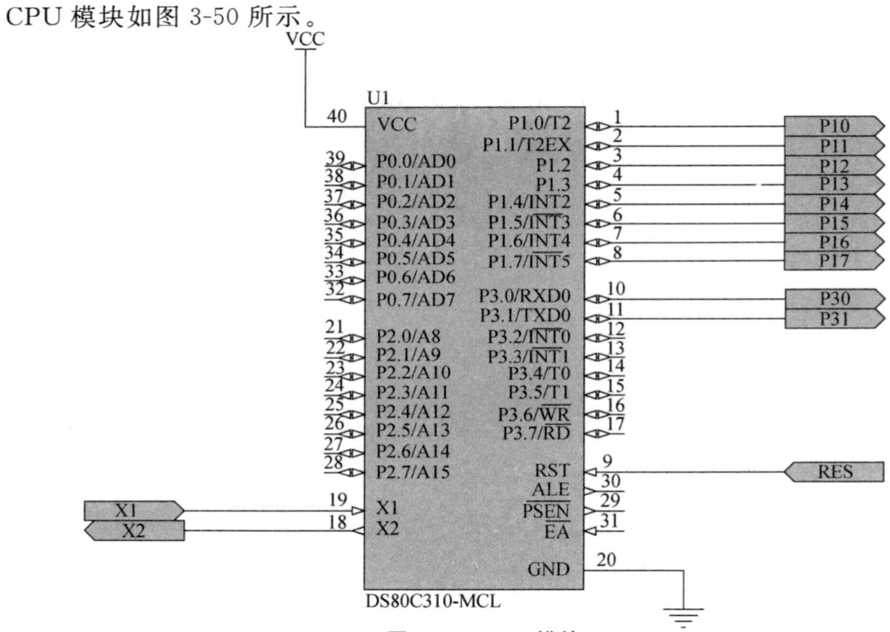

图 3-50　CPU 模块

（4）显示模块

显示模块如图 3-51 所示。

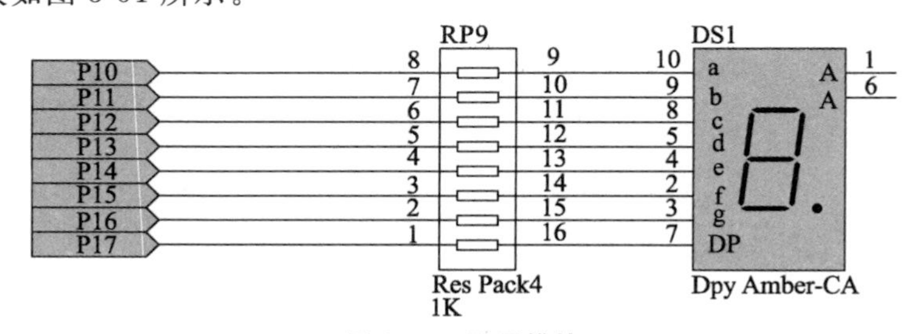

图 3-51　显示模块

二、活动评分标准。

项　　目	配　分	评　分　标　准	扣分	得分
洗衣机控制电路方框电路的放置和元器件查找	40	(1) 正确放置方框电路　20分 (2) 熟练查找元器件　20分		
层次化原理图的绘制和切换	50	(1) 洗衣机控制电路层次化原理图总图的绘制　20分 (2) 洗衣机控制电路层次化原理图子图的绘制　20分 (3) 洗衣机控制电路层次化原理图的切换　10分		
安全文明生产	10	遵守安全文明生产操作规定		
操作时间	30分钟			
开始时间		结束时间		
合　计				

三、收获和体会。

想一想，写一写绘制层次化原理图的收获和体会。

1. ______________________________

2. ______________________________

3. ______________________________

4. ______________________________

四、评议。

根据小组分工，在听取小组安装成果汇报的基础上进行评议，填写实训情况评议表。

实训情况评议表

评议项目 / 评议人	评议意见	评议等级	评议签名
本组			
其他组			
实训老师			
综合			

项目四　PCB电路板设计

项目学习目标

1. 初识 PCB 编辑器，理解元器件封装、焊盘、飞线、铜膜导线和过孔等 PCB 设计制作术语；
2. 掌握 PCB 文件创建及电路板规划与设置方法；
3. 布局与布线；
4. 掌握单片机实验板 PCB 设计。

任务1　初识 PCB 编辑器

学习目标

1. 了解 PCB 基础知识；
2. 熟悉印制电路板设计界面。

建议学时

4 学时

知识准备

一、PCB 的相关概念

PCB 是 Printed Circuit Board 的缩写，即印制电路板的意思。传统的电路板都采用印刷蚀刻阻剂（涂油漆、贴线路保护膜、热转印）的方法，做出电路的线路及图面，所以被称为印制电路板。印制电路板是由绝缘基板、连接导线和装配焊接电子元器件的焊盘组成的，具有导线和绝缘底板的双重作用，用来连接实际的电子元器件。使用 Protel 2004软件设计完成的标准 PCB 就是那种没有元器件的板子——裸板，也称为印刷线路板（Printed Wiring board，PWB）。本小节介绍 Protel DXP 进行 PCB 设计的过程。

1. Protel 设计中 PCB 的层

Protel DXP 提供有多种类型的工作层。只有在了解了这些工作层的功能之后，才能准确、可靠地进行印制电路板的设计。Protel DXP 所提供的工作层大致可以分为 7 类：

Signal Layer（信号层）、Internal Planes（内部电源/接地层）、Mechanical Layers（机械层）、Masks（阻焊层）、Silkscreen（丝印层）、Others（其他工作层面）及 System（系统工作层）。

2. 封装

元器件封装是指实际的电子元器件或集成电路的外型尺寸、管脚的直径及管脚的距离等，它是使元器件引脚和印制电路板上的焊盘一致的保证。元器件的封装可以分成针脚式封装和表面粘着式（SMT）封装两大类。

3. 铜膜导线

铜膜导线也称铜膜走线，简称导线，用于连接各个焊盘，是印制电路板最重要的部分。与导线有关的另外一种线常称为飞线，即预拉线。飞线是在引入网络表后，系统根据规则生成的，是用来指引布线的一种连线。飞线与导线有本质的区别，飞线只是一种形式上的连线，它只是在形式上表示出各个焊盘的连接关系，没有电气的连接意义。

4. 焊盘（Pad）

焊盘的作用是放置焊锡，连接导线和元器件引脚。选择元器件的焊盘类型要综合考虑该元器件的形状、大小、布置形式、振动和受热情况、受力方向等因素。

Protel 在封装库中给出了一系列大小和形状不同的焊盘，如圆、方、八角、圆方和定位用焊盘等，但有时还不够用，需要自己编辑。例如，对发热且受力较大、电流较大的焊盘，可自行设计成“泪滴状”。

5. 过孔（Via）

为连通各层之间的线路，在各层需要连通的导线的交汇处钻上一个公共孔，这就是过孔。过孔有三种，即从顶层贯通到底层的穿透式过孔、从顶层通到内层或从内层通到底层的盲过孔以及内层间的隐藏过孔。

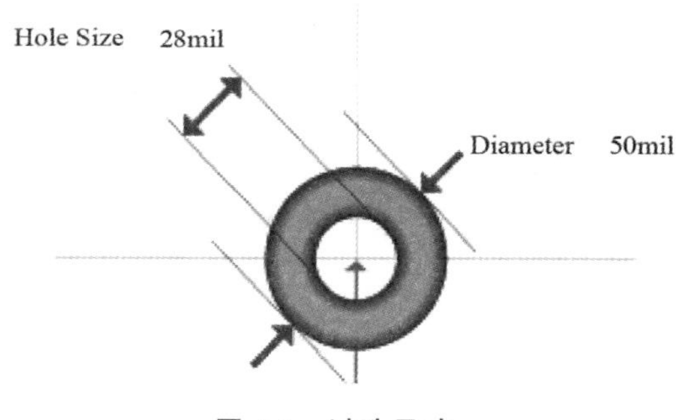

图 4-1 过孔尺寸

过孔从上面看上去有两个尺寸，即通孔直径（Hole Size）和过孔直径（Diameter），如图 4-1 所示。通孔和过孔之间的孔壁由与导线相同的材料构成，用于连接不同层的导线。

一般而言，设计线路时对过孔的处理有以下原则。

尽量少用过孔，一旦选用了过孔，务必处理好它与周边各实体的间隙，特别是容易被忽视的中间各层与过孔不相连的线与过孔的间隙。

需要的载流量越大，所需的过孔尺寸就越大，如电源层、地线与其他层连接所用的过孔就要大一些。

6. 敷铜

对于抗干扰要求比较高的电路板，需要在 PCB 上敷铜。敷铜可以有效地实现电路板的信号屏蔽作用，提高电路板信号的抗电磁干扰能力。

二、PCB 设计的流程和原则

1. PCB 板的设计流程

PCB 板是所有设计过程的最终产品。PCB 图设计得好坏直接决定了设计结果是否能

满足要求。PCB图设计过程中主要有以下几个步骤。

(1) 创建PCB文件

在正式绘制之前，要规划好PCB板的尺寸。这包括PCB板的边沿尺寸和内部预留的用于固定的螺丝孔，也包括其他一些需要挖掉的空间和预留的空间。

(2) 设置PCB的设计环境

(3) 将原理图信息传输到PCB中

规划好PCB板之后，就可以将原理图信息传输到PCB中了。

(4) 元器件布局

元器件布局要完成的工作是把元器件在PCB板上摆放好。可以是自动布局，也可以是手动布局。

(5) 布线

根据网络表，在Protel DXP提示下完成布线工作，这是最需要技巧的工作部分，也是最复杂的一部分工作。

(6) 检查错误

布线完成后，最终检查PCB板有没有错误，并为这块PCB板撰写相应的文档。

(7) 打印PCB图纸

2. PCB设计的基本原则

印制电路板设计首先需要完全了解所选用元器件及各种插座的规格、尺寸、面积等。当合理地、仔细地考虑各部件的位置安排时，主要是从电磁兼容性、抗干扰性的角度，以及走线要短、交叉要少、电源和地线的路径及去耦等方面进行考虑。印制电路板上各元器件之间的布线应遵循以下基本原则。

(1) 印制电路中不允许有交叉电路，对于有可能交叉的线条，可以用“钻”“绕”两种办法解决。

(2) 电阻、二极管、管状电容器等元器件有“立式”和“卧式”两种安装方式。

(3) 同一级电路的接地点应尽量靠近，并且本级电路的电源滤波电容也应接在该级接地点上。

(4) 总地线必须严格按高频、中频、低频一级级地按弱电到强电的顺序排列，切不可随便乱接。

(5) 强电流引线（公共地线、功放电源引线等）应尽可能宽些，以降低布线电阻及其电压降，减小寄生耦合而产生的自激。

(6) 阻抗高的走线尽量短，阻抗低的走线可长一些，因为阻抗高的走线容易发射和吸收信号，引起电路不稳定。

(7) 各元器件排列、分布要合理和均匀，力求整齐、美观、结构严谨。电阻、二极管的放置方式分为平放和竖放两种。在电路中元器件数量不多，而且电路板尺寸较大的情况下，一般采用平放较好。

(8) 电位器。电位器的安放位置应当满足整机结构安装及面板布局的要求，因此应尽可能放在板的边缘，旋转柄朝外。

(9) IC座。设计印制板图时，在使用IC座的场合下，一定要特别注意IC座上定位槽放置的方位是否正确，并注意各个IC脚位是否正确。

(10) 进出接线端布置。相关联的两个引线端不要距离太大，一般为2/10～3/10 inch较合适。进出接线端尽可能集中在1～2个侧面，不要太过离散。

(11) 要注意管脚排列顺序，元器件引脚间距要合理。如电容两焊盘间距应尽可能与引脚的间距相符。

(12) 在保证电路性能要求的前提下，设计时尽量走线合理，少用外接跨线，并按一定顺序要求走线。走线尽量少拐弯，力求线条简单明了。

(13) 设计应按一定顺序方向进行，例如，可以按从左往右和由上而下的顺序进行。

(14) 线宽的要求。导线的宽度决定了导线的电阻值，而在同样大的电流下，导线的电阻值又决定了导线两端的电压降。

三、PCB 编辑环境

PCB 编辑环境主界面如图 4-2 所示，包含菜单栏、主工具栏、布线工具栏、工作层切换栏、项目管理区、绘图工作区 6 个部分。

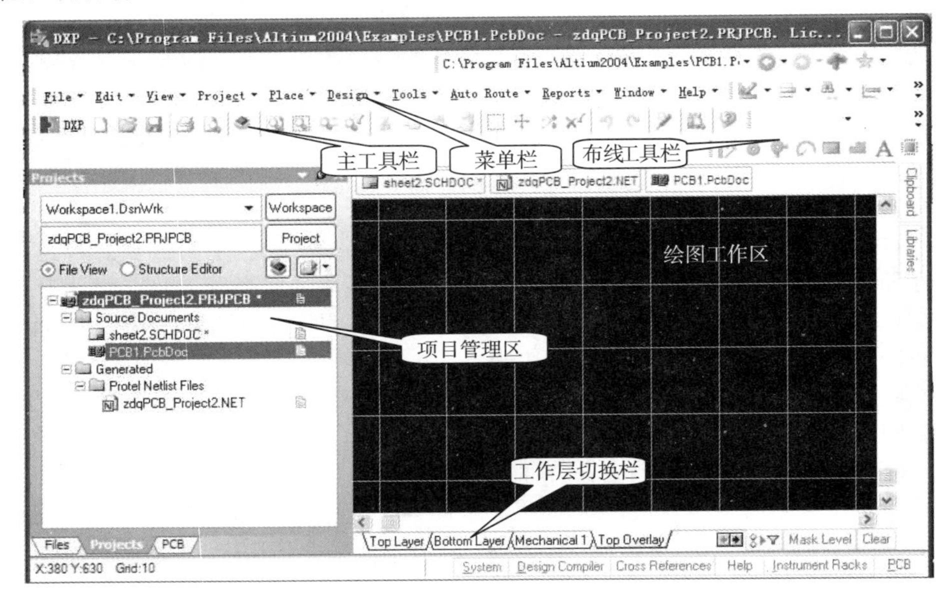

图 4-2 PCB 设计环境主界面

1. 菜单栏

PCB 绘图编辑环境下菜单栏的内容和原理图编辑环境的菜单栏类似，这里只简要介绍以下几个菜单的大致功能。

Design：设计菜单，主要包括一些布局和布线的预处理设置和操作。如加载封装库、设计规则设定、网络表文件的引入和预定义分组等操作。

Tools：工具菜单，主要包括设计 PCB 图以后的后处理操作。如设计规则检查、取消自动布线、泪滴化、测试点设置和自动布局等操作。

Auto Route：自动布线菜单，主要包括自动布线设置和各种自动布线操作。

2. 主工具栏 (Main Toolbar)

主工具栏主要为一些常见的菜单操作提供快捷按钮，如缩放、选取对象等命令按钮。

3．布线工具栏（Placement Tools）

执行菜单命令 View→Toolbars→Placement，则显示放置工具栏。该工具栏主要为用户提供各种图形绘制以及布线命令，如图4-3所示。

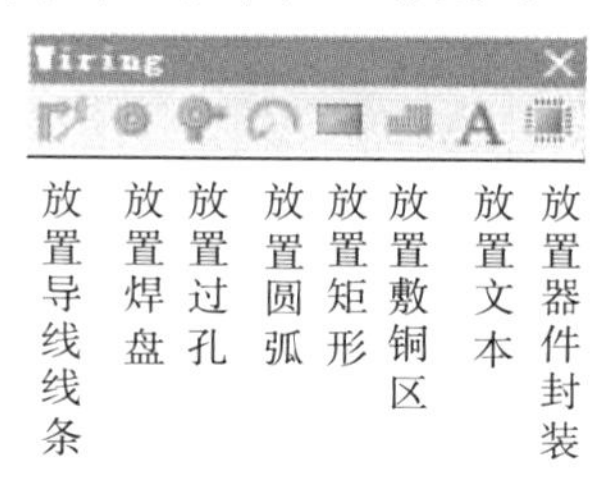

图4-3　放置工具栏的按钮及其功能

4．编辑区

编辑区是用来绘制PCB图的工作区域。启动后，编辑区的显示栅格间隔为1000mil。编辑区下面的选项栏显示了当前已经打开的工作层，其中变灰的选项是当前层。几乎所有的放置操作都是相对于当前层而言，因此在绘图过程中一定要注意当前工作层是哪一层。

5．工作层切换工具栏

实现手工布线过程中要根据需要在各层之间切换。

6．项目管理区

项目管理区包含多个面板，其中有三个在绘制PCB图时很有用，它们分别是Projects、Navigator 和 Libraries。Projects 用于文件的管理，类似于资源管理器；Navigator用于浏览当前PCB图的一些当前信息。Navigator 的对象有五类，项目浏览区内容如图4-4所示。

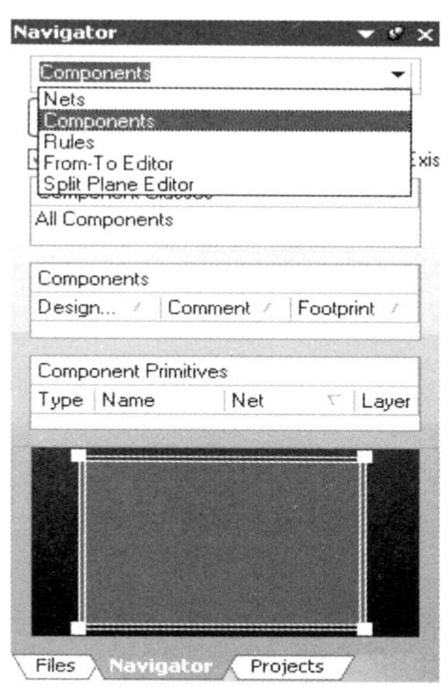

图4-4　项目浏览区

四、设置布线板层

Protel DXP 提供了一个板层管理器对各种板层进行设置和管理。启动板层管理器，执行主菜单命令 Design→Layer StackManager，启动后的界面如图4-5所示。

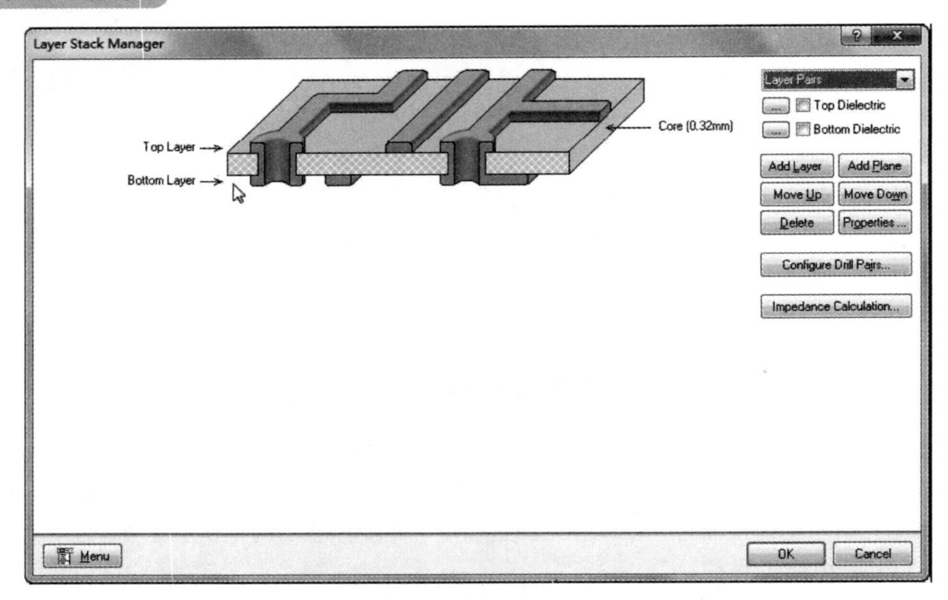

图 4-5　板层管理器

1. 增加层及平面

选择 Add Layer 添加新的层，新增的层和平面添加在当前所选择的层下面，可以选择 Move Up、Move Down 移动层的位置，层的参数在 Properties 中设置，设置完成后单击 OK 关闭对话框。

2. 删除层

选中要删除的层，点 Delete 即可。

五、板层和颜色设置

执行主菜单命令 Design→Board Layers&Colors，即可打开板层和颜色显示设置对话框，如图 4-6 所示。

六、PCB 设计规则的设置

PCB 为当前文档时，从菜单选择 Design→Rules 命令，PCB Rules and Constraints Editor 对话框出现，如图 4-7 所示，在该对话框内可以设置电气检查、布线层、布线宽度等规则。

每一类规则都显示在对话框的设计规则面板（左手边）。双击 Routing 展开后可以看见有关布线的规则。然后双击 Width 显示宽度规则为有效，可以修改布线的宽度。

设计规则项有十项，其中包括 Electrical（电气规则）、Routing（布线规则）、SMT（表面贴装元器件规则）等，大多的规则项选择默认即可。这里仅对常用的规则项进行简单说明。

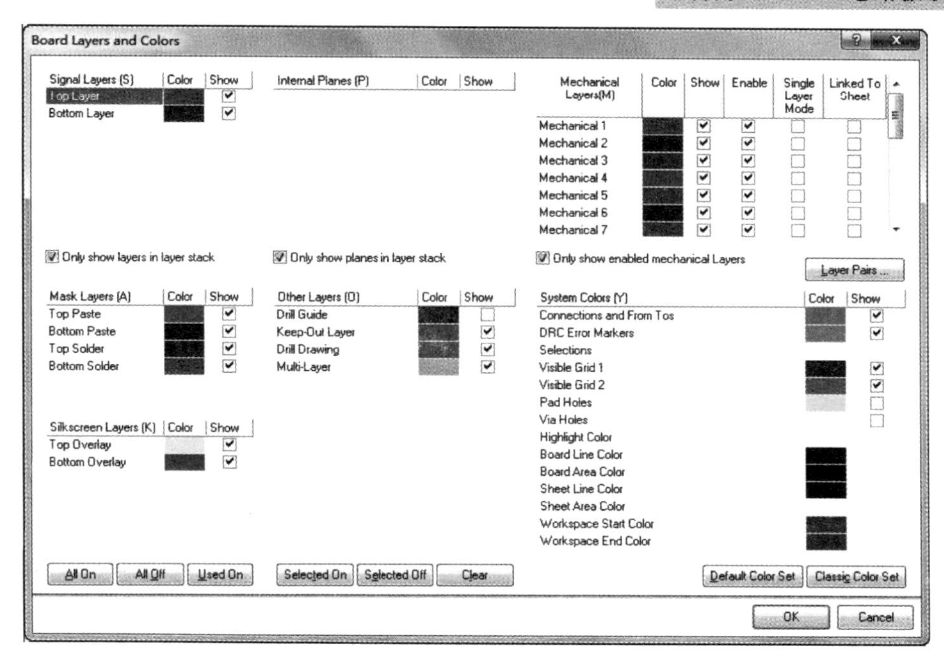

图 4-6　板层和颜色显示设置对话框

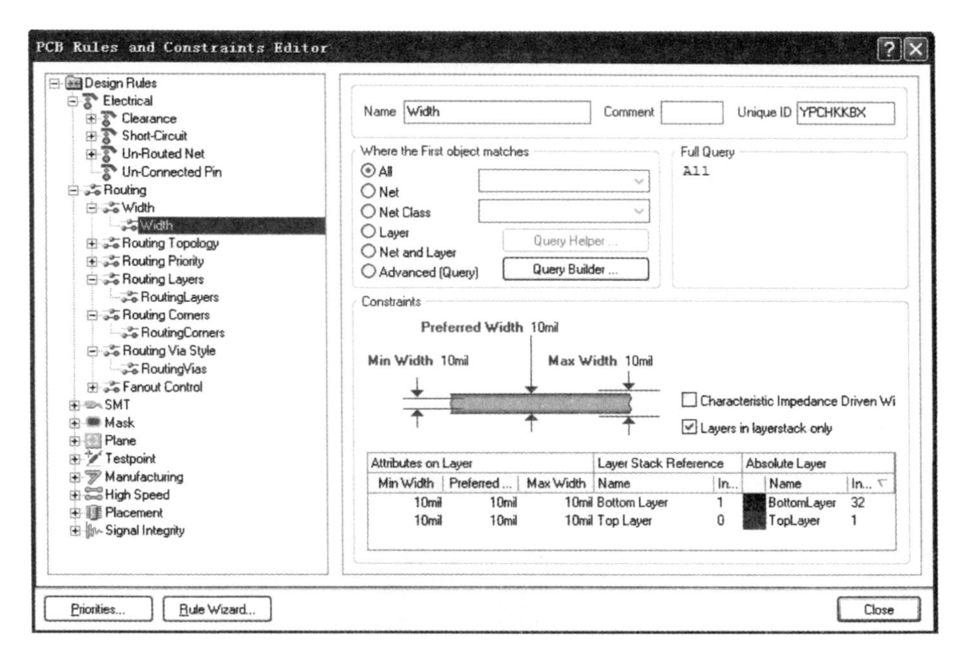

图 4-7　布线规则设计对话框

（1）Electrical（电气规则）。设置电路板布线时必须遵守的电气规则包括：Clearance（安全距离，默认 10mil）、Short－Circuit（短路，默认不允许短路）、Un－Routed Net（未布线网络，默认未布的网络显示为飞线）、Un－Routed Net（未布线网络，显示为连接的引脚）。

（2）Routing（布线规则）。主要包括：Width（导线宽度）、Routing Layers（布线层）、Routing Corners（布线拐角）等。Width（导线宽度）有三个值可供设置，分别为 Max Width（最大宽度）、Preferred Width（预布线宽度）、Min Width（最小宽度），可直接对每个值进行修改。

Routing Layers（布线层）主要设置布线板导线的走线方法，包括底层和顶层布线，共有 32 个布线层。对于双面板 Mid－Layer 1～30 都是不存在的，为灰色，只能使用 Top Layer 和 Bottom Layer 两层。每层对应的右边为该层的布线走法，如图 4-8 所示，默认为 Top Layer－Horizontal（按水平方向布线），Bottom Layer －Vertical（按垂直方向布线），默认即可。

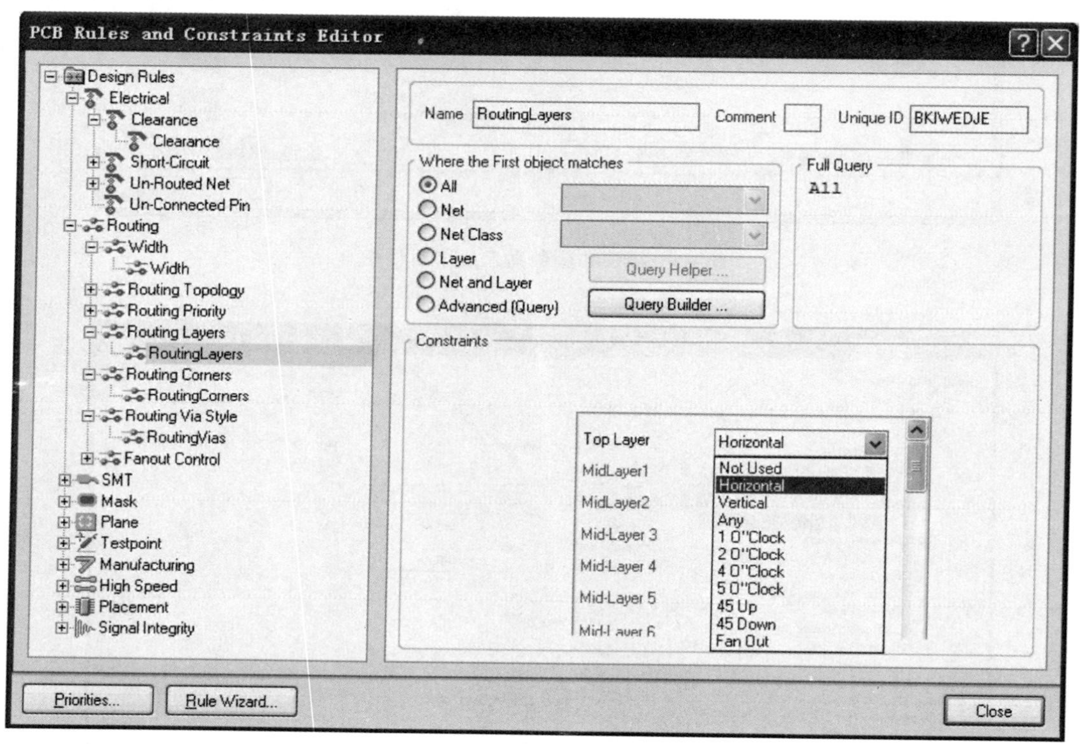

图 4-8　布线层选择对话框

如果要布单面板，要将 Top Layer 选 Not Used（不用），Bottom Layer 的布线方法选 Any（任意方向）。

Routing Corners（布线的拐角）可以有 45°拐角、90°拐角和圆弧拐角（通常选 45°拐角）。

活动实施：

一、熟悉 PCB 设计界面以及布线板层。

二、熟悉 PCB 板层和颜色的设置。

三、活动评分标准。

项　　目	配　分	评　分　标　准	扣分	得分
PCB 设计界面功能	30	熟悉 PCB 设计界面的功能　15 分 掌握 PCB 工具栏的使用　15 分		
PCB 板层和颜色的设置	30	PCB 板层和颜色的设置　30 分		
PCB 设计规则的设置	30	PCB 设计规则的设置　30 分		
安全文明生产	10 分	遵守安全文明生产操作规定		
操作时间	30 分钟			
开始时间		结束时间		
合　计				

四、收获和体会。

想一想，写一写初识 PCB 编辑器的收获和体会。

1. ______________________________

2. ______________________________

3. ______________________________

4. ______________________________

五、评议。

根据小组分工，在听取小组安装成果汇报的基础上进行评议，填写上机情况评议表。

上机情况评议表

评议项目 / 评议人	评议意见	评议等级	评议签名
本组			
其他组			
实训老师			
综合			

任务 2　创建 PCB 文件

学习目标

1. 了解 PCB 基础知识；
2. 掌握创建 PCB 文件的方法；

3. 电路板规划与设置。

建议学时

4 学时

知识准备

一、创建 PCB 文件

PCB 设计首先是建立 PCB 文件，如图 4-9 所示，然后保存并命名，如图 4-10 所示。

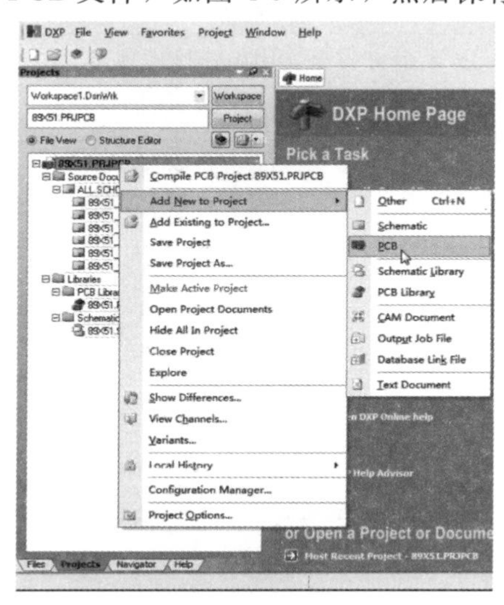

图 4-9　向工程中添加 PCB 文件

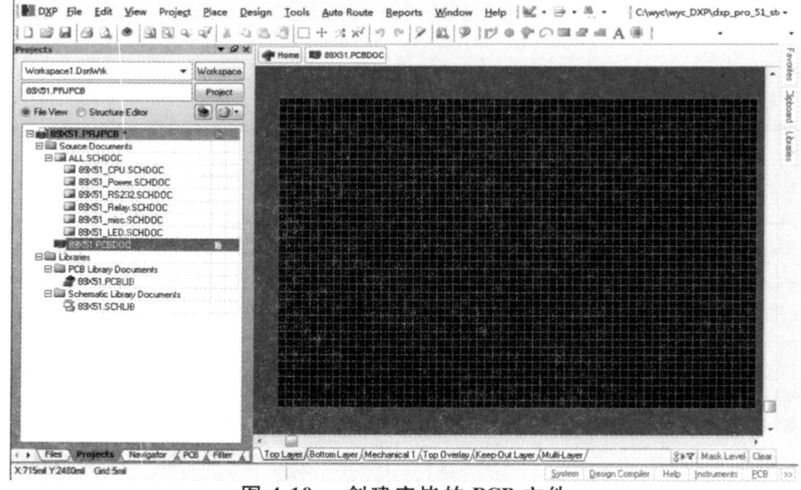

图 4-10　创建完毕的 PCB 文件

二、PCB 创建向导

Protel DXP 提供了 PCB 设计模板向导，图形化的操作使得 PCB 的创建变得非常简单。它提供了很多工业标准板的尺寸规格，也可以用户自定义设置。这种方法适合于各种工业制板，其操作步骤如下。

1. 单击文件工作面板中 New from template 选项下的 PCB Board Wizard 选项，如图 4-11 所示。

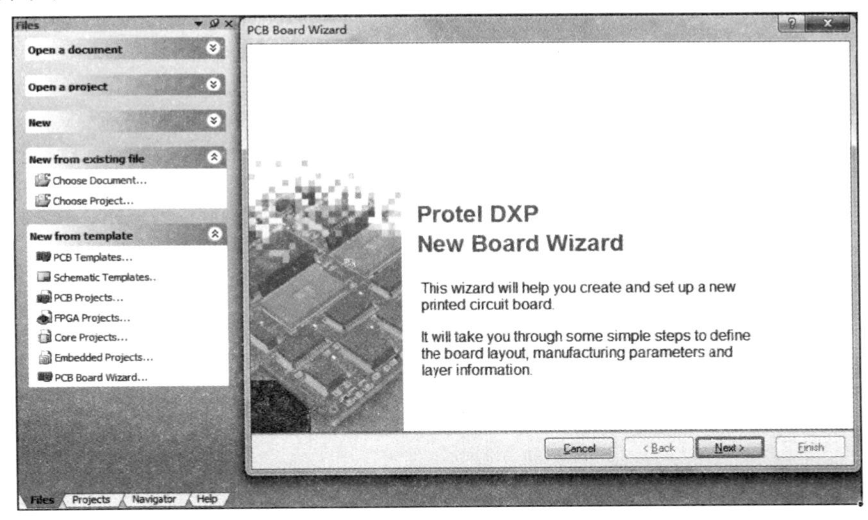

图 4-11　启动 PCB 向导

2. 如图 4-12 所示，单击 Next 按钮，出现度量单位设置对话框。系统提供两种度量单位，一种是 Imperial（英制单位），在印刷板中常用的是 Inch（英寸）和 mil（千分之一英寸），其转换关系是 1Inch ＝ 1000mil 。另一种单位是 Metric（公制单位），常用的有 cm（厘米）和 mm（毫米）。两种度量单位转换关系为 1 Inch＝25.4 mm 。系统默认使用英制度量单位。

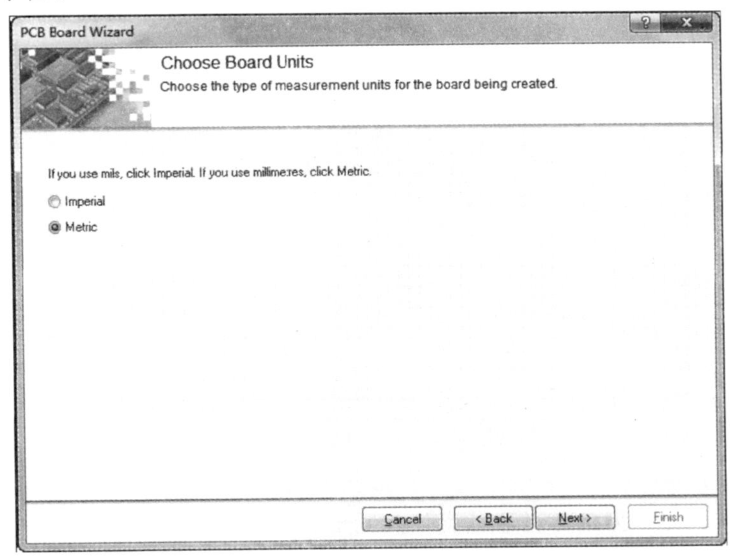

图 4-12　PCB 电路板度量单位设定

3. 单击 Next 按钮，出现如图 4-13 所示界面，要求对设计 PCB 板的尺寸类型进行指定。Protel DXP 提供了很多种工业制板的规格，用户可以根据自己的需要，选择

Custom，进入自定义 PCB 板的尺寸类型模式，在这里选择 Custom 项。

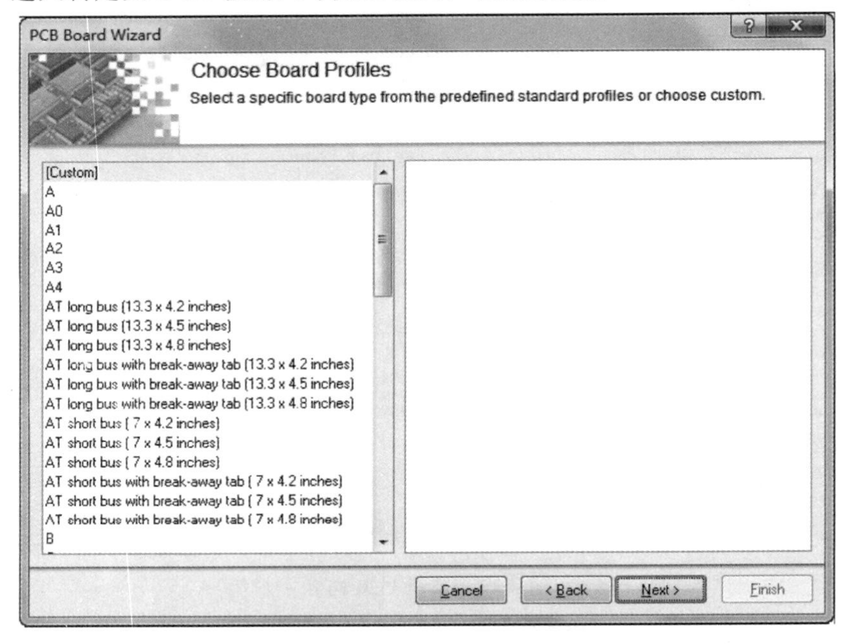

图 4-13　设置电路板类型

4. 单击 Next 按钮，进入下一界面，设置电路板形状和尺寸等，如图 4-14 所示。

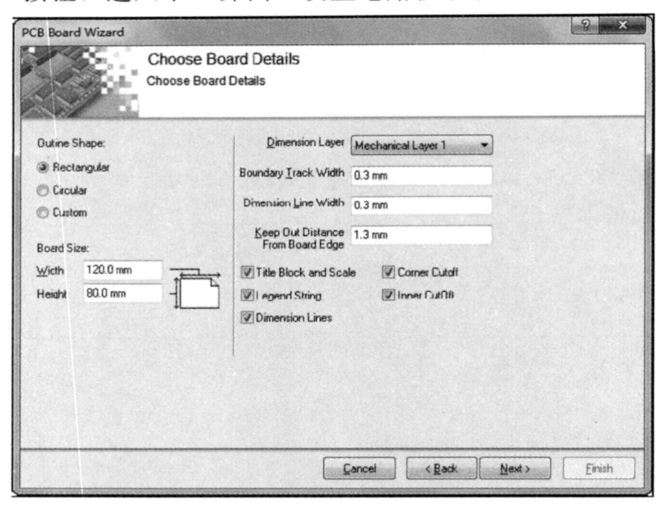

图 4-14　指定 PCB 板信息

5. Outline Shape 选项区域中，有三种选项可以选择设计：Rectangular 为矩形；Circular 为圆形；Custom 为自定义形，类似椭圆形。

（1）本例中选择 Rectangular 矩形板。Board Size 为板的长度和宽度，输入 120mm 和 80mm。（注意：尺寸可以是预设，设计过程中可更改。）

（2）Dimension Layer 选项用来选择所需要的机械加工层，最多可选择 16 层机械加工层。设计双面板只需要使用默认选项，选择 Mechanical Layer1 。

(3) Keep Out Distance From Board Edge 选项用于确定电路板设计时，从械板的边缘到可布线之间的距离，默认值为 1.3mm 。

(4) Corner Cutoff 复选项，选择是否要在印制板的 4 个角进行裁剪。如果需要，则单击 Next 按钮后会出现如图 4-15 所示的界面，要求对裁剪大小进行尺寸设计。

(5) Inner Cutoff 复选项用于确定是否进行印制板内部的裁剪。如果需要，选中该选项后，出现如图 4-16 所示的界面，在左下角输入距离值进行内部裁剪。

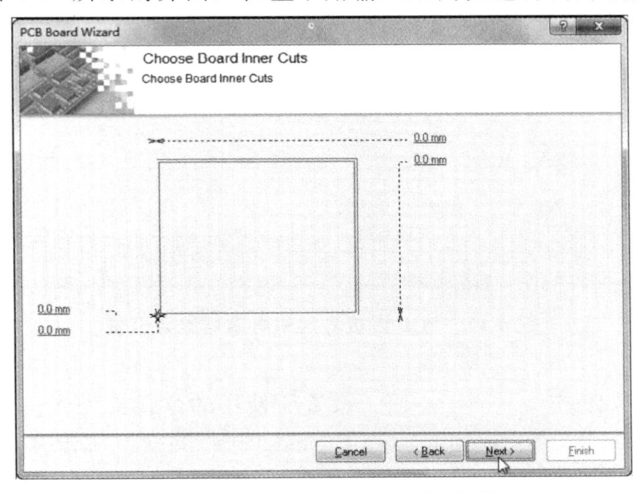

图 4-15 对印制板边角进行裁剪

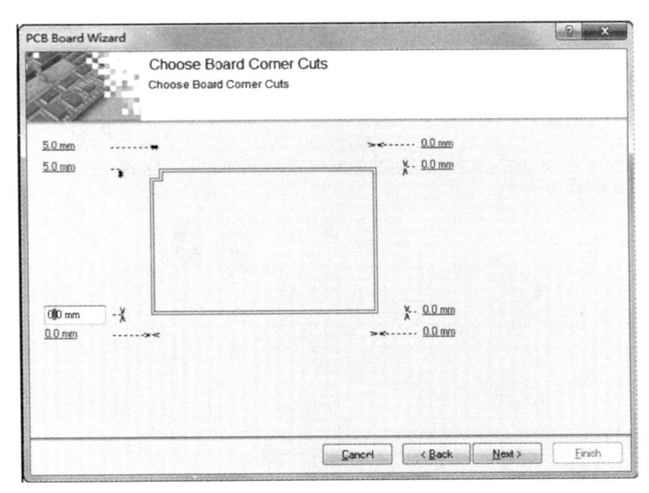

图 4-16 PCB 板内部裁剪

6. 如果不使用 Corner Cutoff 和 Inner Cutoff 复选项，应取消两复选框的选择。单击 Next 按钮进入下一个界面，对 PCB 板的 Signal Layer（信号层）和 Power Planes（电源层）数目进行设置，如图 4-17 所示。本例设计双面板，故信号层数为 2，电源层数为 0，不设置电源层。

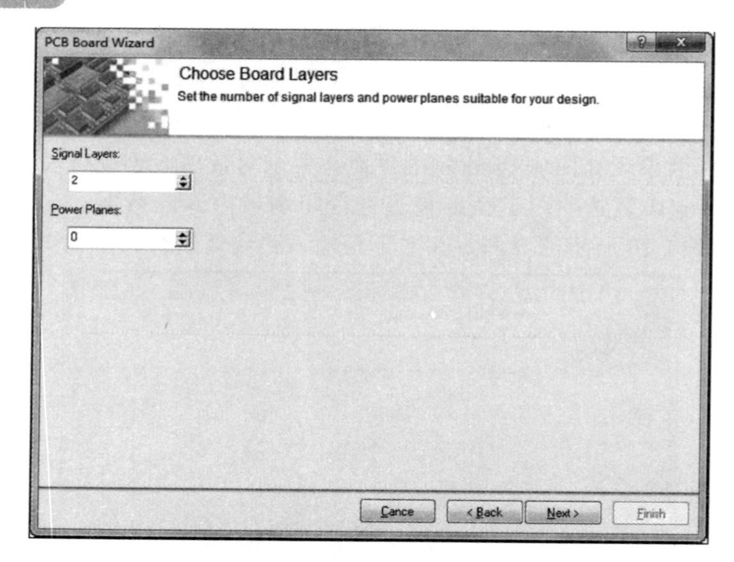

图 4-17 PCB 板信号层和电源层数目设置

7. 单击 Next 按钮进入下一个界面，设置所使用的过孔类型，一类是 Through hole Vias（穿透式过孔），另一类 是 Blind and Buried Vias（盲过孔和隐藏过孔），本例中使用穿透式过孔，如图 4-18 所示。

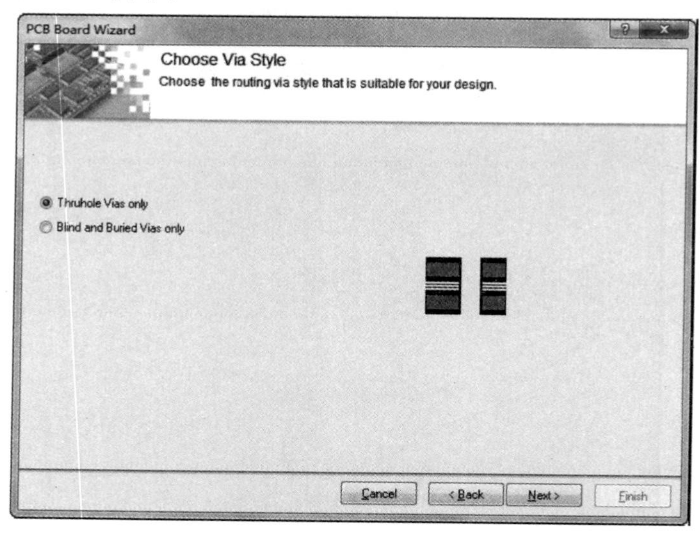

图 4-18 PCB 过孔类型设置

8. 单击 Next 按钮，进入下一个界面，设置元器件的类型和表面粘着元器件的布局，如图 4-19 所示。

在 The board has mostly 选项区域中，有两个选项可供选择，一种是 Surface mount components，即表面粘着式元器件；另一种是 Through hole components，即针脚式封装元器件。如果选择了使用表面粘着式元器件选项，将会出现“Do you put componentson both sides of the board? ”提示信息，询问是否在 PCB 的两面都放置表面粘着式元器件。如果使用的是针脚式封装元器件，在此可对相邻两过孔之间布线时所经过的导线数目进行设定。这里选择 One Track 单选项，即相邻焊盘之间允许经过的导线为 1 条。

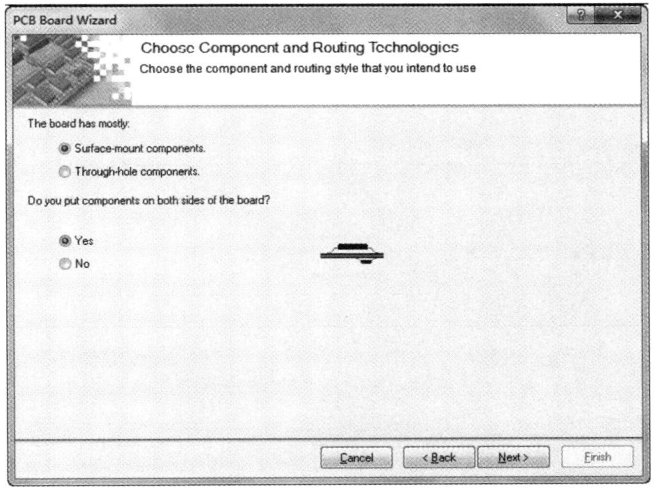

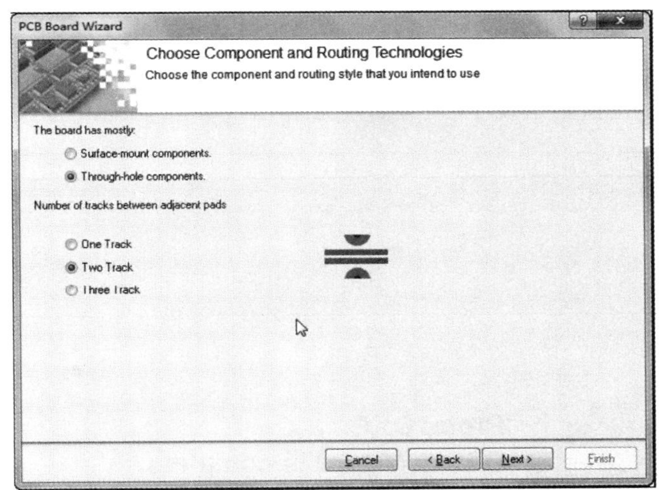

图 4-19　PCB 板使用元器件类型设定

9. 单击 Next 按钮，进入下一个界面，在这里可以设置导线和过孔的属性，如图 4-20所示。

导线和过孔属性设置对话框中的选项设置及功能如下。

(1) Minimum Track Size ：设置导线的最小宽度，单位为 mil 。

(2) Minimum Via Width ：设置过孔的最小直径值。

(3) Minimum Via HoleSize ：设置过孔最小孔径。

(4) Minimum Clearance ：设置相邻导线之间的最小安全距离。

这些参数可以根据实际需要进行设定，用鼠标单击相应的位置即可进行参数修改。

这里均采用默认值。

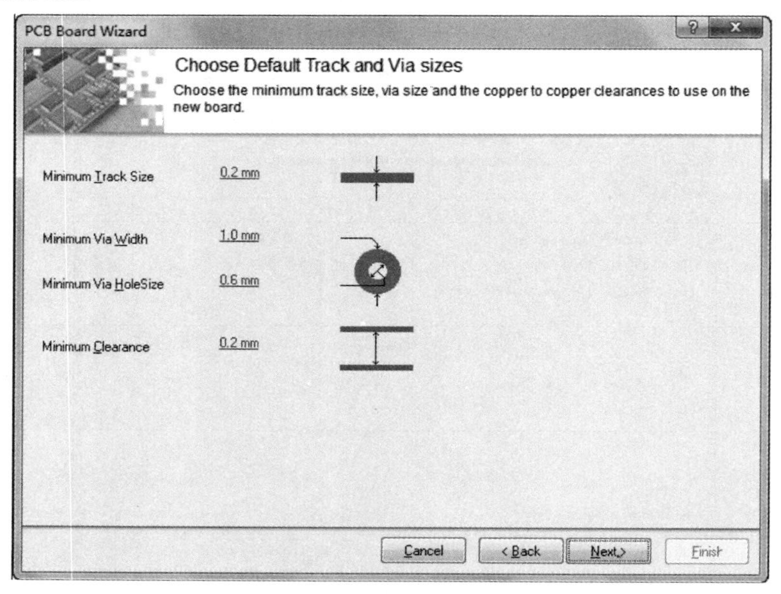

图 4-20　导线和过孔属性设置对话框

10. 单击 Next 按钮，出现 PCB 设置完成界面，单击 Finish 按钮，将启动 PCB 编辑器，如图 4-21 所示。

图 4-21　向导完成

11. 新建的 PCB 文档将被默认命名为 PCB1. PCbdoc，编辑区中会出现设定好的空白 PCB 纸。在文件工作面板中右击，在弹出的菜单中选择 Save As 选项，将其保存为

89X51.PcbDoc，并将其加入 89X51.PRJPCB 项目中，如图 4-22 所示。

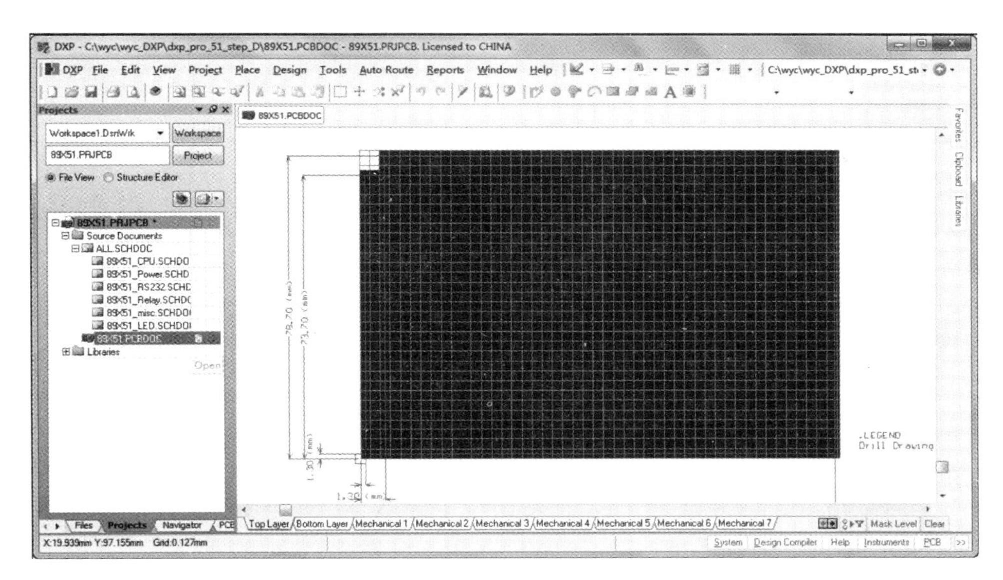

图 4-22　向导创建的 PCB

三、电路板规划与设置

1. 设置 PCB 板选项

执行菜单命令 Design→Board Options，弹出如图 4-23 所示 PCB 板选项对话框。

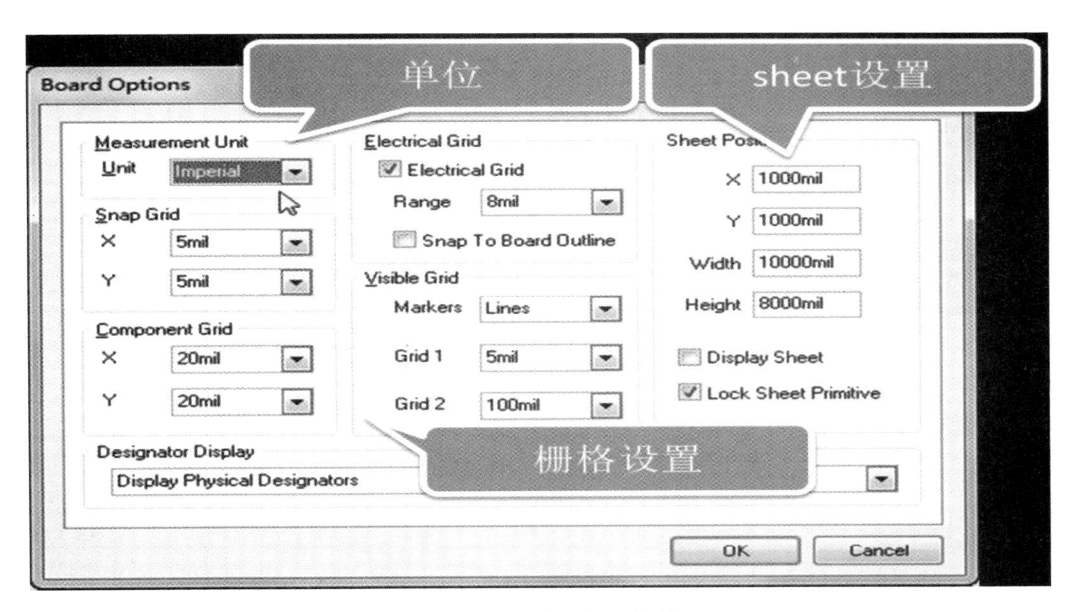

图 4-23　PCB 板选项对话框

格点设置对话框中共有 6 个选项区域，分别用于电路板的设计，其主要设置及功能如下。

（1）Measurement Unit（度量单位）：用于更改使用 PCB 向导模板建立 PCB 板时设置的度量单位。单击下拉菜单，可选择英制度量单位（ Imperial ）或公制单位(Metric)。

（2）Snap Grid（ 可捕获格点 ）：用于设置图纸捕获格点的距离，即工作区的分辨率，也就是鼠标移动时的最小距离。此项根据需要进行设置，对于设计距离要求精确的电路板，可以将该值取得较小，系统最小值为 1mil 。可分别对 X 方向和 Y 方向进行格点设置。

（3）Electrical Grid（电气格点）：用于系统在给定的范围内进行电气点的搜索和定位，系统默认值为 8mil 。

（4）Visible Grid（可视格点）：选项区域中的 Markers 选项用于选择所显示格点的类型，其中一种是 Lines（线状），另一种是 Dots（点状）。Grid1 和 Grid 2 分别用于设置可见格点 1 和可见格点 2 的值，也可以使用系统默认的值。

（5）Sheet Position（图纸位置）：选项区域中的 X 和 Y 用于设置从图纸左下角到 PCB 板左下角的 x 坐标和 y 坐标的值；Width 用于设置 PCB 板的宽度；Height 用于设置 PCB 板的高度。用户创建好 PCB 板后，如果不需要对 PCB 板大小进行调整，这些值可以不必更改。

（6）Component Grid（ 元器件格点）：分别用于设置 X 和 Y 方向的元器件格点值，一般选择默认值。

2. PCB 板参数设置

执行菜单命令 Tools→Preferences，弹出如图 4-24 所示 PCB 参数设置对话框。

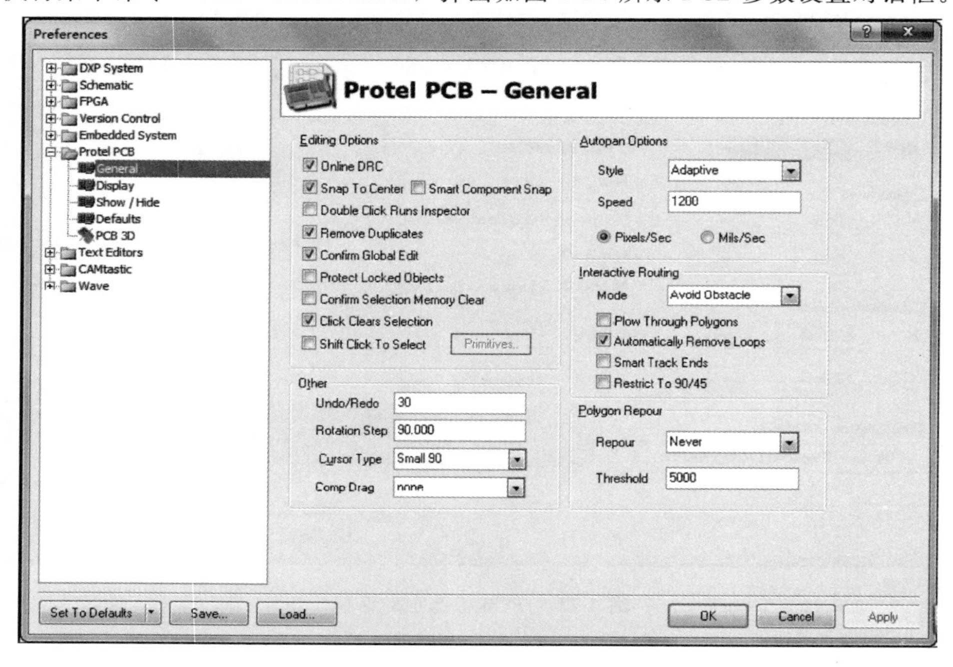

图 4-24 PCB 参数设置

PCB参数设置对话框主要包括5个标签内容，分别是General（通用）标签、Display（显示）标签、Show/Hide（显示/隐藏）标签、Default（默认）标签、PCB 3D标签。

General标签主要进行一些Protel DXP的PCB文件基本选项的设定。

Display标签主要进行一些显示参数的设定。

Show/Hide标签主要进行Protel DXP的PCB界面显示质量的设定。

Default标签主要进行Protel DXP的PCB文件初始状态的设定。

下面介绍这些标签里的内容。

(1) General标签

Options标签分为5个部分：Editing Options（编辑选项）、Other（其他选项）、Autopan Options（自动摇景选项）、Interactive Routing（手工布线选项）、Polygon Repour（覆铜选项）。

Editing Options设置如下。

①Online DRC：实时DRC检查。在手工布线中第一时间给出DRC检查，对违反规则的错误报警。

②Snap To Center：自动对准中心。用光标选取元器件时，光标会跳到该元器件的基础点，通常会跳至元器件的第一脚。

③Click Clears Selection：单击而取消选择。用鼠标单击其他图元时，选中的区域会被取消选择。

④Double Click Run Inspector：双击启动Inspector面板。

⑤Remove Duplicates：自动删除标号重复的图元。

⑥Confirm Global Edit：确定全局修改。在全局修改操作对象前给出提示信息，以确认是否选择了需要修改的对象。

⑦Protect Locked Objects：保护锁定图元。对于锁定的图元，在编辑时会给出警告信息，以确认不是误操作。

⑧Confirm Selection Memory Clear：确认存储选取对象的空间被释放。当执行消除Selection Memory中存储的对象时，系统会给出一个警告信息，以确定不是误操作。

Other设置如下。

①UndoRedo：设置撤消与反撤消的操作次数。默认设置为30次。

②Rotation Step：旋转角度单位。设置一次旋转操作所转过的角度，默认设置为90°。

③CursorType：光标类型。有3种光标类型可供选择，自己喜欢哪种光标模式可以自行设置。

④Comp Drag：元器件移动模式。有两种模式可供选择，为None和Connected Tracks（连接导线）。Connected Tracks表示在拖动元器件时，连接在元器件上的导线并不断开，而是随着元器件的移动而移动。

Autopan Options设置如下。

①style：屏幕自动移动方式。Protel DXP中提供了多种屏幕自动移动方式，用户可

以根据自己的喜好自行设定移动方式。

Disable：禁止屏幕移动。

Re－center：一直以光标为中心移动屏幕。

Fised Size Fump：定步长移动屏幕。

Shift Accelerate：移动加速。

Shift Decelerate：移动减速。

Ballistic：屏幕急速跳转。

Adaptive：自调节的屏幕移动。

②Speed：设置屏幕自动移动的速度，填充的数字越大，屏幕移动的速度越快。

③Pixels/sec，mils/sec：屏幕自动移动的速度的单位。Pixels/sec 表示每秒移动的屏幕像素点数，无论界面采取局部放大，还是缩小，不会影响到屏幕的移动速度。Mils/sec 表示每秒在图中实际移动的距离，屏幕的移动速度将会受到界面局部放大缩小的影响。

Interactive Routing 设置如下。

①Mode：该下拉菜单用于设置手工布线模式，共有 3 种布线形式。

Ignaore Obstacle：手工布线时，当走线违背设计规则时，同样可以走线。

Avoid Obstacle：手工布线时，间距小于安全距离时，不予布线。

Push Obstacle：当间距小于安全距离时，自动调整导线的位置以满足布线的规则。

②Plow Through Polygons：在覆铜区内走线时，自动调整覆铜区内容，使导线与覆铜区的间距大于安全间距。

③Automatically Remove Loops：自动删除同一对节点中间的重复连线。

④Smart Track Ends：导线端点灵活连接。

Polygon Repour 设置如下。

①Repour：放置覆铜区是否覆盖同一网络导线。

②Threshold：阈值设定。默认值是 50000。

（2）Display 选项标签：

显示参数选项标签中主要设定 Protel DXP 的 PCB 文件显示的参数。其包括 4 部分：Display Options（显示参数）、Show（显示）、Draft Thresholds（草图阈值）和 Layer Drawing Order（层绘制顺序）。

Display Options 设置如下。

①Convert Special Strings：用于设定是否显示特殊字符串的内容。

②Highlight in Full：在定义块的时候，若只选择了元器件的一部分，将整个元器件都设置为高亮。

③Use Net Color For Highlight：是否用所选中的网络的颜色作为高亮色。

④RedrawLayers：当切换工作层时，重绘工作区。

⑤Single Layer Mode：单层模式，只显示当前的工作层。在调整走线时选中此项，可以看出所选工作层中的走线的不合理。

⑥Transparent Layers：设置透明显示模式。

⑦Plane Drawing：绘制层颜色。

Show设置如下。

①Pad Nets：在焊盘上显示该焊盘所属的网络。

②Pad Numbers：在焊盘上显示编号。

③Via Nets：在过孔上显示该过孔所属的网络。

④Test Points：给测试点加标注。

⑤Origin Marker：在坐标原点增加标注。

⑥Status Info：显示当前的编辑区信息。

Draft Thresholds设置如下：

①Tracks：导线的分辨率。

②Strings：字符中每个字符的像素点阵大小。

Layer Drawing Order设置如下：

在重画界面时，按照设定的顺序分别重画PCB图层中的各层画面。

(3) Show/Hide显示/隐藏（质量设置）标签

在Show/Hide显示质量设置标签中，我们可以对11种图元的显示质量进行设置。这11种图元类型分别是：Arcs（圆弧）、Files（填充）、Pads（焊盘）、Polygons（多边形区域）、Dimensions（尺寸标注）、Strings（字符串）、Tacks（导线）、Vias（过孔）、Coordinates（公差配合）、Rooms（区域）和FromTos（飞线）。

每一项都会有3种显示质量可供选择。Final：完成了的精细图；Draft：半完成的草图；Hidden：隐藏。

(4) Default（默认设置）标签

在这个默认设置对话框中，我们可以更改Protel DXP的默认设置，以使得我们能够更好地进行PCB设计。我们通常将当前文件所用到的最普遍的设置设置为默认值，然后将更改后的默认设置文件（*. DFT）保存在磁盘中，系统初始的默认设置保存在D:\ system \ ADVPCB. DFT文件中。

在这个界面下，我们可以通过单击Load...、Save as...和ResetAll按钮来进行默认设置文件的读取、保存操作。通过Eadit Values...按钮可以编辑Primitive Type中选项的默认值。

在这里，我们可以设置Are（圆弧）、Component（元器件）、Coordinate（公差配合）、Dimension（尺寸标注）、Fill（填充）、Pad（焊盘）、Polygon（多边形区域）、String（字符串）、Track（导线）和Via（过孔）的默认值。其中最常用的默认值设置是Pad、Track和via的默认值设置。

四、原点设置

原点是所有元素的坐标位置参考，设置好原点可以极大方便电路板设计。设置原点步骤如图4-25、图4-26、图4-27所示。

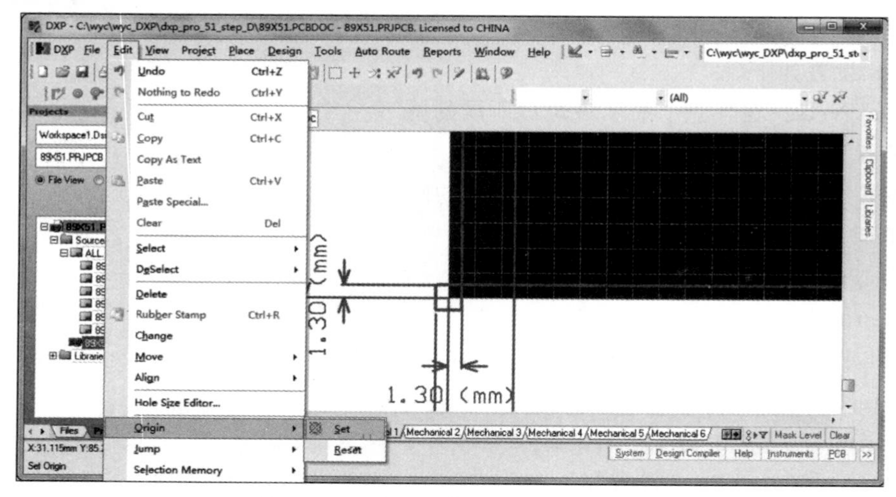

图 4-25　执行 Edit→Origin→Set 命令

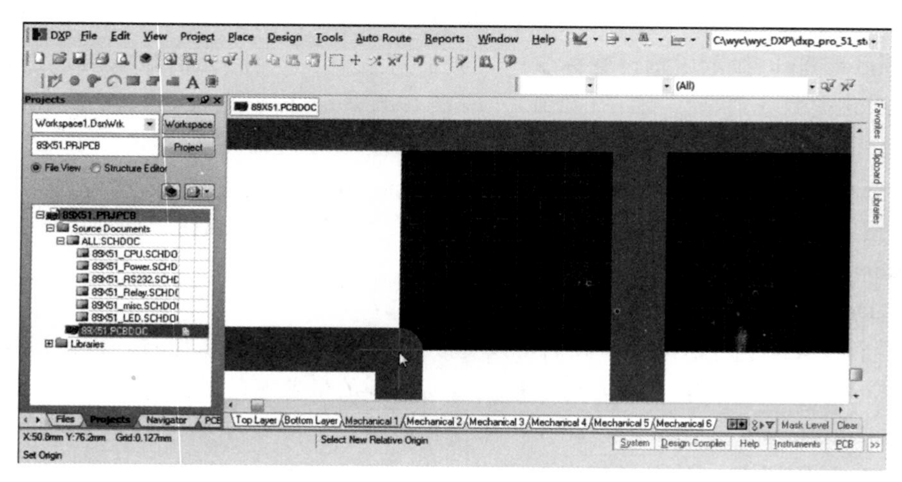

图 4-26　放置原点到左下角处

图 4-27　设置好后的坐标原点

五、将原理图信息传输到 PCB 中

规划好 PCB 板之后，就可以将原理图信息传输到 PCB 中了，如图 4-28 所示。执行以上相应命令后，将弹出 Engineering Change Order（更改命令管理）对话框，如图 4-29所示。

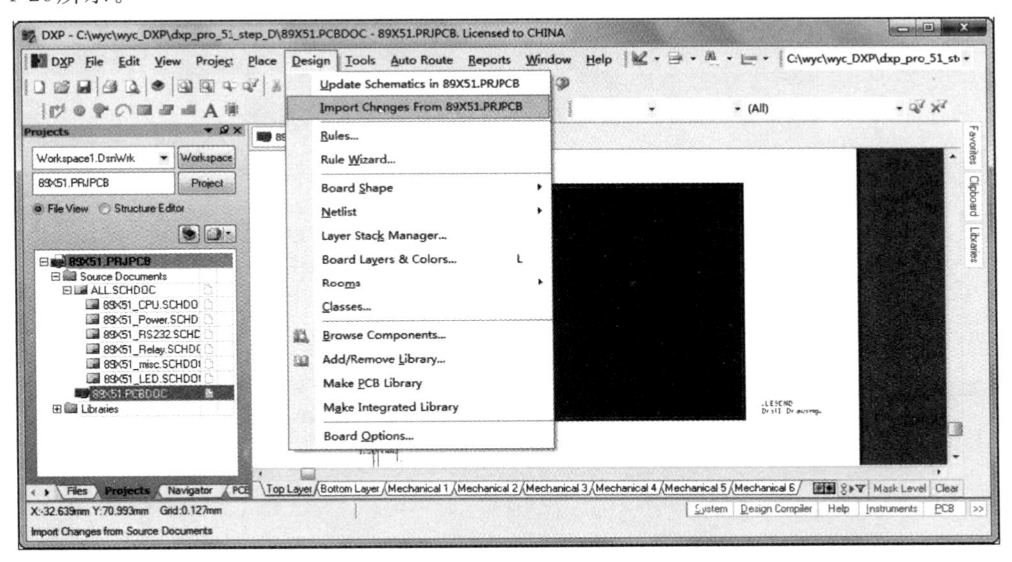

图 4-28　从原理图输入信息

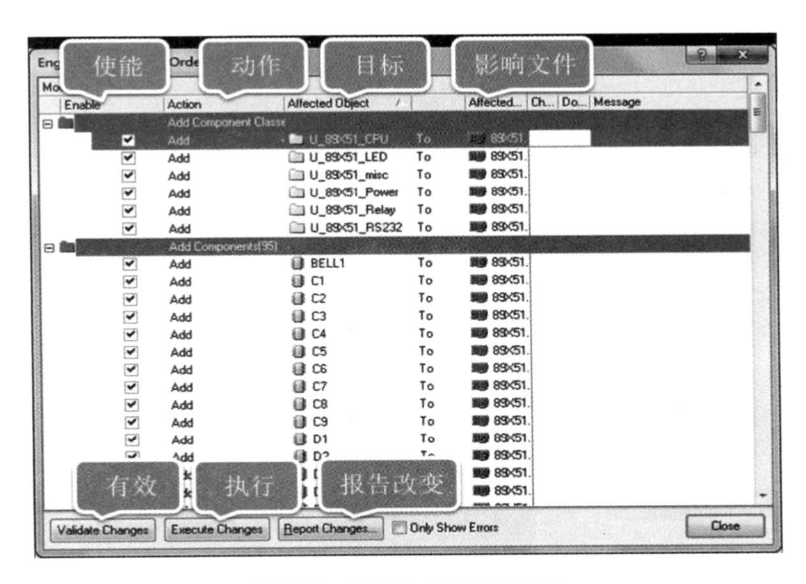

图 4-29　更改命令管理对话框

执行 Validate Changes、Execute Changes 后，如图 4-30 所示。这时原理图的网络信息、元器件加载到 PCB 文件里，如图 4-31 所示。

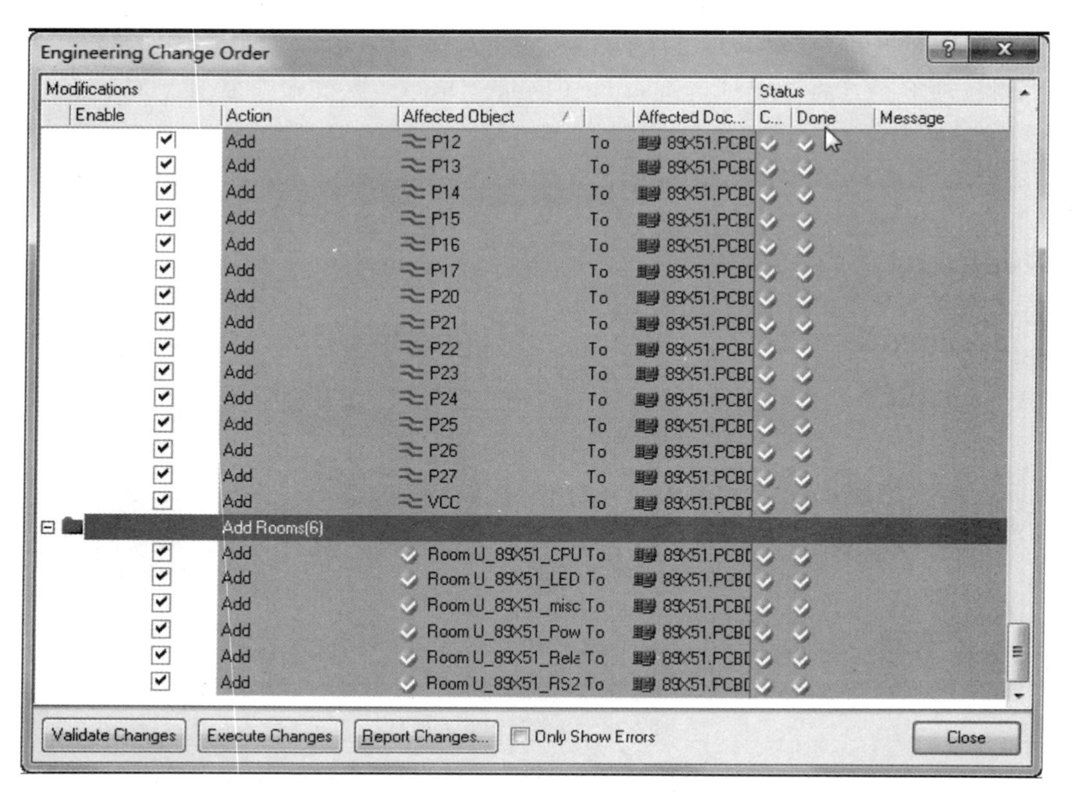

图 4-30　执行 Changes 后

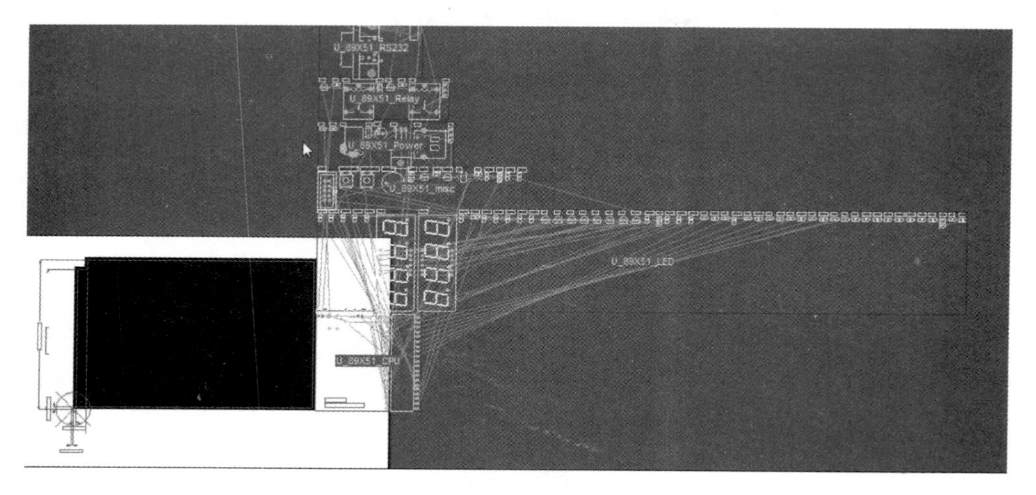

图 4-31　原理图信息加载到 PCB

活动实施：

一、基本操作练习。

1. 学生练习新建PCB文件和通过向导创建PCB文件。

2. PCB板参数设置练习、PCB原点设置练习。

3. 将原理图信息加载到PCB中。

二、活动评分标准。

项　　目	配　分	评　分　标　准		扣分	得分
新建PCB文件和通过向导创建PCB文件	40	(1) 快速新建一个PCB文件　20分 (2) 通过向导创建PCB文件　20分			
PCB选项设置	30	(1) PCB板参数设置　15分 (2) PCB原点设置　15分			
将原理图信息加载到PCB中	20	将原理图信息加载到PCB中　20分			
安全文明生产	10分	遵守安全文明生产操作规定			
操作时间	30分钟				
开始时间		结束时间			
合　计					

三、收获和体会。

想一想，写一写创建PCB文件的收获和体会。

1. ____________________

2. ____________________

3. ____________________

4. ____________________

四、评议。

根据小组分工，在听取小组安装成果汇报的基础上进行评议，填写上机情况评议表。

上机情况评议表

评议项目 / 评议人	评议意见	评议等级	评议签名
本组			
其他组			
实训老师			
综合			

任务3　布局与布线

活动 1　布　局

学习目标

1. 完成 PCB 设计布局及相关准备工作；
2. 掌握布局的后续工作内容及方法。

建议学时

12 学时

知识准备

一、room 的概念

room 就相当于一个子图集或者说一个模块，如果是多张图汇总的原理图对应生成的 PCB 板，每一张原理图就会对应一个 room，每个 room 里面的原件会跟着 room 一起移动，便于进行模块化设计（如图 4-32、图 4-33 所示）。

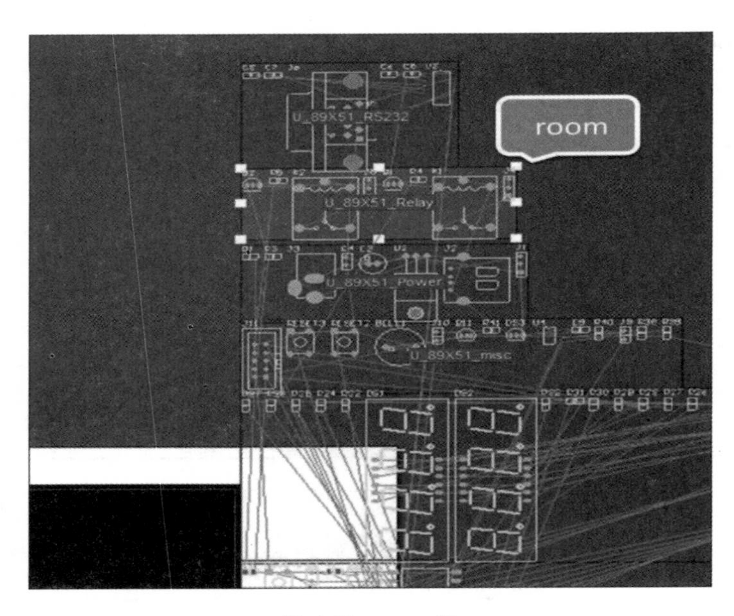

图 4-32　room 图

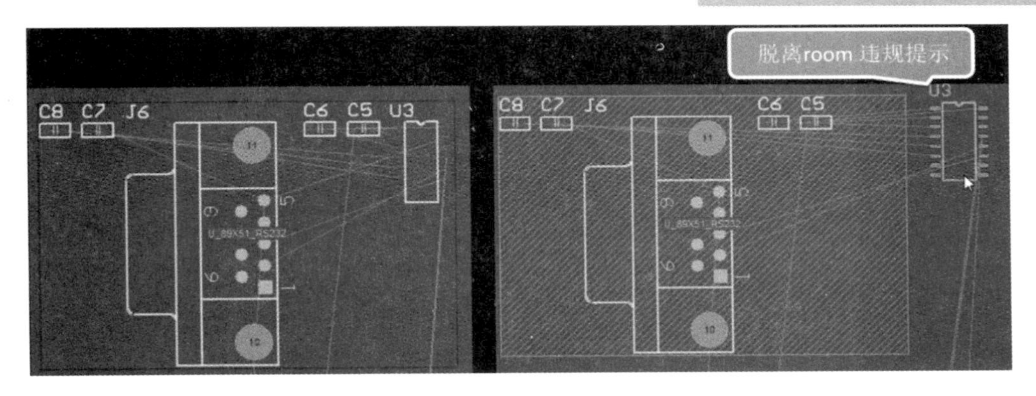

图 4-33 room的界限作用

元器件移出 Room 会有绿色违规提示，在手动布局时利用 room 便于查找操作器件，操作结束后删除 room，操作如图 4-34 所示。

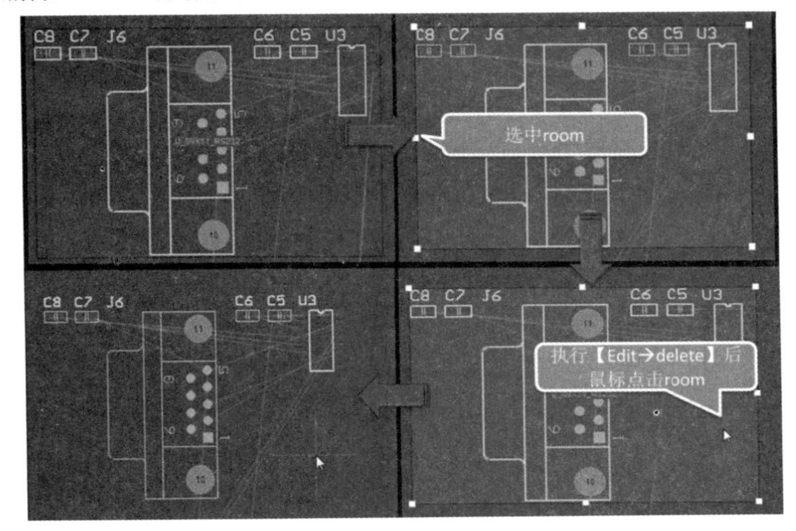

图 4-34 删除 room

二、规则设置

PCB design is no longer a matter of simply placing tracks to create connections (PCB设计不再是简单的连线). High speed logic combined with smaller and more complex packaging technologies place new demands on the PCB Designer.

The PCB Editor provides a powerful interface from where you can define the various design rules as required (PCB设计器提供了强大的设计接口，可根据需要设计各种设计规则). The rules themselves are divided into the following ten categories (规则分为以下几类)：

1. Electrical
2. Placement
3. Routing

4. Manufacturing
5. SMT
6. Plane
7. Mask
9. Test Point
10. High Speed
11. Signal Integrity.

With a well—defined set of design rules（使用一个好的设计规则集），you can successfully complete board designs with varying and often stringent design requirements. This is further enhanced by the fact that the PCB Editor allows you to export and import rule sets（导入和导出设计规则），enabling you to store and retrieve your favorite design rule configurations（存、取你喜欢的设计规则配置），depending on the job at hand.

针对具体的电路可以采用不同的设计规则。如果是设计双面板，很多规则就可以采用系统的默认值，系统默认值是针对双层板的。

执行 Design→rule 命令，打开 PCB rules and Constraints Editor 对话框，如图 4-35 所示。

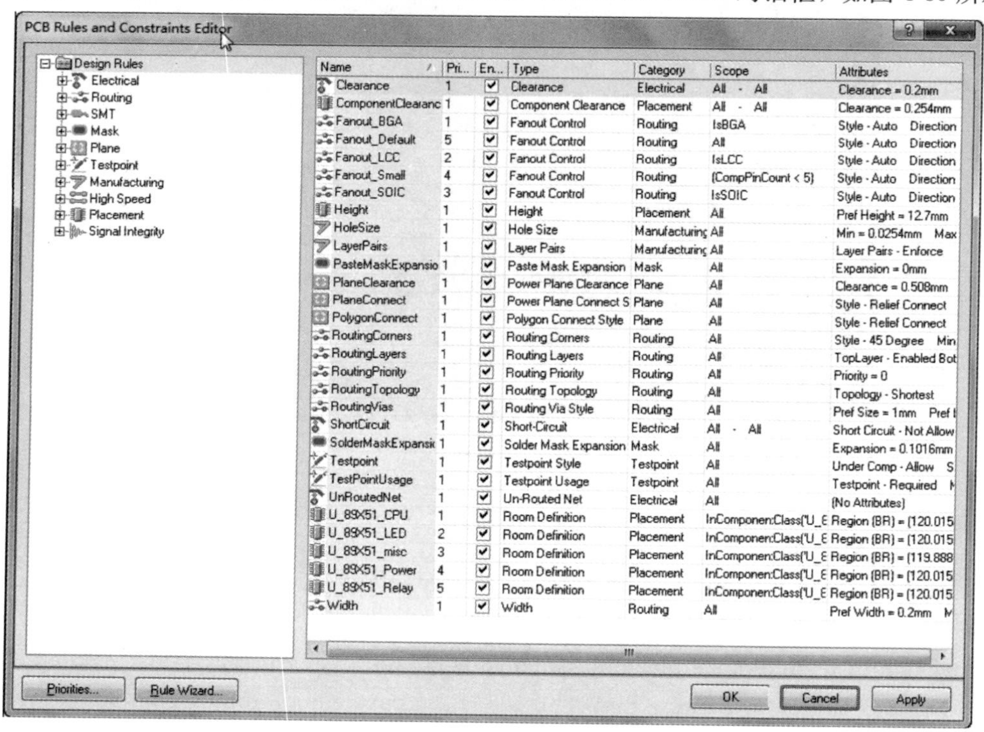

图 4-35　PCB 设计规则和约束编辑器

选择 Placement→Component Clearance→Component Clearance 命令，打开图 4-36 所示器件安全间距规则。

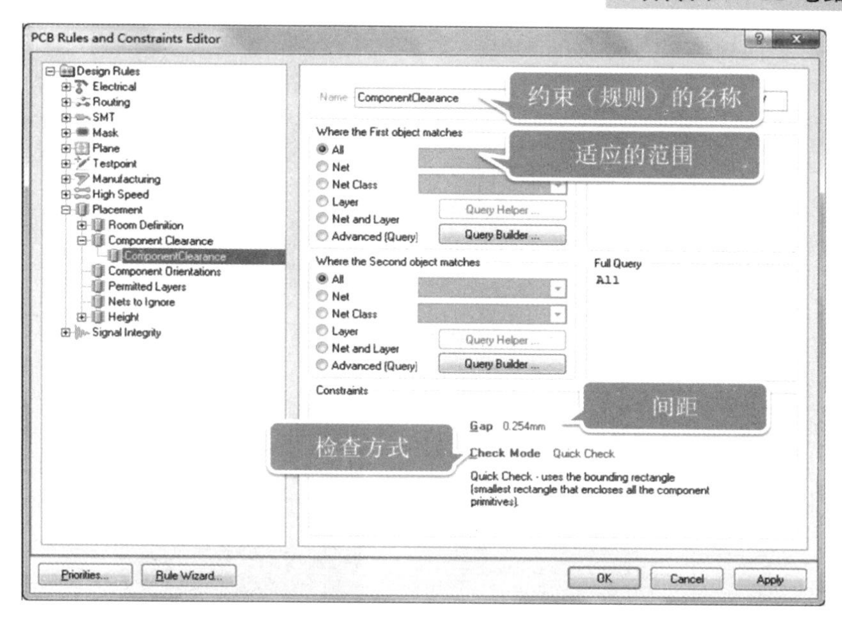

图 4-36　器件安全间距规则

三、规则实例

选择 Routing→Width→Width 命令，打开图 4-37 所示布线规则设置。

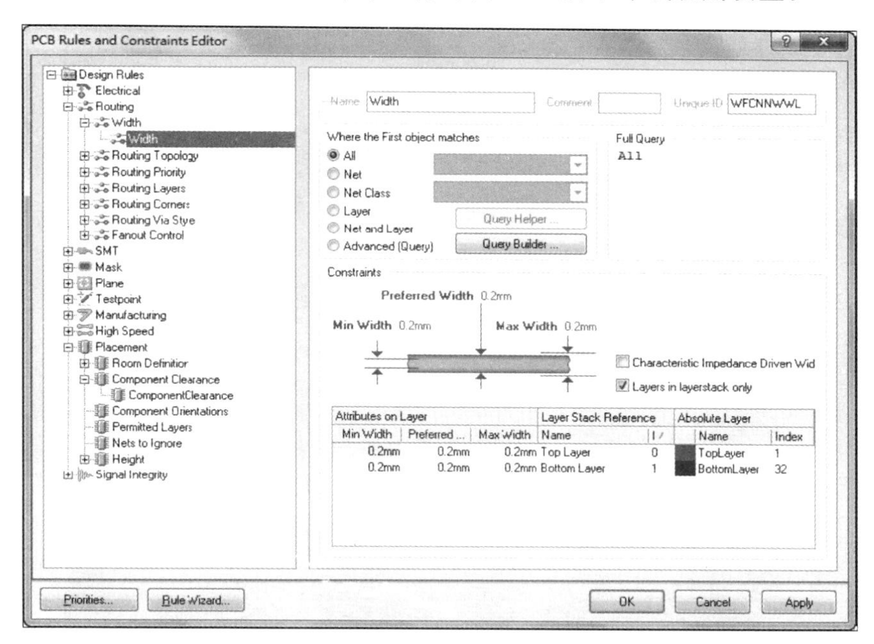

图 4-37　布线规则设置

很多情况下导线宽度需要调整，例如电源线 VCC 需要根据不同的条件加粗，只有一个线宽的约束规则就显得不合适了。需要针对 VCC 建立新的约束规则，如图 4-38 所示。具体的设置如图 4-39 所示。

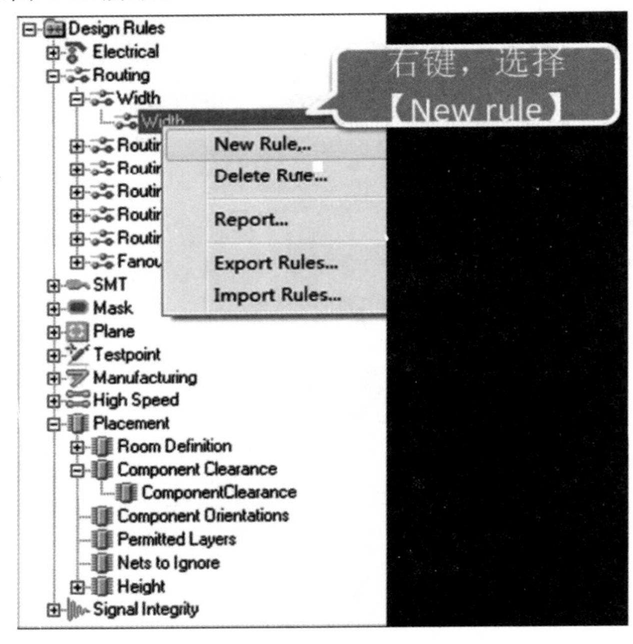

图 4-38　新建一个约束规则

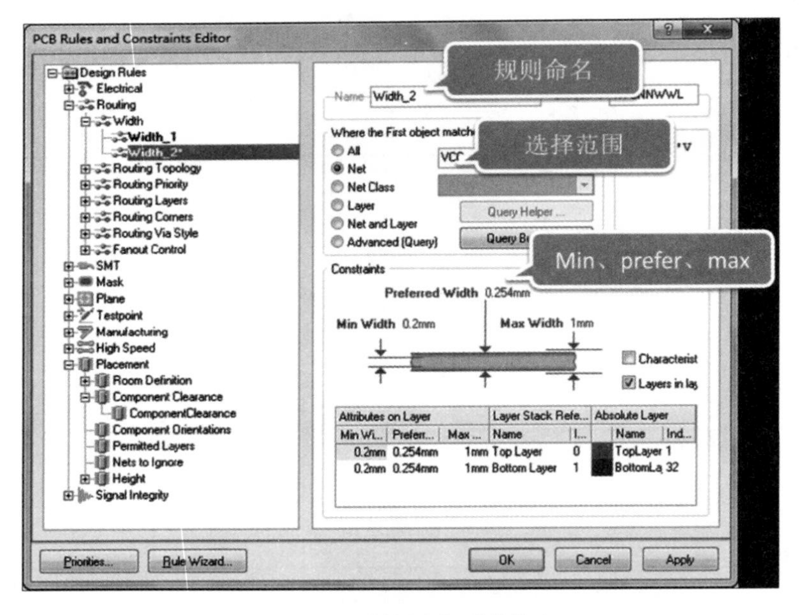

图 4-39　设置新建规则的信息

四、自动布局（不推荐）

执行菜单命令 Tools→Component placement→Auto Placer，如图 4-40 所示，弹出自动布局设置对话框，如图 4-41 所示。

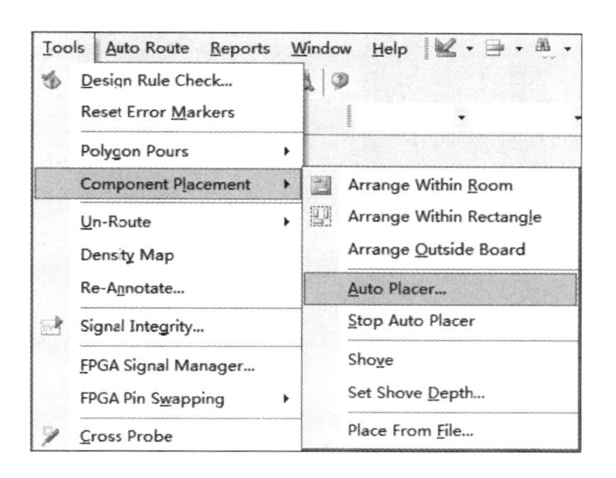

图 4-40　自动布局

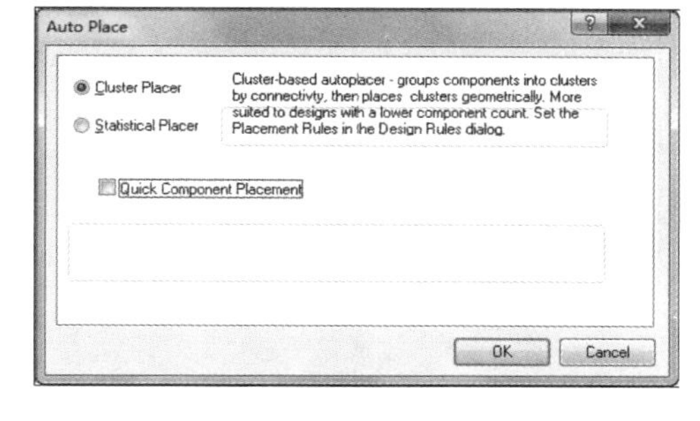

图 4-41　自动布局设置对话框

Cluster Placer：集群方法布局。系统根据组件之间的连接性，将组件划分成一个个的集群（Cluster），以布局面积最小为标准进行布局。适合器件数量不是太多的情况，如图 4-42 所示。

Statistical Placer：统计方式布局。以组件之间连接长度最短为标准进行布局。适合组件数目比较多的情况（例如，组件数目大于 100）。

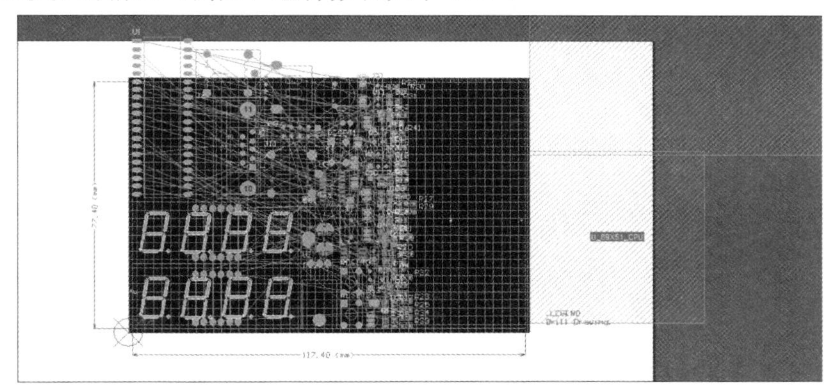

图 4-42　选中 Cluster Placer 的布局

注意：自动布局的效果很差，一般达不到要求。

五、手动布局（推荐）

根据设计规范与实际需要手工布局（参考设计），如图 4-43、图 4-44、图 4-45、图 4-46、图 4-47 所示。

优先摆放电路功能块的核心元器件及体积较大的元器件，再以核心元器件为中心摆放周围电路元器件。先放置与结构关系密切的元器件，如接插件、开关、电源插座等。这里考虑到了电源、USB 易插等）。去耦电容应在电源输入端就近放置。

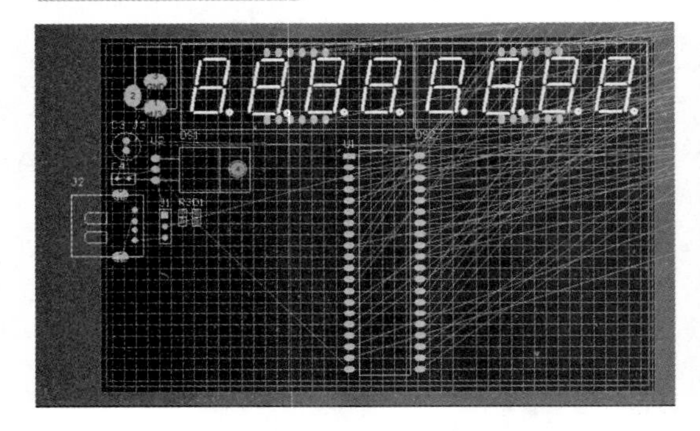

图 4-43　放置第一步

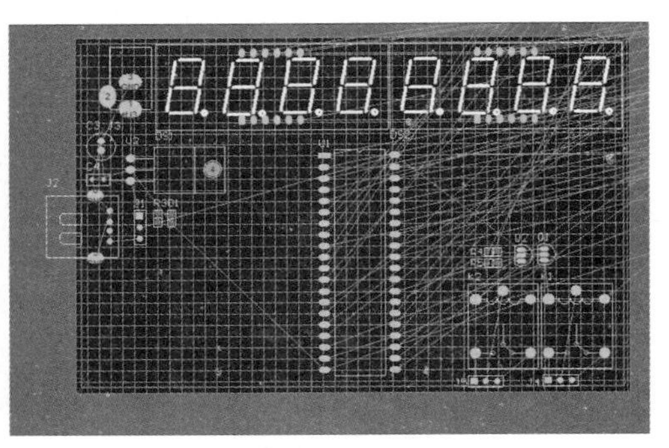

图 4-44　放置第二步

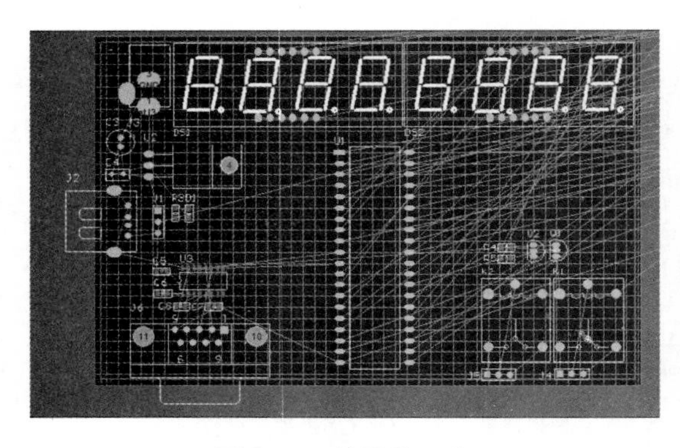

图 4-45　放置第三步

图 4-46　放置第四步

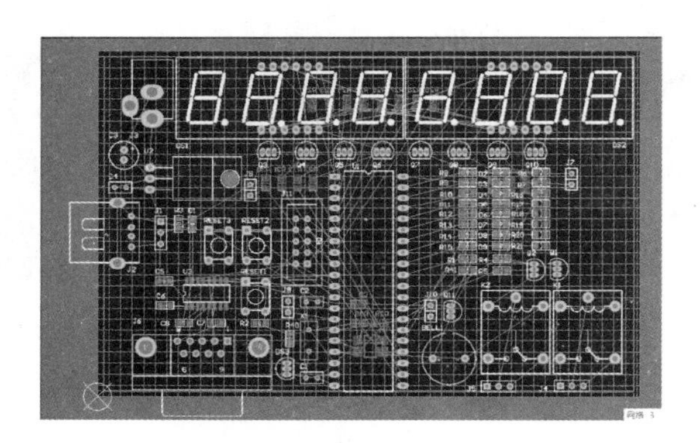

图 4-47　手动预布局基本结束

活动 2　布　线

学习目标

1. 完成布线及相关准备工作；
2. 掌握布线的后续工作内容及方法。

建议学时

12 学时

知识准备

布线的功能是完成电气连接。布线关系到电路板质量优劣，是电路板设计的关键所在。电路板设计是否成功及质量高低取决于设计规则是否合理及工程师的设计经验如何。

一、规则设置

设置规则相关介绍参看 PCB 设计（一）规则设置。

二、自动布线 （不推荐）

布线就是放置导线和过孔在板子上将元器件连接起来。布线的方法有自动布线和手工布线两种，通常使用的方法是两者的结合，先自动布线再手工修改。

系统会按照一定算法、规则去自动布线。很多情况下这种智能化的布线并不理想，有些经验性的规则无法体现。

布线规则设置目录下有 Routing Topology（布线拓扑）、Routing Priority（布线优先级）、Routing Layers（布线工作层）、Routing Via Style（布线过孔样式）、Routing Corners（布线拐角模式）等。Routing Topology（布线拓扑）如图 4-48 所示。

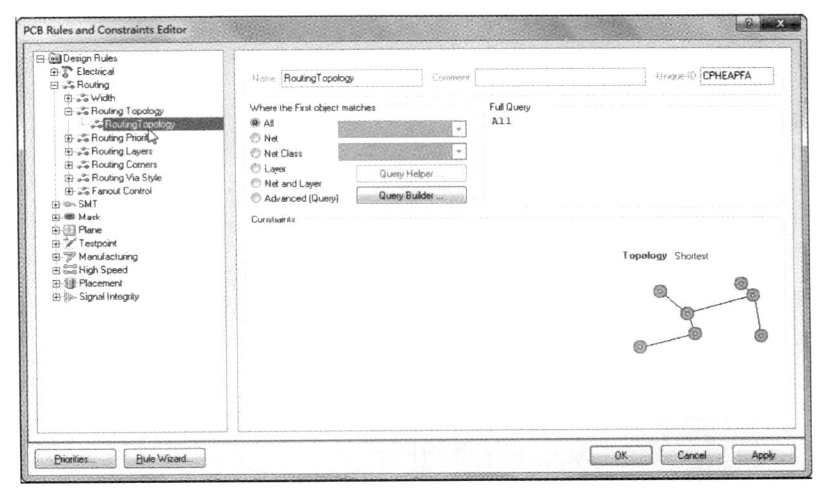

图 4-48　**Routing Topology**

执行菜单命令 All Route→All，系统弹出如图 4-49 所示布线策略对话框，上面为布线设置报告，可以在此继续设置更改规则，下面为布线总体策略，默认为 Default 2 Layer Board。

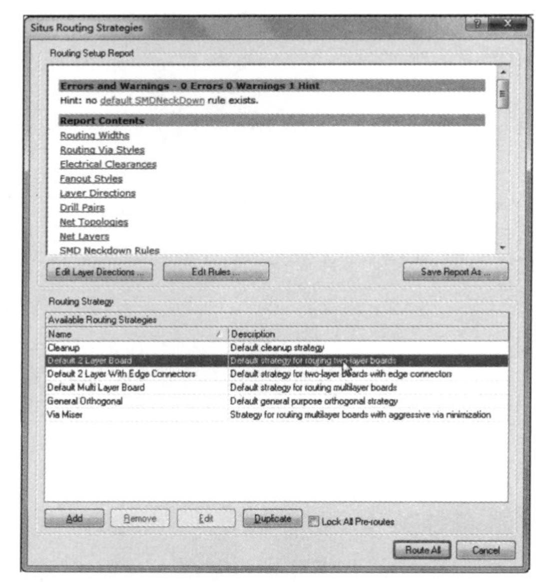

图 4-49　SitusRouting Strategies（布线策略）对话框

注意： 单击 Route All，开始全局自动布线，自动布线过程中自动提示如图 4-50 所示布线 Messages。

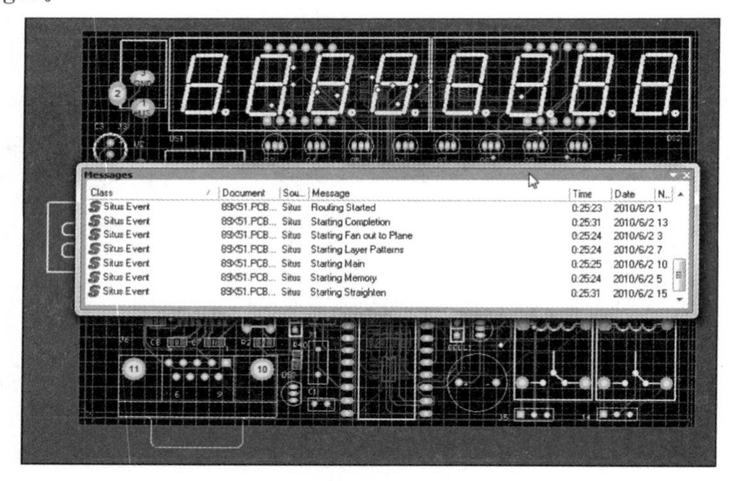

图 4-50　布线 Messages

（1）每一次自动布线的结果也不完全相同。可运行多次自动布线从中筛选满意的。对于简单的电路板可选择自动布线结合部分调整。

（2）自动布线器所放置的导线有两种颜色：红色表示导线在板的顶层信号层，而蓝色表示底层信号层，如图 4-51 所示。自动布线器所使用的层是由 PCB 板向导设置的 Routing Layers 设计规则中所指明的。你会注意到连接到连接器的两条电源网络导线要粗一些，这是由所设置的两条新的 Width 设计规则所指明的。

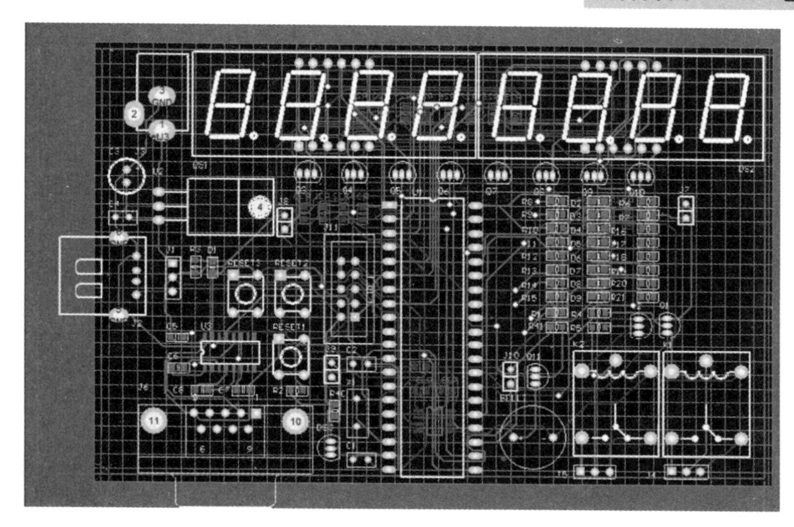

图 4-51 自动布线后的结果

三、手动布线（演示）

根据经验＋规则规范去布线。

尽管自动布线器提供了一个容易且强大的布线方式，仍然需要去控制导线的放置状况。可以对板的部分或全部进行手工布线。下面要将整个板作为单面板来进行手工布线，所有导线都在底层。Protel DXP 提供了许多有用的手工布线工具，使得布线工作非常容易。

在 Protel DXP 中，PCB 的导线是由一系列直线段组成的。每次方向改变时，就会产生新的导线段。在默认情况下，Protel DXP 初始时会使导线走向为垂直、水平或 45°角。这项操作可以根据需要自定义，但在实例中仍然使用默认值。手工布线可用 Wiring 工具栏，也可用菜单。

手工布线过程如下。

如果想清除之前自动布线的结果，可在菜单中选择 Tools→Un－Route→All 命令取消板的布线。从菜单选择 Place→Interactive Routing 或单击放置（Placement）工具栏的 Interactive Routing 按钮，光标变成十字形状，表示处于导线放置模式。

检查文档工作区底部的层标签，TopLayer 标签当前应该是被激活的。按数字键盘上的 * 键可以切换到 Bottom Layer 而不需要退出导线放置模式。这个键仅在可用的信号层之间切换。现在 Bottom Layer 标签应该被激活了。

例如，如图 4-52 所示，将光标放在连接器 Header 的第 1 号焊盘上，单击固定导线的第一个点，移动鼠标到电阻 R1 的 2 号焊盘。单击，蓝色的导线已连接在两者之间。继续移动鼠标到 R2 的 2 号引脚焊盘，单击，蓝色的导线连接了 R_2，继续移动鼠标到 R4 的 2 号引脚焊盘，单击鼠标右键，完成了第一个网络的布线。右击或按 Esc 键结束这条导线的放置。

（1）手动布线

按上述步骤类似的方法来完成单片机布线，如图 4-53 所示，保存设计文件。

（2）手动布线结束

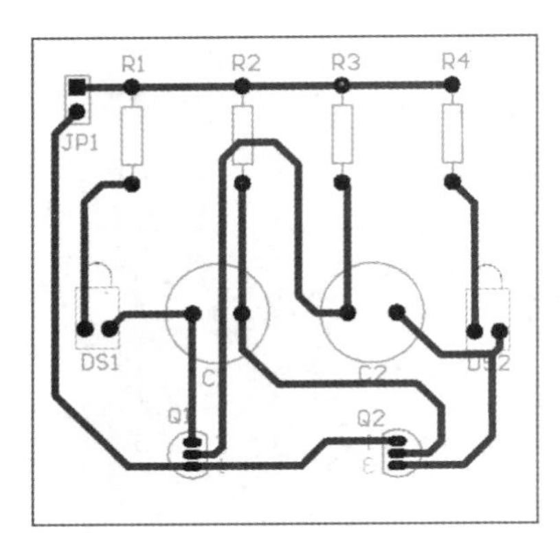

图 4-52　手工布线例图

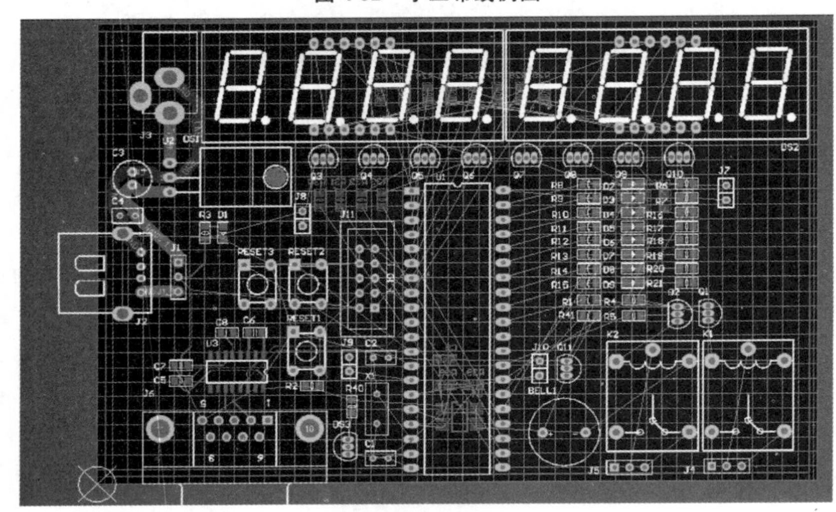

图 4-53　手动布线

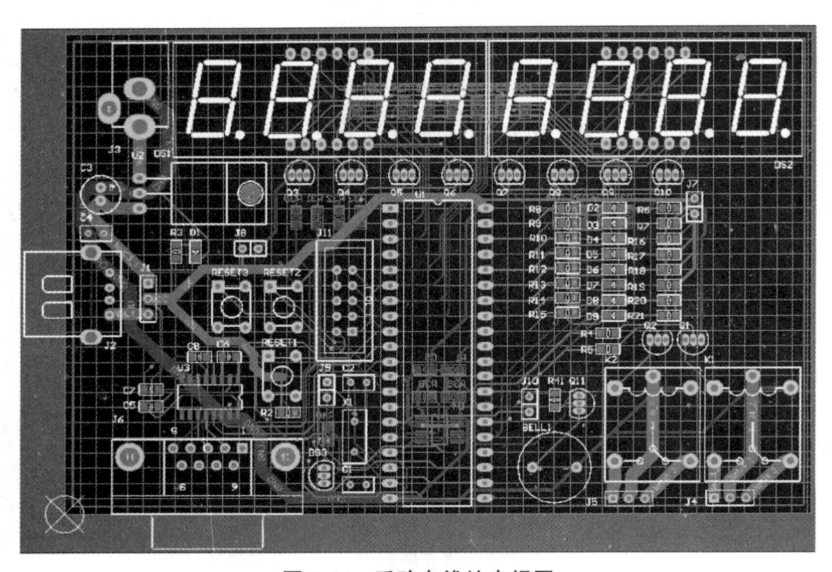

图 4-54　手动布线结束视图

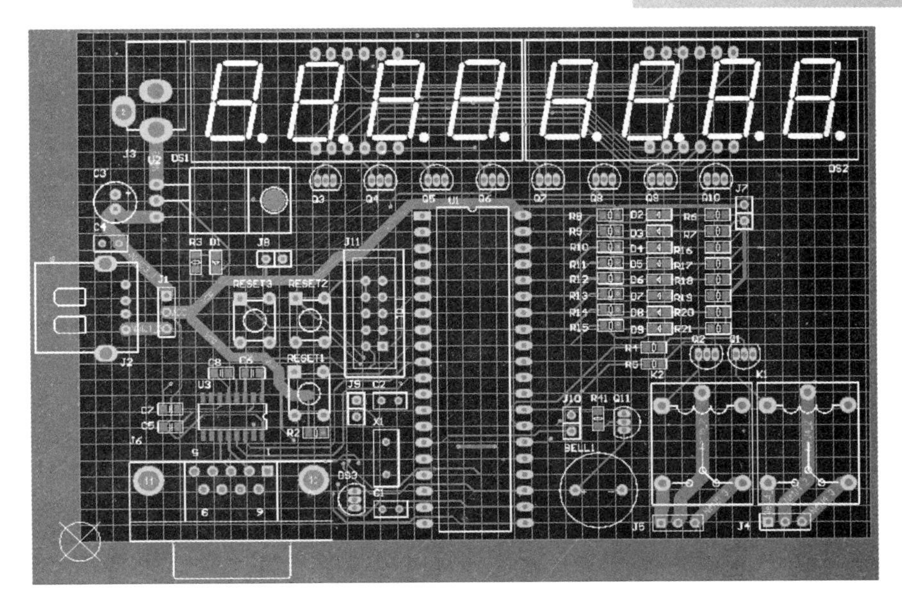

图 4-55　手动布线结束（TOP）视图

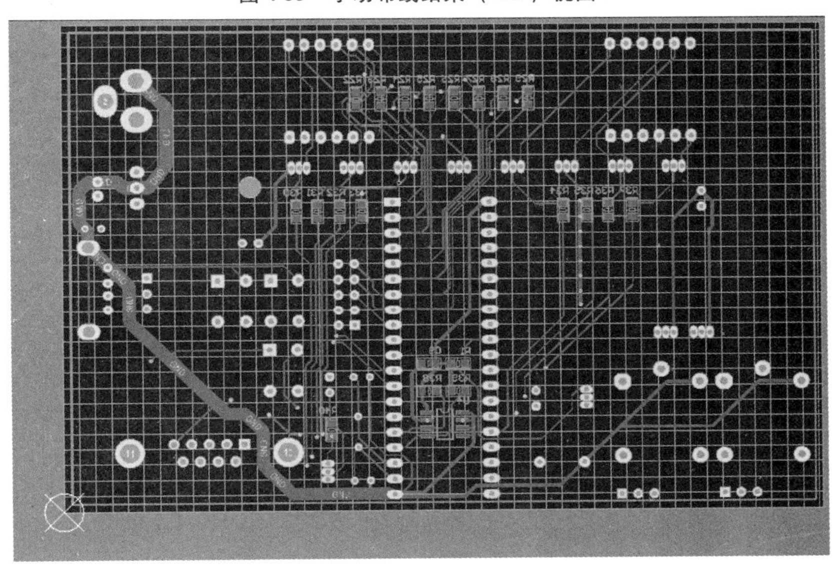

图 4-56　手动布线结束（BOTTOM）视图

注意：在放置导线时应注意以下几个问题。

（1）不能将不该连接在一起的焊盘连接起来。Protel DXP 将不停地分析板的连接情况并阻止你进行错误的连接或跨越导线。

（2）要删除一条导线段，单击选择，这条线段的编辑点出现（导线的其余部分将高亮显示），按 Delete 键删除被选择的导线段。

（3）重新布线在 Protel DXP 中是很容易的，只要布新的导线段即可，在新的连接完成后，旧的多余导线段会自动被移除。

（4）在完成 PCB 上所有的导线放置后，右击或按 ESC 键退出放置模式。光标会恢复为一个箭头。

四、布线检查

Protel DXP 提供一个规则管理对话框来设计 PCB，并允许定义各种设计规则来保证板图的完整性。比较典型的是，在设计进程的开始就设置好设计规则，然后在设计进程的最后用这些规则来验证设计。

为了验证所布线的电路板是否符合设计规则，要运行设计规则检查（Design Rule Check）（DRC）。选择 Design→Board Layers，确认 System Colors 单元的 DRC Error Markers 选项旁的 Show 按钮被选中，如图 4-57 所示，这样 DRC Error Markers 就会显示出来。

图 4-57　选择 DRC 检验

从菜单选择 Tools→Design Rule Checker。在 Design Rule Checker 对话框中已经选中了 on－line 和一组 DRC 选项。单击一个类可查看其所有原规则。

保留所有选项为默认值，单击 Run Design Rule Check 按钮，DRC 将运行，其结果将显示在 Messages 面板，如图 4-58 所示，检验无误后即完成了 PCB 设计，准备生成输出文档。

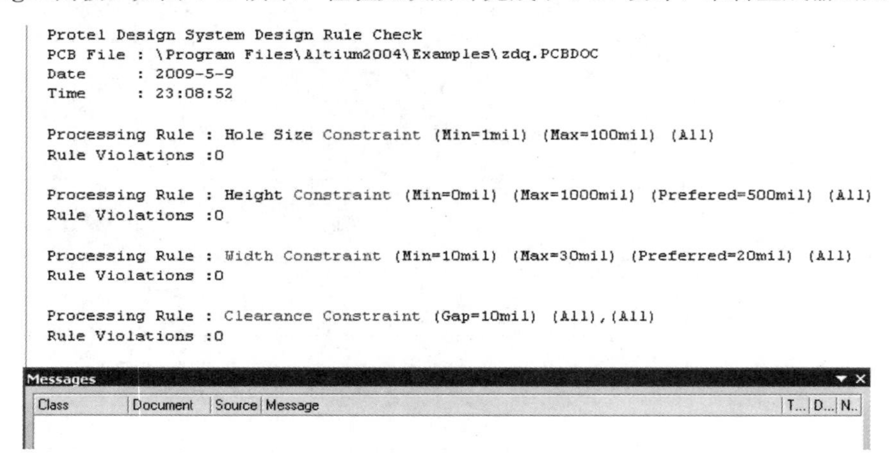

图 4-58　DRC 检查结果

活动实施：

一、查阅资料熟悉布局和布线规则。

二、完成 PCB 设计自动布局和布线。

三、完成 PCB 设计手动布局和布线。

四、查阅资料，了解布局的后续工作内容及方法。

五、活动评分标准。

项　　目	配　分	评　分　标　准	扣分	得分
布局、布线规则	30	（1）掌握布局规则　10分 （2）掌握布线规则　10分 （3）了解布局的后续工作内容及方法　10分		
自动布局和自动布线	30	（1）熟练操作自动布局　15分 （2）熟练操作自动布线　15分		
手动布局和手动布线	30	（1）熟练操作手动布局　10分 （2）熟练操作手动布线　10分 （3）布线检查　10分		
安全文明操作	10	遵守安全文明操作规定		
操作时间	30分钟			
开始时间		结束时间		
合　计				

六、收获和体会。

想一想，写一写布局和布线过程的收获和体会。

1. ______________________________

2. ______________________________

3. ______________________________

4. ______________________________

5. ______________________________

七、评议。

根据 PLC 的实训课题，在听取小组实训成果汇报的基础上进行评议，填写课题实训情况评议表。

实训情况评议表

评议项目 评议人	评议意见	评议等级	评议签名
本组			
其他组			
实训老师			
综合			

任务 4　单片机实验板 PCB 设计

活动 1　认识元器件封装编辑器

学习目标

1. 了解元器件封装编辑器的功能及其应用场合；
2. 掌握元器件封装创建的步骤；
3. 掌握放置工具栏中各工具的使用。

建议学时

2 学时

知识准备

了解 PCB 的结构及其材质

创建一个元器件的元器件封装，首先要启动元器件封装编辑器，并且熟悉其中的各种工具的使用。

1. 进入元器件封装编辑器

单击菜单中的“文件”→“创建”→“库”→“PCB 库”命令，将进入如图 4-59 所示的 PCB 库文件编辑界面。

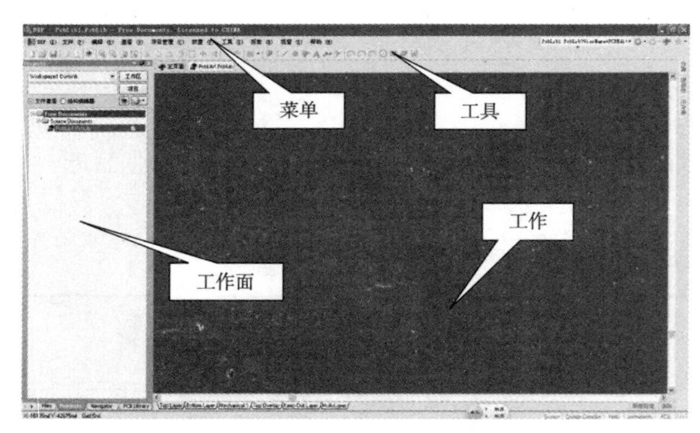

图 4-59　PCB 库文件编辑界面

2. PCB 库文件编辑界面介绍

(1) PCB 库放置工具栏

图 4-60 是 PCB 库放置工具栏，其中的这些按钮在“放置”菜单中都能找到，如图 4-61所示。

图 4-60　PCB 库放置工具栏

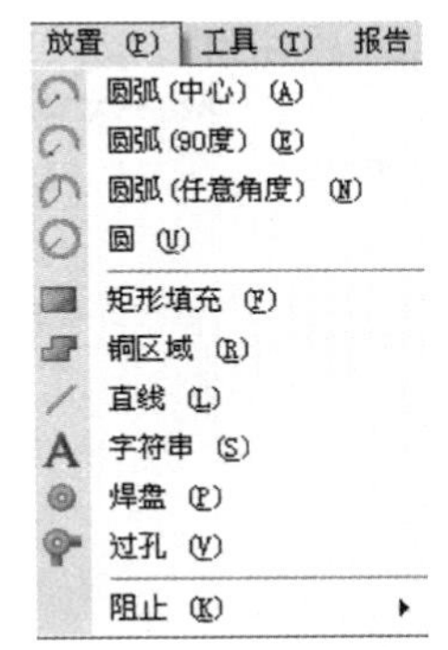

图 4-61　“放置”菜单

PCB 库放置工具栏中的各项意义如表 4-1 所示。

表 4-1　PCB 库放置工具栏中的各项意义

图　标	功　能	图　标	功　能
	绘制直线		边缘法放置圆弧
	放置焊盘		边缘法放置任意角度圆弧
	放置过孔		放置圆
	放置字符串		放置矩形填充
	放置坐标位置		放置铜区域
	放置尺寸标注		阵列式粘贴
	中心法放置圆弧		

（2）PCB 库文件面板

单击菜单中的“查看”→“工作区面板”→“PCB”→PCB Library 命令，将打开 PCB 库文件面板，如图 4-62 所示。

①PCB 图符号屏蔽查询框：用来快速查询已知的 PCB 图符号。

②PCB 图符号名称列表：用来显示各个元器件的封装形式的名称，同时显示该封装形式的焊盘数和图元数。

③元器件图元列表：显示 PCB 图符号使用的各种图元信息。

④PCB 图符号预览框：在该窗口中有一个双虚线框，用鼠标拖动该虚线框就可以在

工作区浏览该元器件封装形式的具体细节。

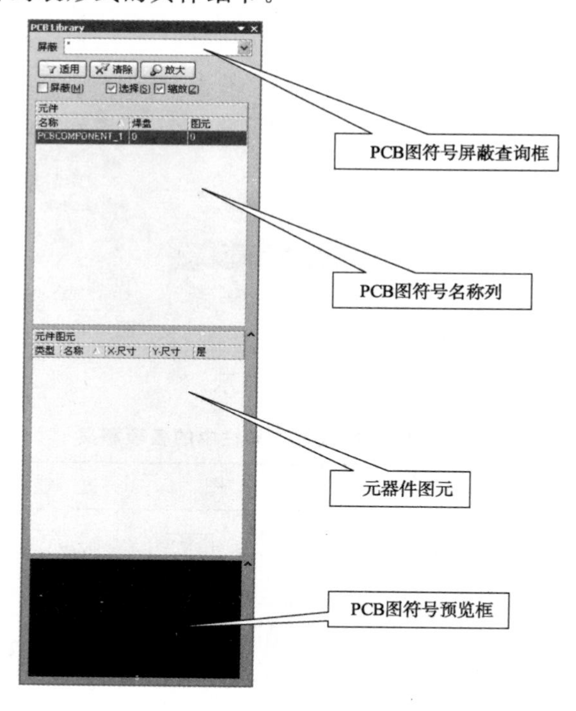

图 4-62　PCB 库文件面板

活动 2　创建元器件封装

学习目标

1. 学习创建元器件封装的方法及流程；
2. 掌握手工创建元器件封装的方法；
3. 掌握利用向导创建元器件封装的方法；
4. 学习元器件库管理器的使用方法。

建议学时

4 学时

知识准备

一、手工创建元器件封装

掌握了元器件封装编辑器的使用后，下面就以创建 AT89S52 单片机的元器件封装为例说明创建元器件封装的步骤。AT89S52 的 datasheet 如图 4-63 所示。

40P6, 40-pin, 0.600" Wide, Plastic Dual Inline Package (PDIP)

Dimensions in Inches and (Millimeters)

JEDEC STANDARD MS-011 AC

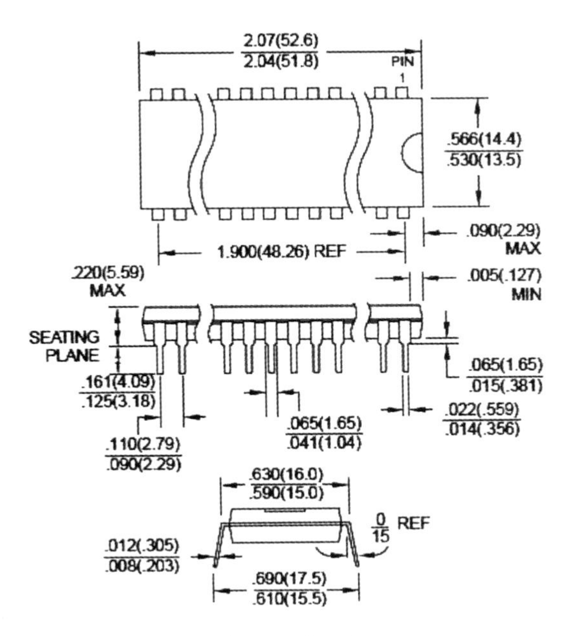

图 4-63　AT89S52 的 datasheet

（1）单击菜单中的“文件”→“创建”→“库”→“PCB 库”命令，新建一个 PCB 库文件，同时打开 PCB Library 面板。新建的 PCB 工作区并不像原理图库工作区那样有一个大的十字，因此用户可以按 Ctrl+End 键来快速定位工作区的原点。

（2）放置元器件封装外边框。单击工作窗口下方的 Top Overlay 标签使该层处于当前的工作窗口中，然后单击按钮绘制出元器件封装的轮廓，通常将线宽设置为 10mil 即可。绘制完元器件封装的轮廓如图 4-64 所示。由于 datasheet 中显示是以 mm 为单位，但系统默认是以 mil 为单位，因此就需要转换单位。单击“查看”→“切换单位”命令即可完成 mm 和 mil 单位之间的转换。

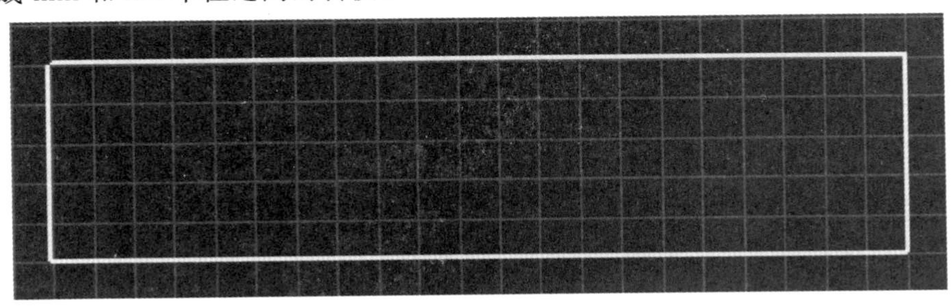

图 4-64　元器件封装的轮廓

为了保证绘制图的准确性，可以双击直线，在弹出的对话框中设置直线的相关属性，包括长度、宽度等，如图 4-65 所示。

（3）放置元器件封装的焊盘。通孔焊盘通常放置在 Multi－Layer 层上，而表贴型元器件的焊盘则放置在 Top Layer 层上，并将焊盘的孔径尺寸设置为 0。单击工作窗口下方的 Multi－Layer 标签使该层处于当前的工作窗口中，然后单击按钮放置焊盘。焊盘放置的位置应以厂商提供的 datasheet 为依据。

双击焊盘打开焊盘属性对话框，如图 4-66 所示，从中进行焊盘属性的设置。注意 PCB 封装的引脚标号必须与原理图符号中元器件的引脚标号一致，否则在同步更新或者网络布线时会出现错误。

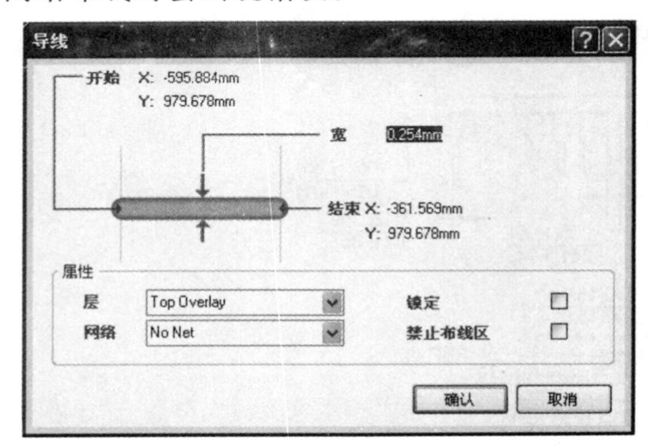

图 4-65　导线属性对话框

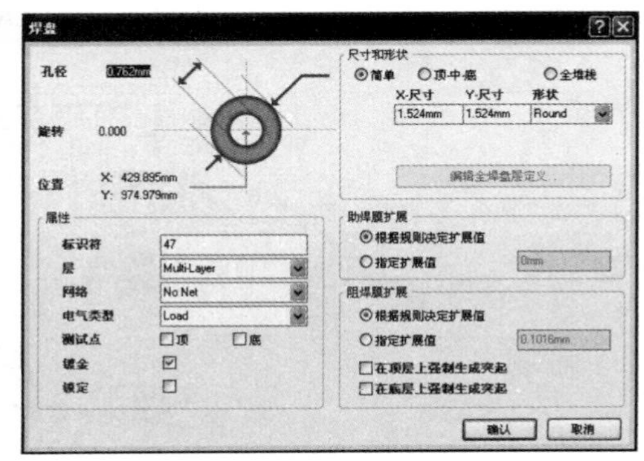

图 4-66　焊盘属性对话框

通常将一号焊盘设置为正方形，其他焊盘设置为圆形。焊盘的尺寸、孔径的大小都要根据实际情况进行设置。焊盘放置完成后如图 4-67 所示。

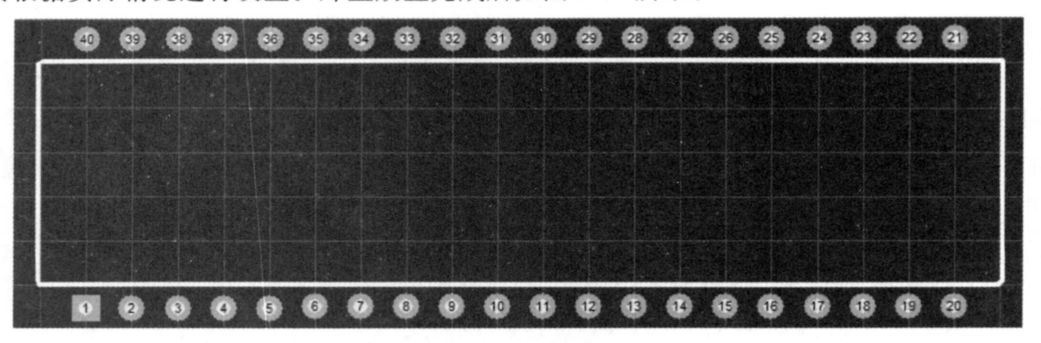

图 4-67　焊盘放置完成效果图

（4）在 PCB Library 面板中双击新建的元器件，此时将弹出如图 4-68 所示的对话框。在该对话框中输入名称、封装高度以及封装描述的内容。在此，名称修改为 AT89S52 单片机。

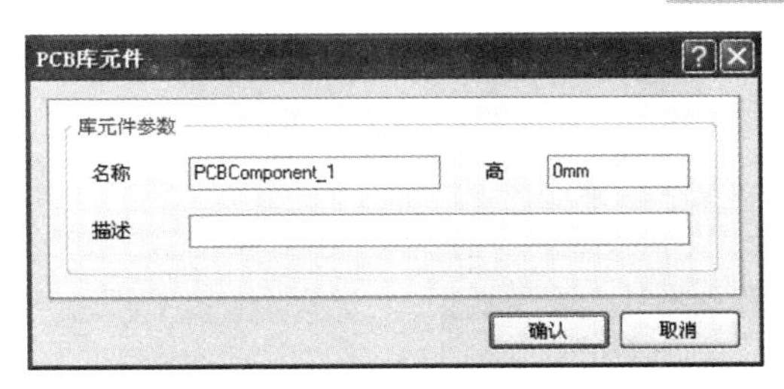

图 4-68　库元器件参数设置对话框

（5）如果用户还想创建其他元器件的封装，则在 PCB Library 面板中“元器件”区域内单击鼠标右键，在弹出的菜单中选择“新建空元器件”即可新建一个元器件。

（6）保存整个 PCB 库文件。这样就完成了 PCB 库文件的创建。

二、利用向导创建元器件封装

除了手工创建元器件封装外，用户还可以通过元器件封装向导创建元器件的封装。元器件封装向导可以帮助用户快速地创建元器件的封装，但这仅仅限于创建一些标准的元器件封装。下面通过向导创建一个 16 引脚的双列直插式 DIP 封装。具体操作步骤如下。

（1）单击菜单中的“工具”→“新元器件”命令，将弹出如图 4-69 所示的元器件封装向导欢迎界面。

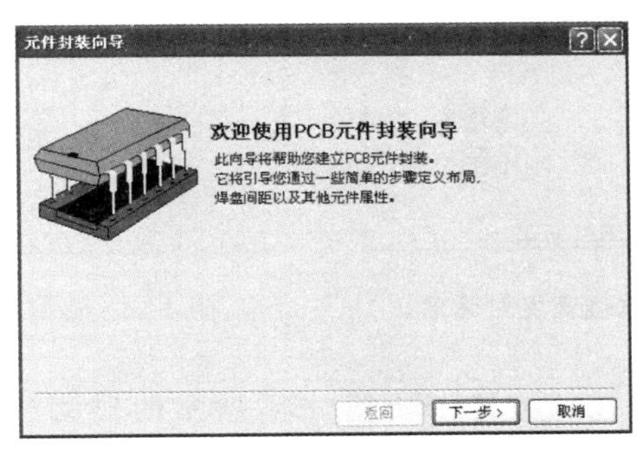

图 4-69　元器件封装向导欢迎界面

（2）单击“下一步”按钮，进入如图 4-70 所示的选择元器件封装形式对话框，在右下角还可以选择度的单位。

在这里封装形式选择 DIP，单位选择 mil。

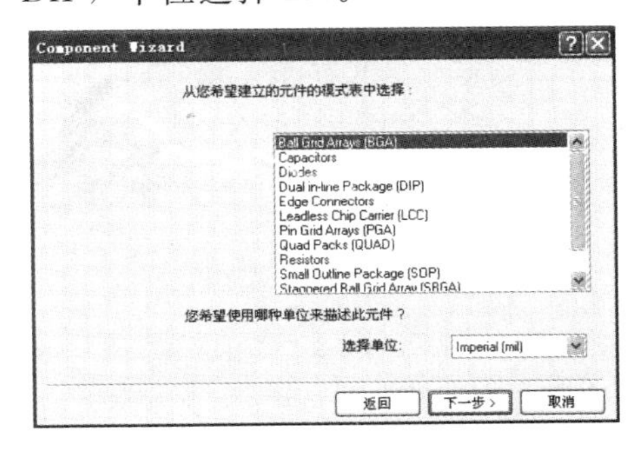

图 4-70　选择元器件封装形式对话框

（3）单击“下一步”按钮，进入设定焊盘尺寸对话框，如图 4-71 所示，从中可以详细地设置焊盘尺寸，包括焊盘的外径和孔径的尺寸。

（4）单击“下一步”按钮，进入如图 4-72 所示的对话框，从中可以设置焊盘的行和列的间距。

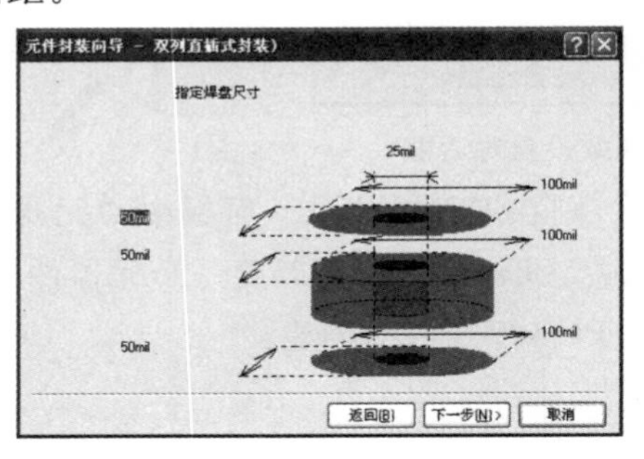

图 4-71　设置焊盘尺寸对话框

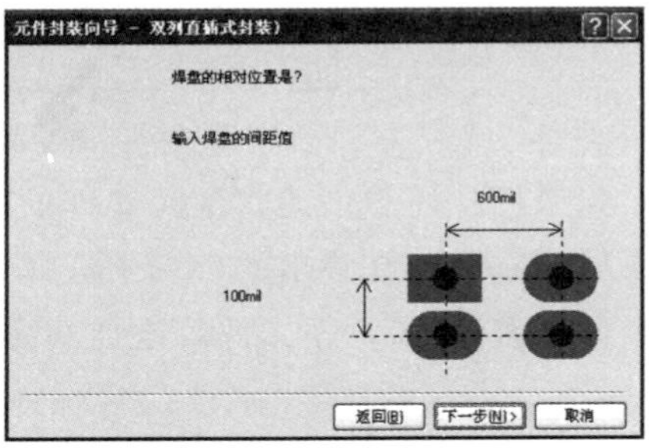

图 4-72　设置焊盘间距对话框

（5）单击“下一步”按钮，进入设置边框线宽度对话框，如图 4-73 所示。

（6）单击“下一步”按钮，进入设置焊盘个数对话框，如图 4-74 所示。

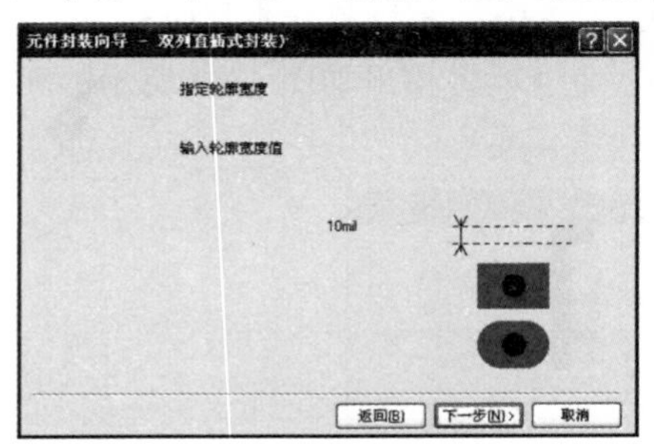

图 4-73　设置边框线宽度对话框

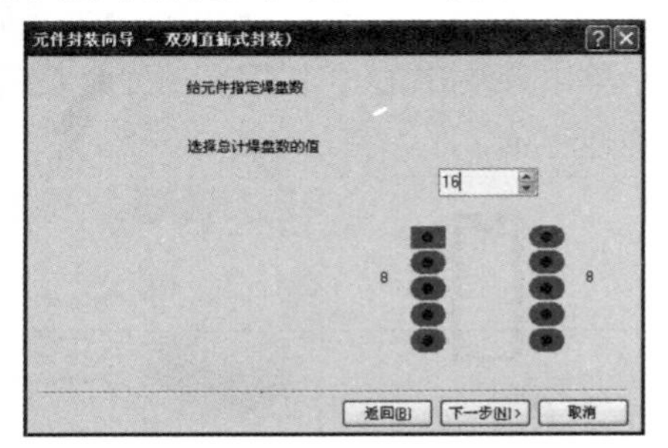

图 4-74　设置焊盘个数对话框

（7）单击“下一步”按钮，进入如图 4-75 所示的对话框，在其中给元器件封装命名。

（8）单击“下一步”按钮，进入如图 4-76 所示的对话框，系统提示元器件封装的创建已经完成，单击 Finish 完成创建元器件封装。

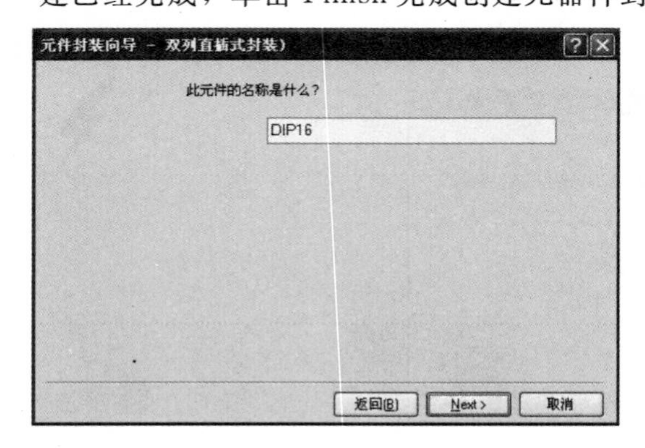

图 4-75　命名元器件封装对话框

图 4-76　提示创建元器件封装完成

三、元器件库管理器

Protel DXP 2004 系统提供了集成库管理模式，用户在调用某一个元器件时可以同时查看该元器件的原理图符号、PCB 封装形式、仿真模型等。集成库管理模式给元器件库的加载、网络报表的导入、原理图与 PCB 之间的同步更新带来了极大的方便。

在此以 AT89S52 单片机为例，根据在前文内容中创建的原理图库文件和在手工创建元器件封装中创建的 PCB 元器件封装，创建该元器件的集成库文件，具体步骤如下。

(1) 单击菜单中的“文件”→“创建”→“项目”→“集成元器件库”命令，即可创建一个集成库文件，此时将在 Project 工作面板中新建一个 Integrated Libraryl. LibPkg 文件夹，此时它里面没有任何信息，如图 4-77 所示。

图 4-77　新建的集成库文件

(2) 保存并命名该集成库文件，命名为 My Library1. LibPkg。

(3) 在 Projects 面板中新建的集成库文件上单击鼠标右键，在弹出的菜单中选择“追加已有文件到项目中”，将弹出一个对话框，在其中选择要添加的原理图库文件。在此选择前文内容中创建的 AT89S52 单片机原理图文件。

(4) 用同样的方法把对应的 PCB 封装库文件也加载到 My Library 集成库文件中。加载完成后如图 4-78 所示。

图 4-78　加载元器件原理图库文件和封装库文件

(5) 双击原理图库文件，并打开 SCH Library 面板。单击最下面一栏中“追加”，将弹出如图 4-79 所示的对话框，从中选择要添加的元器件模型的类型。在这里选Footprint。

6. 单击“确认”按钮，将弹出如图 4-80 所示的对话框，单击 浏览(B)... 按钮，在弹出的对话框中选择要添加的元器件封装模型，如图 4-81 所示。

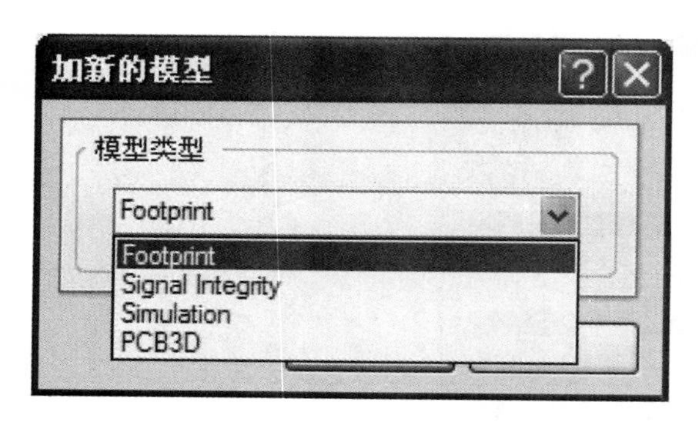

图 4-79 “加新的模型”对话框

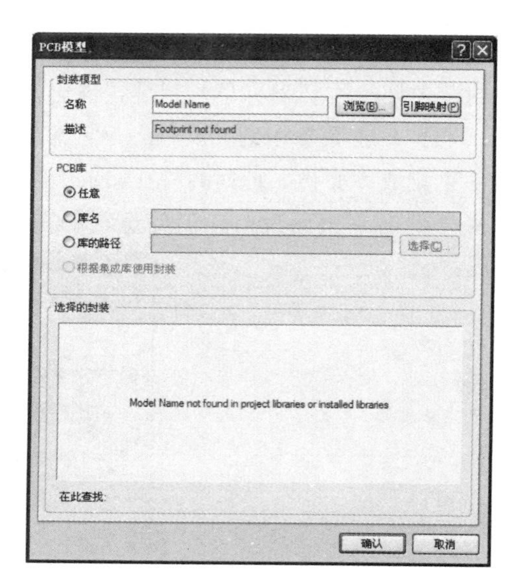

图 4-80 “PCB 模型”对话框

7. 单击“确认”按钮，用户可以在 SCH Library 面板最下面一栏中看到刚添加的元器件封装模型，如图 4-82 所示。

8. 单击菜单中的“项目管理”→Compile Integrated Library My Library. LibPkg 命令，即可完成对该集成库文件的编译。编译完成后，系统将自动激活“元件库”面板，用户可以在其中看到编译后的集成库文件，如图 4-83 所示。

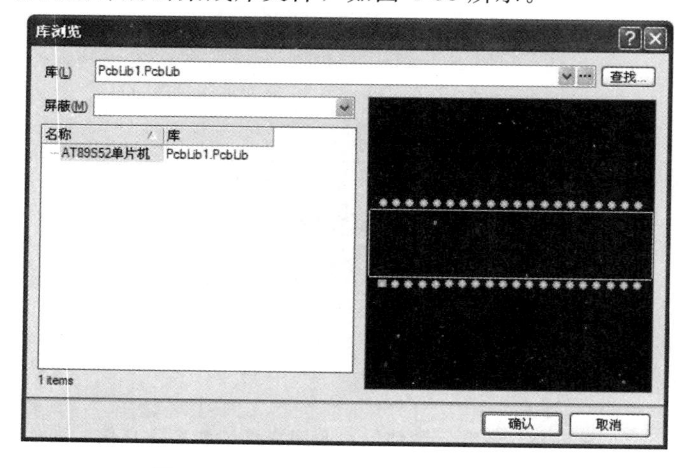

图 4-81 选择元器件封装模型对话框

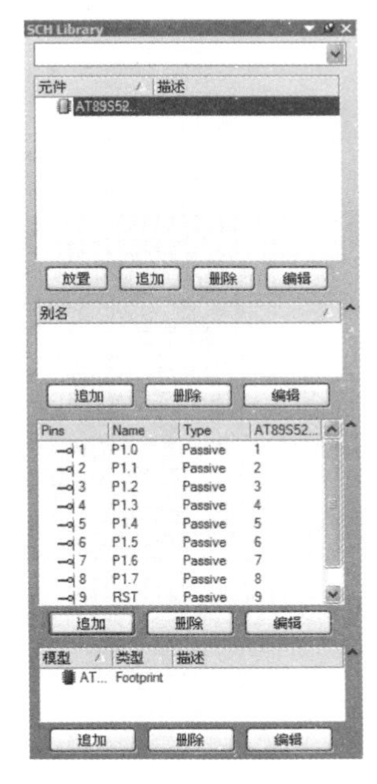

图 4-82　添加元器件封装模型后的 SCH Library 面板

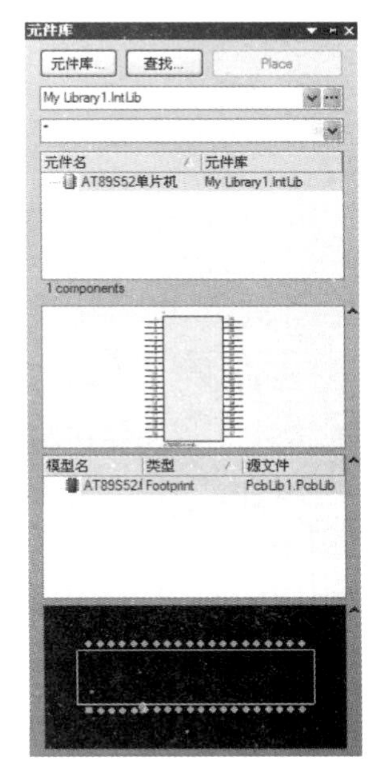

图 4-83　"元件库"面板

活动 3　添加安装孔

学习目标

1. 掌握布线的后续工作：添加安装孔、PCB 元器件封装；
2. 掌握添加绘制要素方法。

建议学时

6 学时

知识准备

印制电路板（PCB）是以绝缘基板为材料加工成一定的尺寸，在其上有一个导电图形，以及导线和孔，从而实现了器件之间的电气连接。在用户使用电路板时，只需要根据原理图，将元器件焊接在相应的位置即可。

印制电路板由元器件封装、导线、元器件孔、过孔（金属化孔）、安装孔等构成，如图 4-84 所示。

元器件封装就是元器件的外形和引脚分布图。元器件封装的主要参数是形状尺寸，因为只有尺寸正确的元器件才能安装并焊接在电路板上。对于同一个元器件来说，经常会有不同的封装形式，不同的元器件也有相同的封装。

一、添加安装孔

安装孔是为了固定、安装 PCB 板而设计的，如图 4-85 所示。

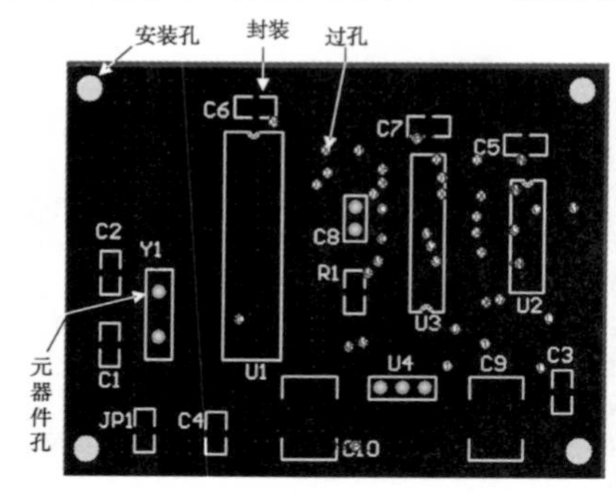

图 4-84 单片机小系统电路板

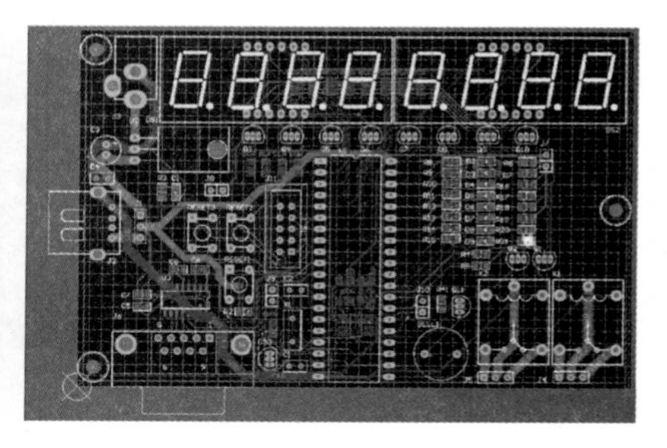

图 4-85 添加安装孔

二、创建新的 PCB 元器件封装

如果 PCB 元器件封装库中没有所需要的元器件封装，需要用户自己设计添加。

1. 打开工程所属 PCB 元器件封装库 89X51. PCBLIB，如图 4-86 所示。

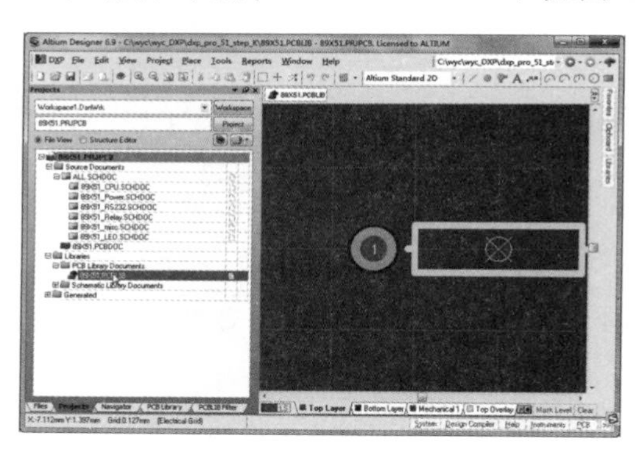

图 4-86 打开封装库“89X51. PCBLIB”

2. 选中一封装，单击鼠标右键，选择 New Blank Component 新建一个空元器件封装。空封装的默认名字是 PCB COMPONENT _ 1，如图 4-87 和图 4-88 所示。

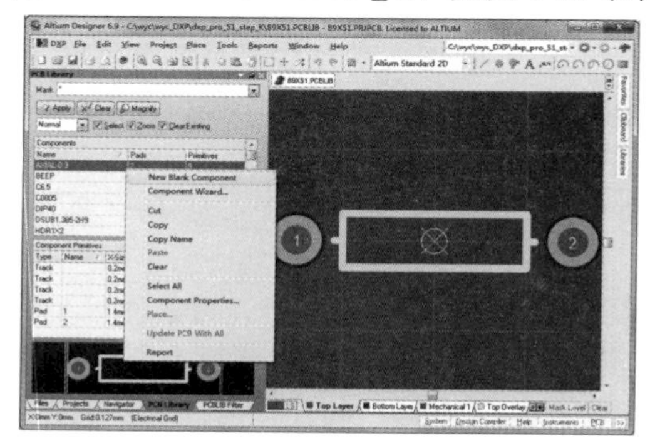

图 4-87 选择 New Blank Component

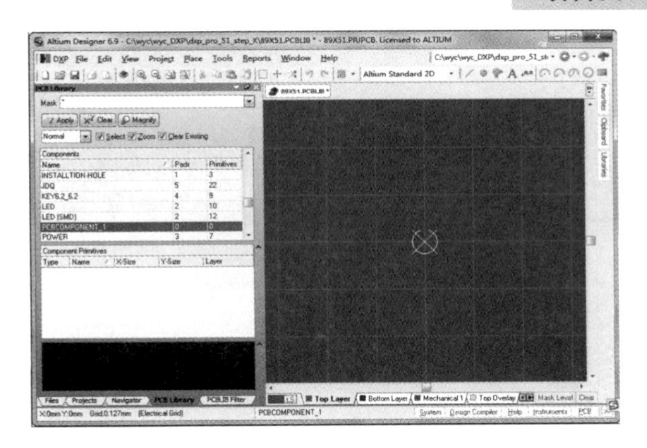

图 4-88 新建的空封装

3. 双击封装名称，弹出对话框修改名称，如图 4-89 所示。

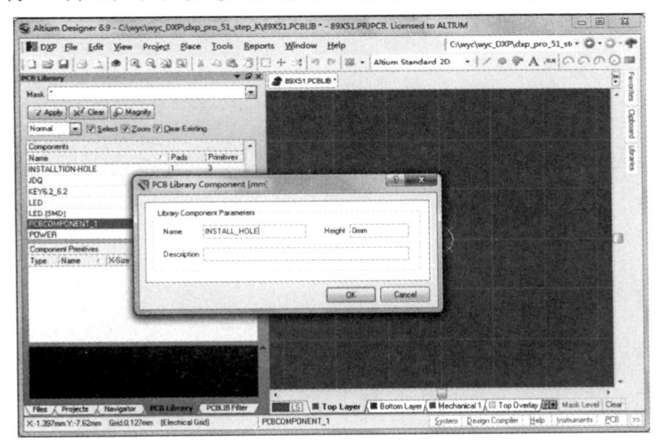

图 4-89 修改封装名称

三、添加绘制要素

1. 添加焊盘并设置信息，如图 4-90、图 4-91 所示。

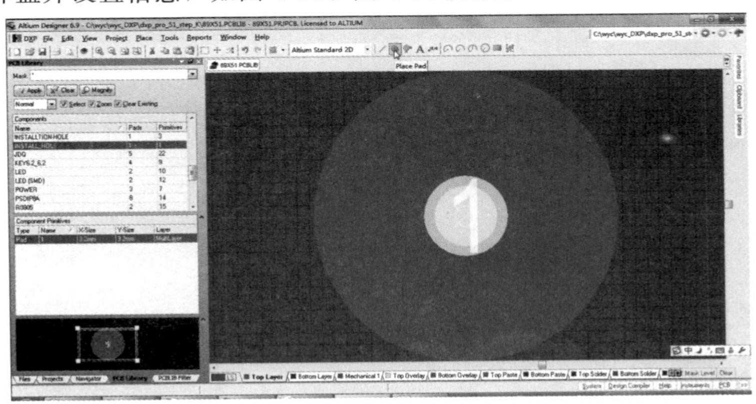

图 4-90 放置焊盘

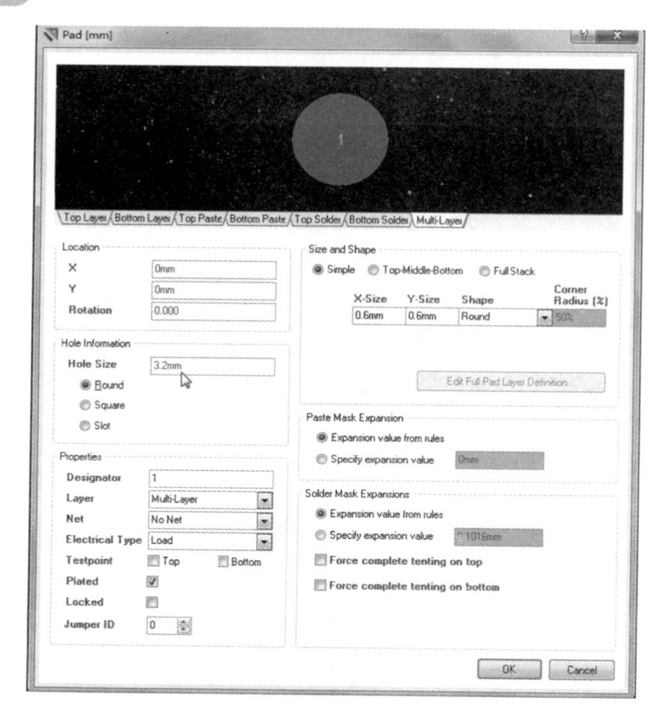

图 4-91　设置盘的信息

2. 单击 画两个圆弧，如图 4-92 所示。

3. 设置圆弧信息，如图 4-93、图 4-94、图 4-95 所示。

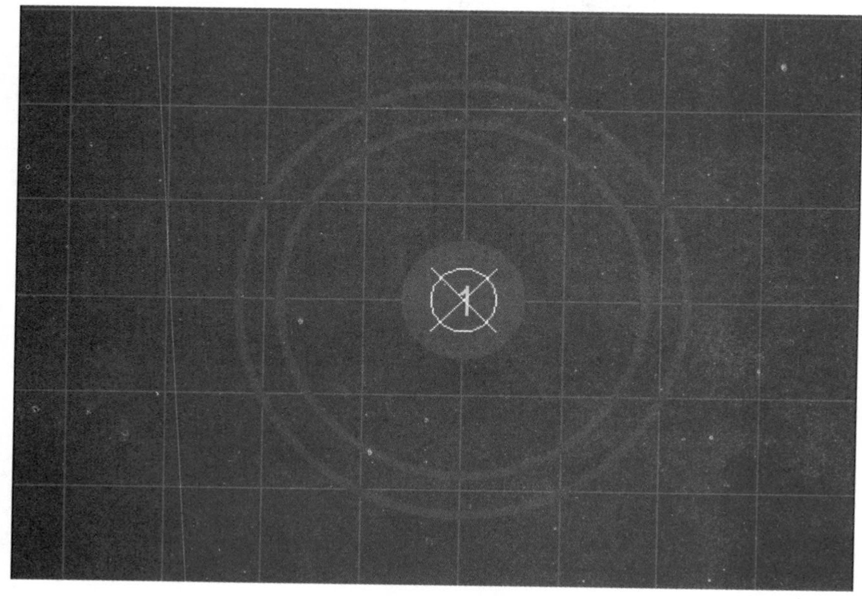

图 4-92　添加两个圆弧

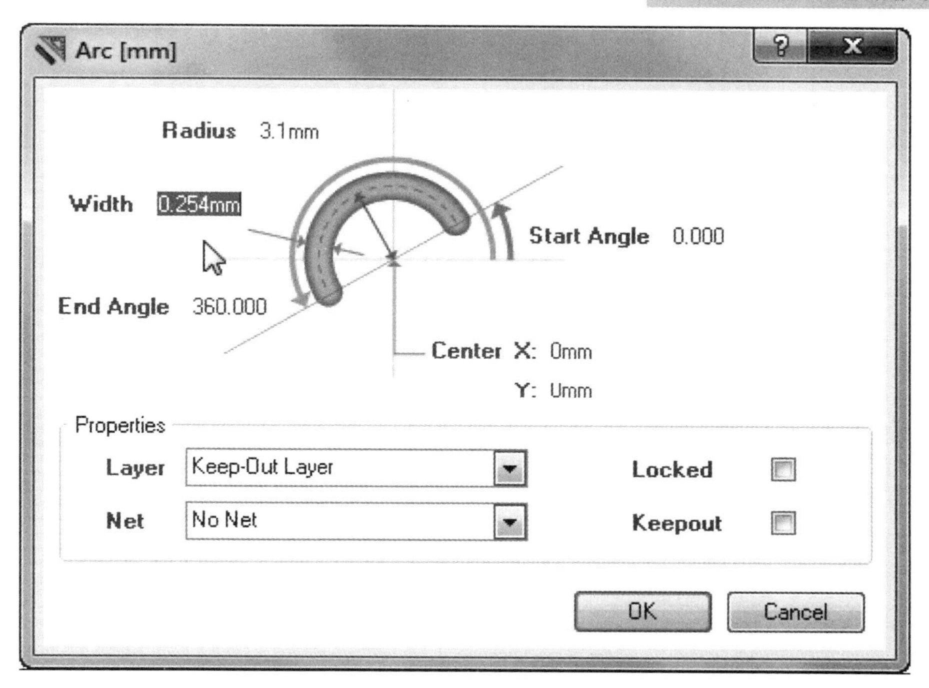

图 4-93 禁止布线层的圆弧

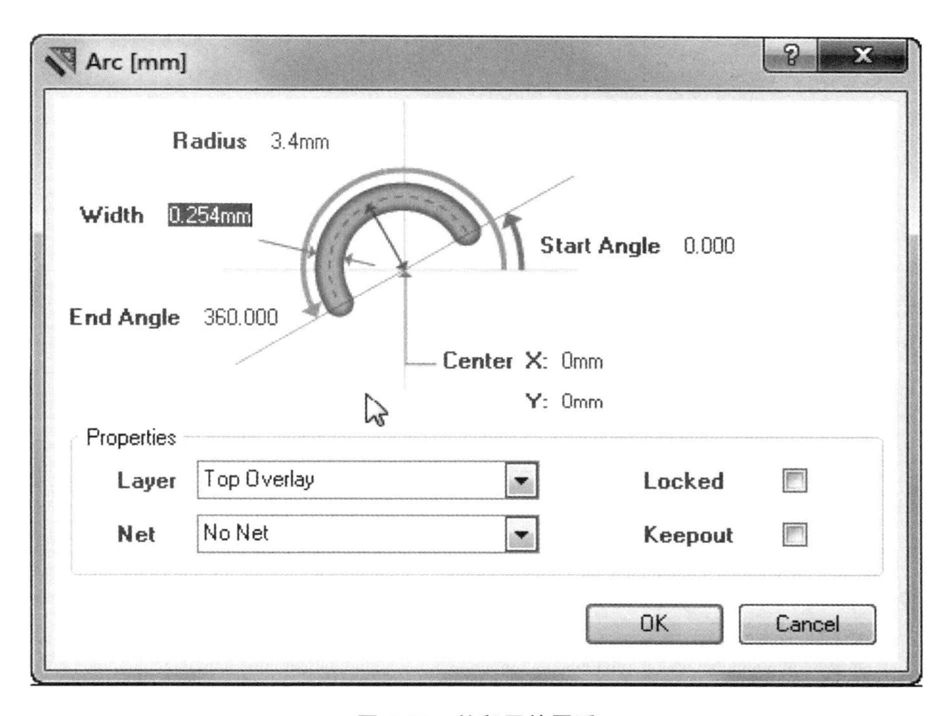

图 4-94 丝印层的圆弧

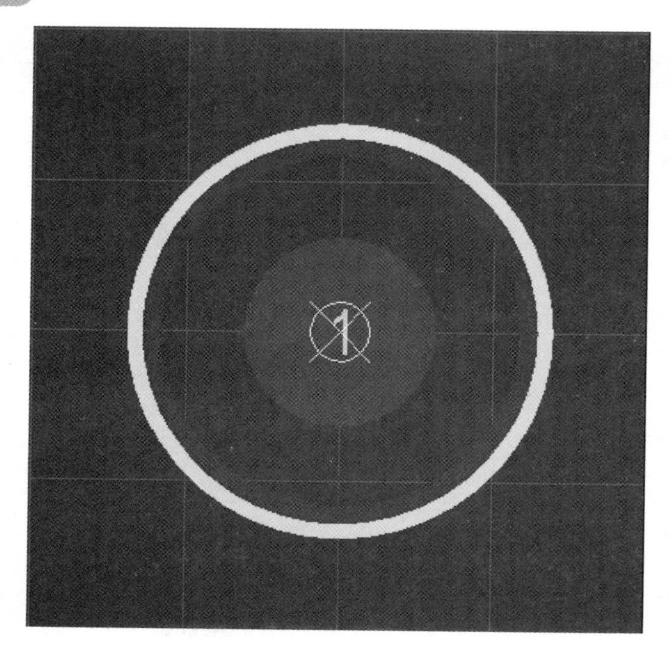

图 4-95　设置完毕后的封装

四、直接向 PCB 添加封装

直接添加安装孔到 PCB，如图 4-96 所示。

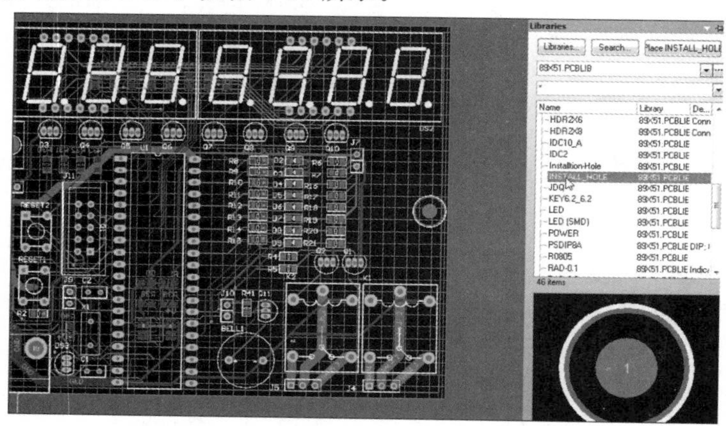

图 4-96　添加安装孔到 PCB

活动实施：

一、上机练习。

设计要求如下。

1. 在学生的设计文件中新建一个原理图零件库子文件，文件名为 schlib1. SchLib；

2. 根据附图二制作原理图元器件，要求尺寸和原图保持一致，元器件命名为 AMP，图中每小格长度为 10mil。

3. 在 PCB 项目文件中新建一个元器件封装文件，文件名为 PCBlib1. PcbLib。

4. 抄画附图三的元器件封装，要求按图示标称对元器件进行命名（尺寸标注的单位为 10mil，不要将尺寸标注画在图中）。

5. 保存两个文件。

6. 退出绘图系统，结束操作。

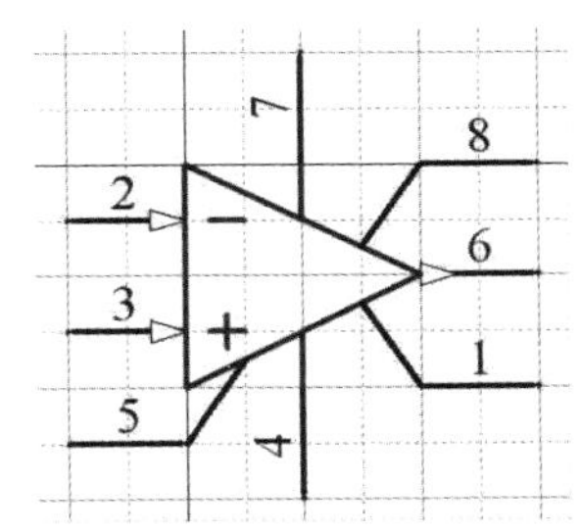

附图二：原理图元器件 AMP

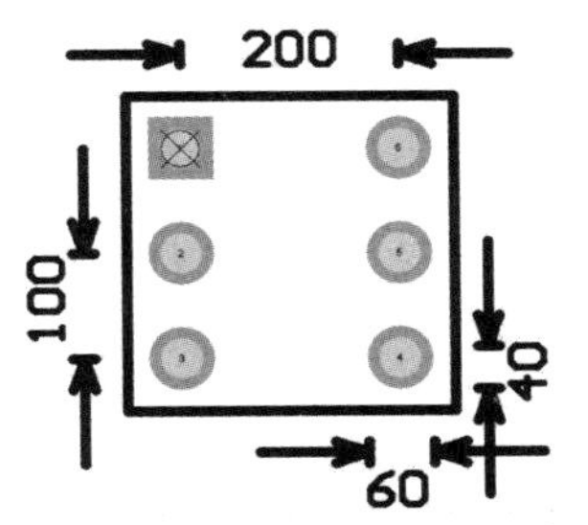

附图三：元器件封装 DPDT－6

二、活动评分标准。

项　　目	配　分	评　分　标　准	扣分	得分
上机练习	90	设计要求 1～4 项每项 20 分，第 5 项 10 分		
安全文明生产	10 分	遵守安全文明生产操作规定		
操作时间	30 分钟			
开始时间		结束时间		
合　计				

三、收获和体会。

想一想，写一写创建 PCB 元器件及封装的收获和体会。

1. ______________________________

2. ______________________________

3. ______________________________

4. ______________________________

四、评议。

根据小组分工，在听取小组安装成果汇报的基础上进行评议，填写上机情况评议表。

上机情况评议表

评议项目 / 评议人	评议意见	评议等级	评议签名
本组			
其他组			
实训老师			
综合			

活动 4 添加泪滴、敷铜

学习目标：

1. 掌握布线的后续工作；
2. 添加泪滴、敷铜。

建议学时：

6 学时

知识准备：

一、添加泪滴

在电路板设计中，为了让焊盘更坚固，防止机械制板时焊盘与导线之间断开，常在焊盘和导线之间用铜膜布置一个过渡区，形状像泪滴，故常称做补泪滴（Teardrops）。补泪滴就是当铜膜走线进入焊盘或过孔时，在走线与圆圈接触的地方，逐渐增大线径，以加强焊盘或过孔与走线的连接。

执行 Tools→Teardrops 命令，添加泪滴，如图 4-97 所示。

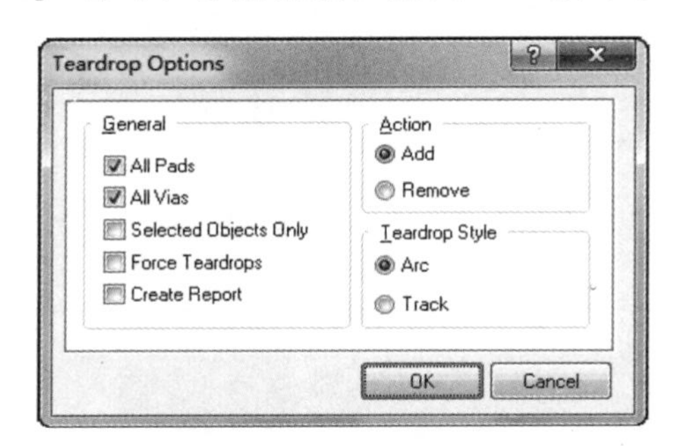

图 4-97 添加泪滴

1. 选择要补泪滴的过孔，如图 4-98 所示。

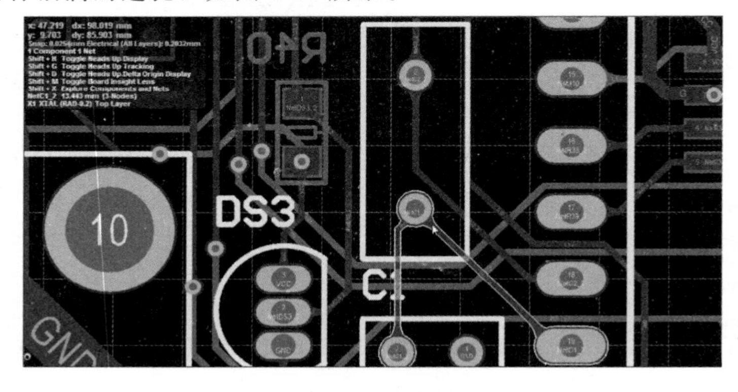

图 4-98 泪滴的效果

2. 选择 Tools→Teardrops 命令，打开补泪滴对话框。选择为哪些部件补泪滴以及补泪滴的形状等，单击 OK 按钮结束设置。

下面介绍泪滴设置对话框中的各个选项区域的作用。

（1）General 选项区域设置，General 选项区域各项的设置如下。

①All Pads 复选项：用于设置是否对所有的焊盘都进行补泪滴操作。

②All Vias 复选项：用于设置是否对所有过孔都进行补泪滴操作。

③Selected Objects Only 复选项：用于设置是否只对所选中的元器件进行补泪滴。

④Force Teardrops 复选项：用于设置是否强制性地补泪滴。

⑤Create Report 复选项：用于设置补泪滴操作结束后是否生成补泪滴的报告文件。

（2）Action 选项区域设置，Action 选项区域各项的设置如下。

①Add 单选项：表示泪滴的添加操作。

②Remove 单选项：表示泪滴的删除操作。

（3）Teardrop Style 选项区域设置，Teardrop Style 选项区域各项的设置介绍如下。

①Arc 单选项：表示选择圆弧形补泪滴。

②Track 单选项：表示选择用导线形补泪滴。

二、放置敷铜

在 PCB 电路板设计中，为了提高电路板的抗干扰能力，通常将电路板上没有布线的空白区间铺满铜膜。敷铜就是在电路板中的空白地方铺满铜网，一般都是铺成地线，以起到一定的屏蔽作用。

一般将所铺的铜膜接地，以便于电路板能更好地抵抗外部信号的干扰。矩形铜膜填充具有导线的功能，也可以用来连接焊盘。所以，可以用矩形铜膜填充增加通过的电流，同时也增加焊盘的牢固性。

从主菜单执行命令 Place→Polygon Pour 进入敷铜的状态后，系统将会弹出 Polygon Pour（敷铜属性）设置对话框，如图 4-99 所示。指向所要铺设屏蔽层区域的一角，用鼠标拖拽出一个封闭区域，即可进行覆铜。

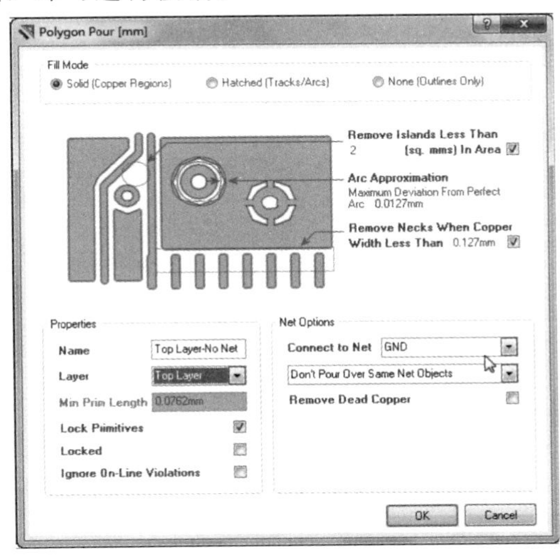

图 4-99　敷铜设置对话框（实心敷铜）

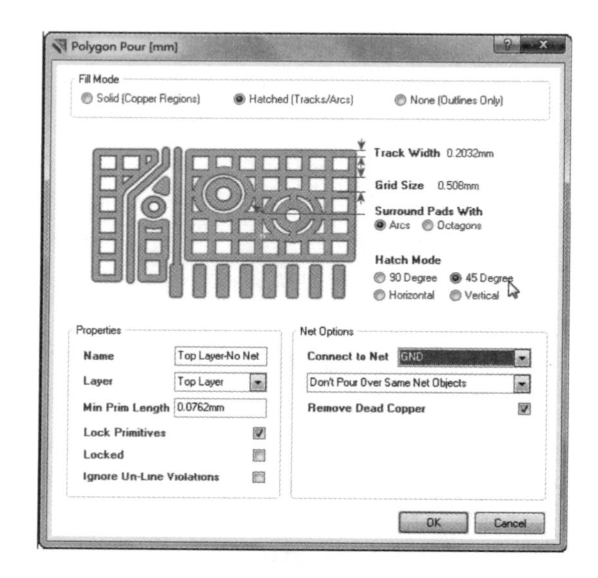

图 4-100 敷铜设置对话框（阴影线敷铜）

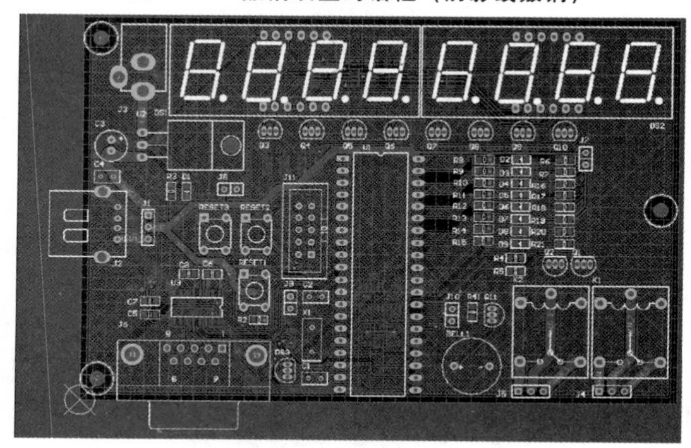

图 4-101 顶层敷铜

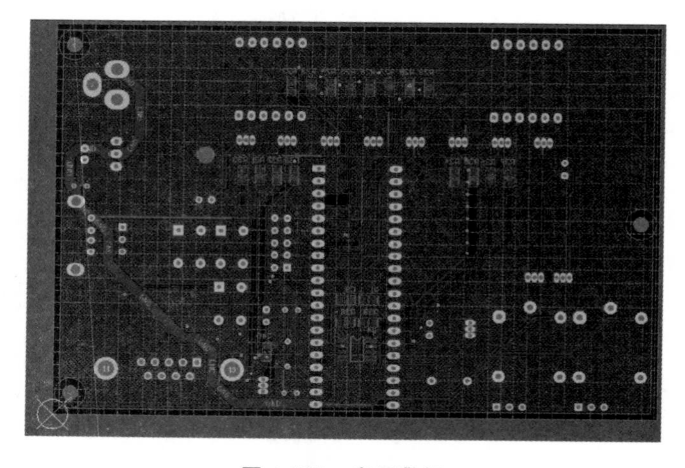

图 4-102 底层敷铜

三、敷铜的管理

敷铜的管理如图 4-103 和图 4-104 所示。

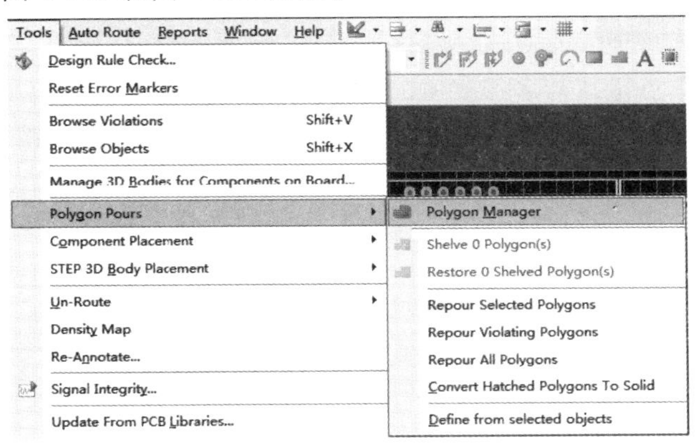

图 4-103　打开敷铜管理器

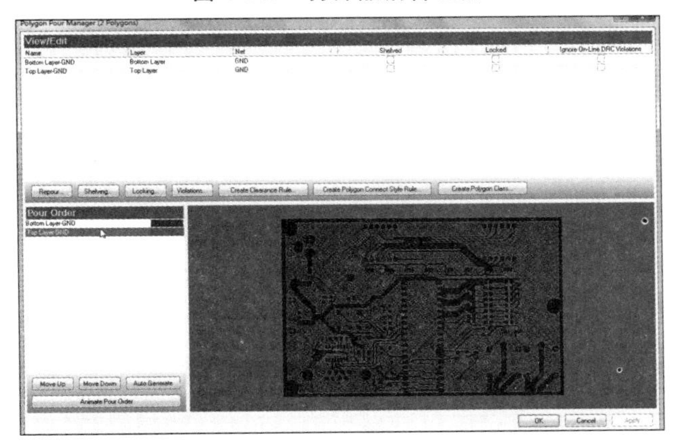

图 4-104　敷铜管理器

四、PCB 设计完毕

设计完毕的 PCB 视图如图 4-105 所示。

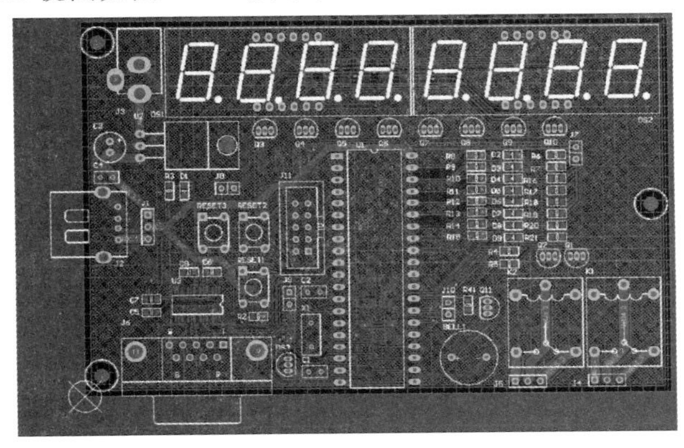

图 4-105　设计完毕的 PCB 视图

★技巧： PCB 电路的接地技巧

地线分为系统地、机壳地、数字地和模拟地等几种，机壳地通常与大地相连接，并且起屏蔽作用。在连接地线时应该注意以下几点。

（1）正确选择单点接地与多点接地。

（2）数字地和模拟地分开。数字地和模拟地应分别与电源的地线端连接。要尽量加大线性电路的面积。通常模拟电路抗干扰能力较差 。

（3）尽量加粗地线。若地线很细，接地电位会随电流的变化而变化，导致电子系统的信号受到干扰，因此地线应该尽量宽。

（4）将接地线构成闭环。这样可以明显提高抗干扰能力。

活动实施：

一、查阅资料，完成添加泪滴，并记录。

____

____

____

二、查阅资料，完成放置敷铜，并记录相关内容。

____

____

____

____

三、查阅资料，熟悉敷铜的管理。

四、活动评分标准。

项　　目	配　分	评　分　标　准	扣分	得分
添加泪滴	30	正确添加泪滴　30 分		
放置敷铜	30	正确放置敷铜　30 分		
敷铜的管理	30	了解敷铜的管理　30 分		
安全文明生产	10	遵守安全文明生产操作规定		
操作时间	30 分钟			
开始时间		结束时间		
合　计				

五、收获和体会。

想一想，写一写添加泪滴和放置敷铜的收获和体会。

1. ______________________________

2. ______________________________

3. ______________________________

4. ______________________________

六、收获和体会。

根据小组分工，在听取小组安装成果汇报的基础上进行评议，填写上机情况评议表。

上机情况评议表

评议项目 评议人	评议意见	评议等级	评议签名
本组			
其他组			
实训老师			
综合			

项目五　声控变频电路 PCB 设计

项目学习目标

1. 熟悉印制电路板的设计流程；
2. 能熟练完成 PCB 的设计；
3. 通过实例，回顾并巩固前面所学的知识，提高对 Protel 2004 软件的基本操作和运用的技能；
4. 领会 PCB 设计合理规划的必要性、重要性和一般原则，强化对封装形式合理选用或正确制订的重要性，锻炼并提升实际设计能力。

任务 1　声控变频电路 PCB 设计

建议学时

12 学时

准备工作：

在进行 PCB 设计之前，有必要了解一下 PCB 设计的过程，通常先设计好原理图，然后创建一个空白的 PCB 文件，再设置 PCB 的外形和尺寸。接着根据自己的习惯设置环境参数，向空白的 PCB 文件导入网络表及元器件的封装等数据，然后再设置工作参数，通常包括板层的设定和布线规则的设定。在上述准备工作完成后，就可以对元器件进行布局了。接下来的工作是自动布线、手工调整不合理的图件、对电源和接地线进行敷铜，最后进行设计校验。

在印制电路板设计完成后，应把与该设计有关的文件进行导出和存盘。具体的 PCB 设计流程如图 5-1 所示。

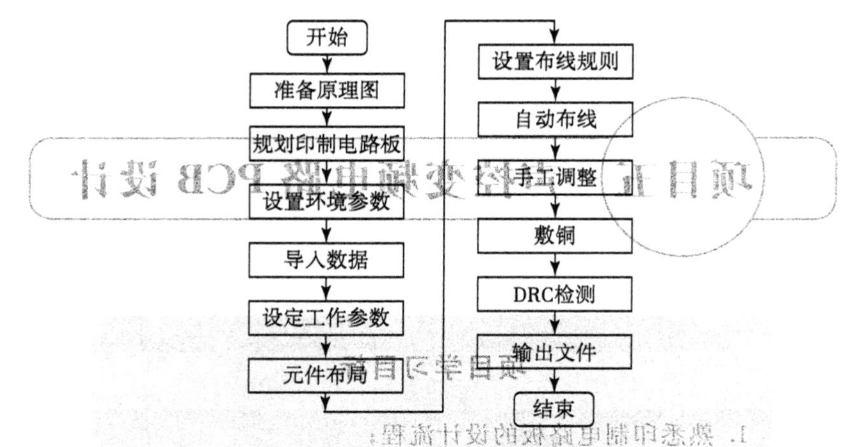

图 5-1 PCB 的设计流程

任务实践一：

如图 5-2 所示，以“声控变频电路.PrjPCB”为例，介绍双面 PCB 的设计方法。

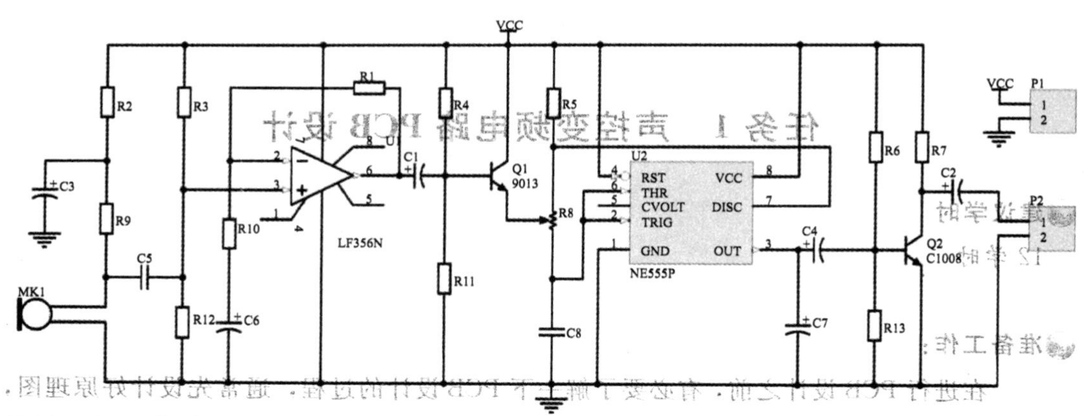

图 5-2 声控变频电路的原理图

PCB 的尺寸为 2400mil×2000mil，电阻采用 Res2，无极性电容 Cap，电解电容 Cap Pol1，电位器 Rpot，麦克风 Mic2，三极管 NPN，NE555P 在 TI Analog Timer Circuit. Intlib 库。

一、准备原理图

1. 新建一个名字为综合练习的工作区文件，在这工作区文件下新建一个名为声控变频电路的工程文件。

2. 在声控变频电路的工程文件中新建一个名为声控变频电路的空白原理图文件，并

在此原理图文件中按要求绘制声控变频电路的原理图。

3. 对声控变频电路的原理图进行编译，生成网络表文件，如图 5-3 所示。

步骤 1：新建一个名为“综合练习”的工作区文件

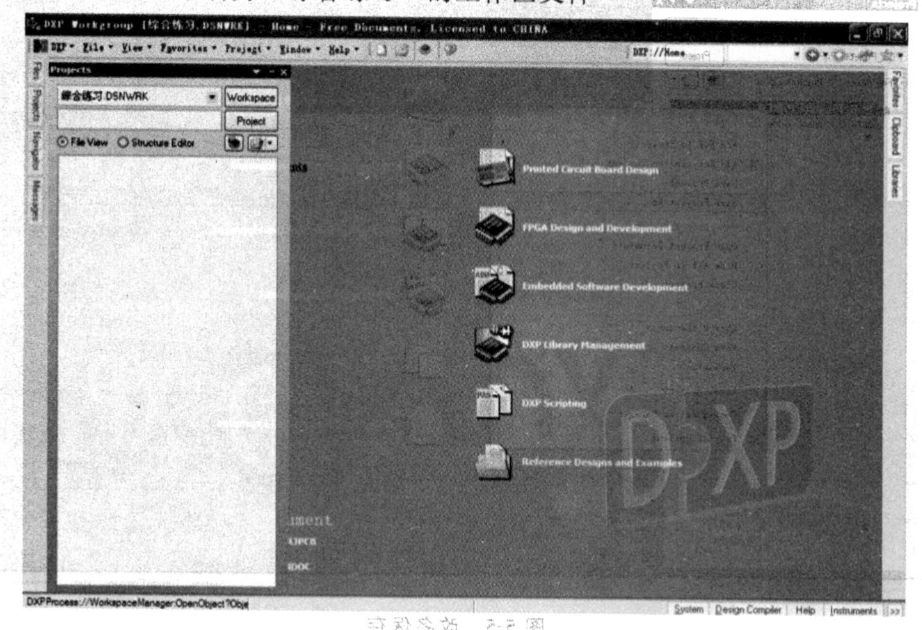

图 5-3　新建一个名为“综合练习”的工作区文件

步骤 2：新建一个工程文件，如图 5-4 所示。

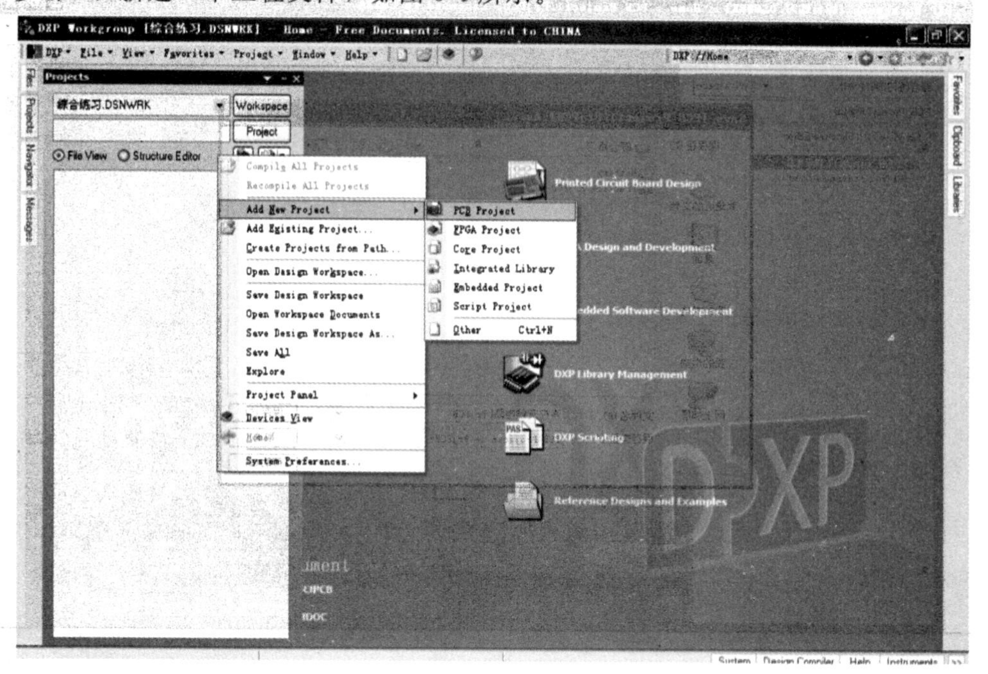

图 5-4　新建一个工程文件

步骤 3：把新建的工程文件改名保存，如图 5-5 所示。

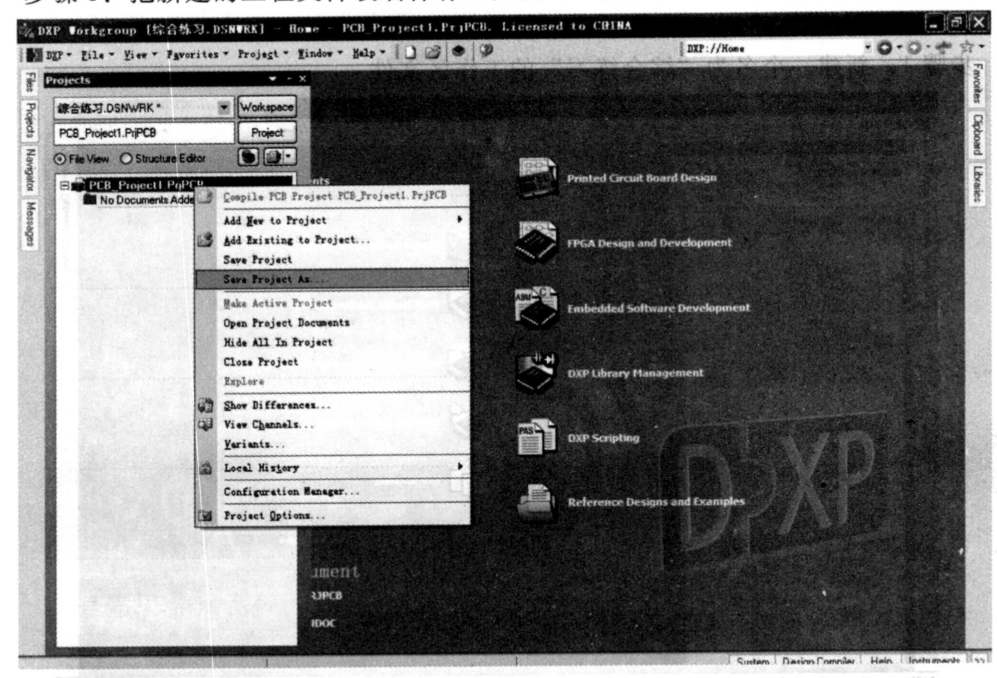

图 5-5　改名保存

步骤 4：把新建的工程文件改名为“声控变频电路”，如图 5-6 所示。

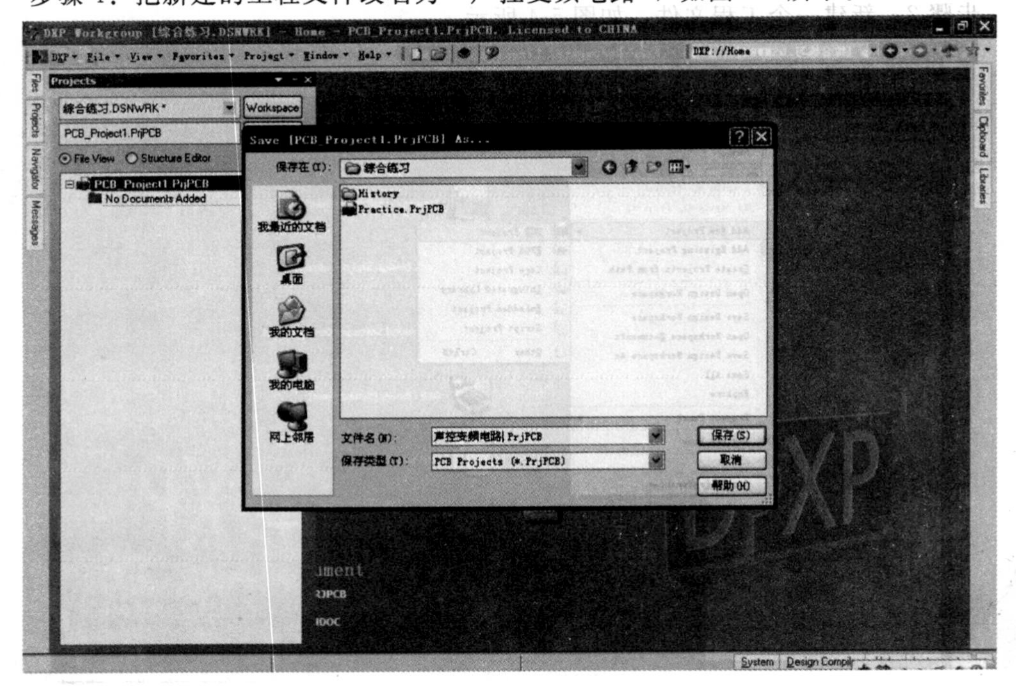

图 5-6　改名为“声控变频电路”

步骤 5：在新建的工程文件下新建一个原理图文件，如图 5-7 所示。

图 5-7 新建一个原理图文件

步骤 6：对新建的原理图文件改名另存，如图 5-8 所示。

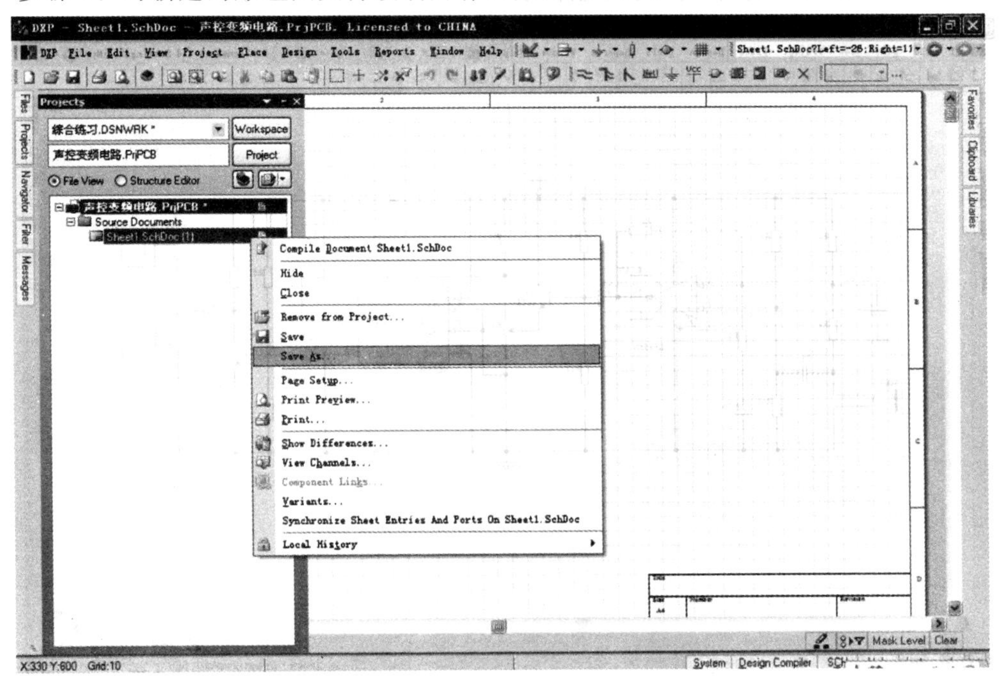

图 5-8 原理图文件改名另存

步骤 7：新建的原理图文件改名为“声控变频电路”，如图5-9 所示。

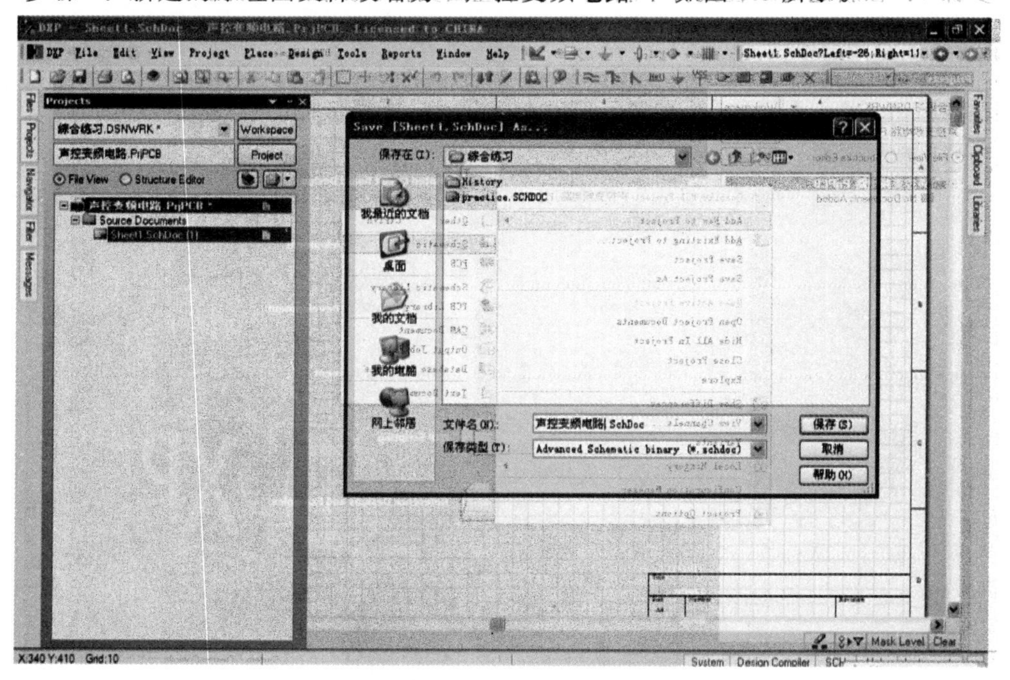

图 5-9 改名为“声控变频电路”

步骤 8：根据要求绘制声控变频电路的原理图，如图 5-10 所示。

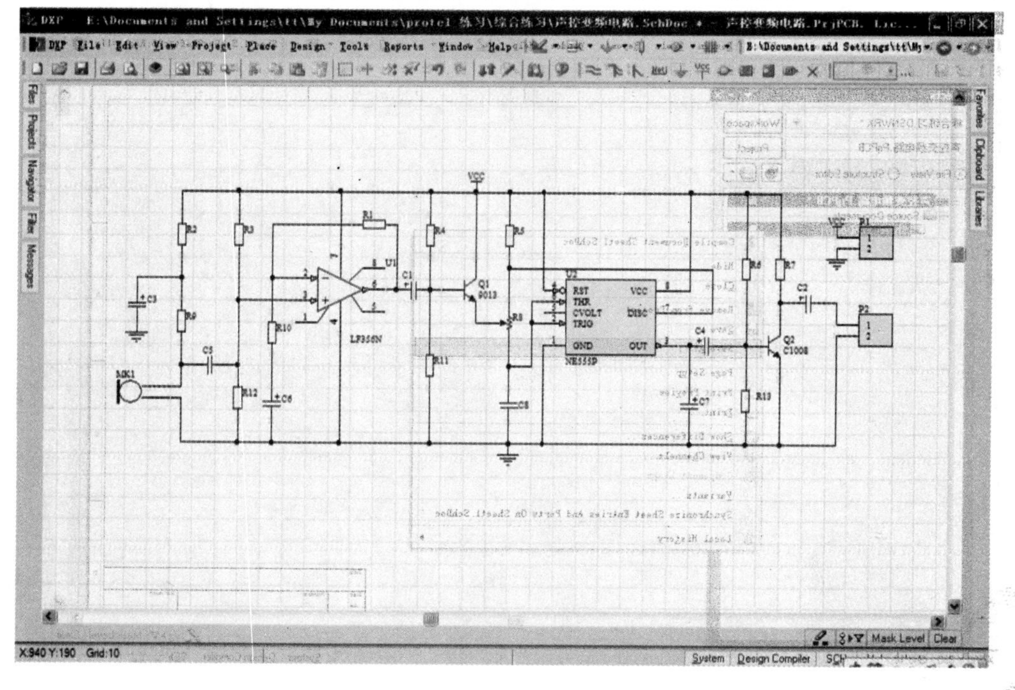

图 5-10 绘制声控变频电路的原理图

步骤 9：对声控变频电路的原理图进行编译，如图 5-11 所示。

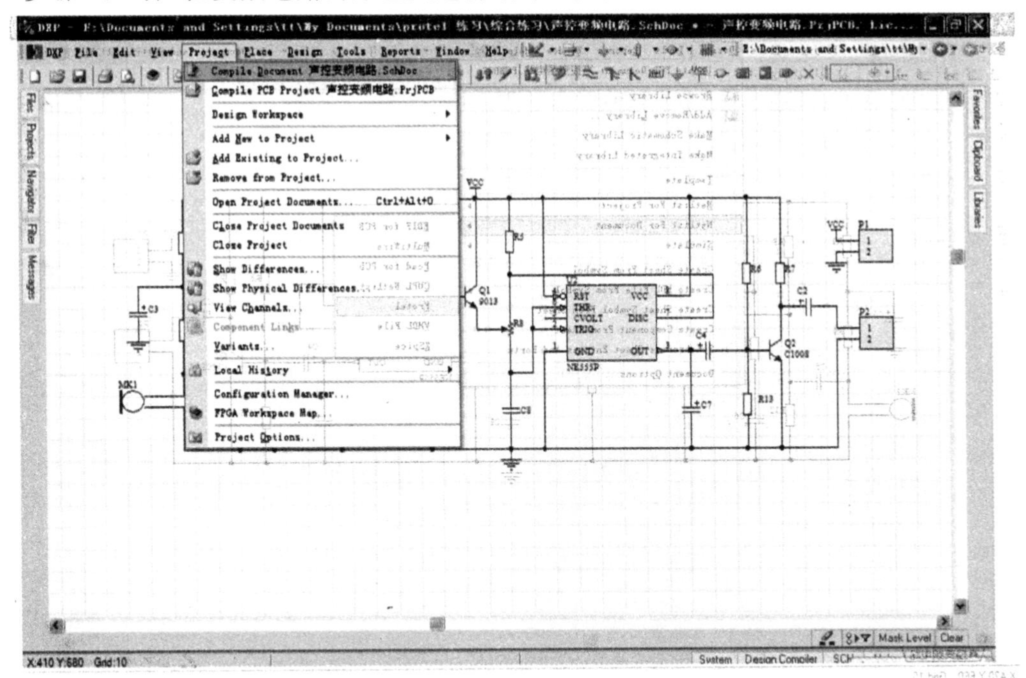

图 5-11　对声控变频电路的原理图进行编译

步骤 10：查看错误和警告信息并对错误的地方进行修改，如图 5-12 所示。

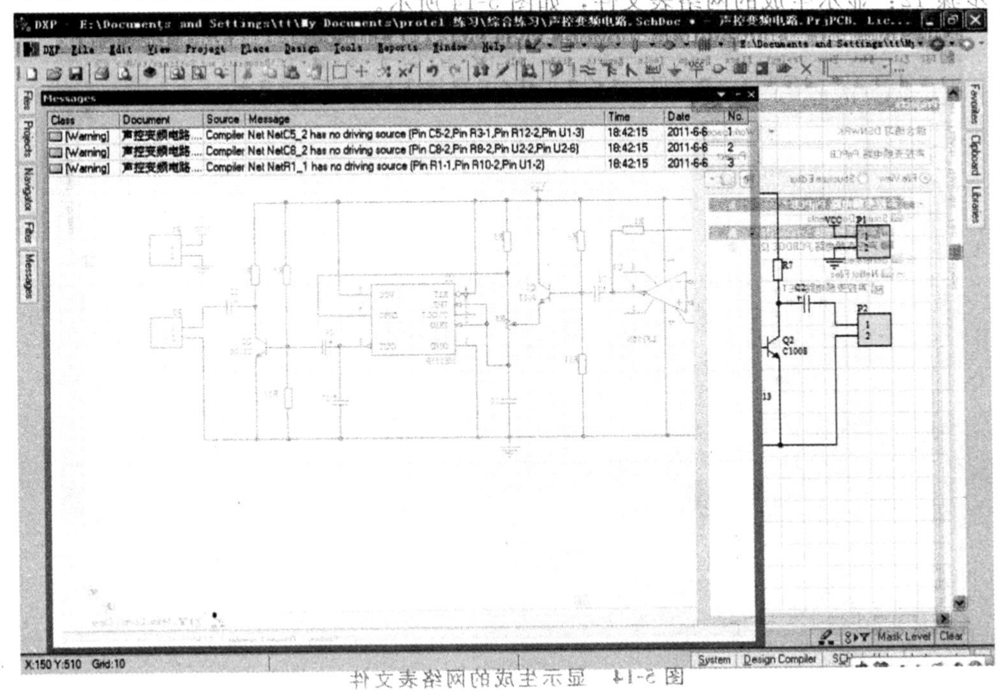

图 5-12　查看错误和警告信息

步骤 11：生成网络表文件，如图 5-13 所示。

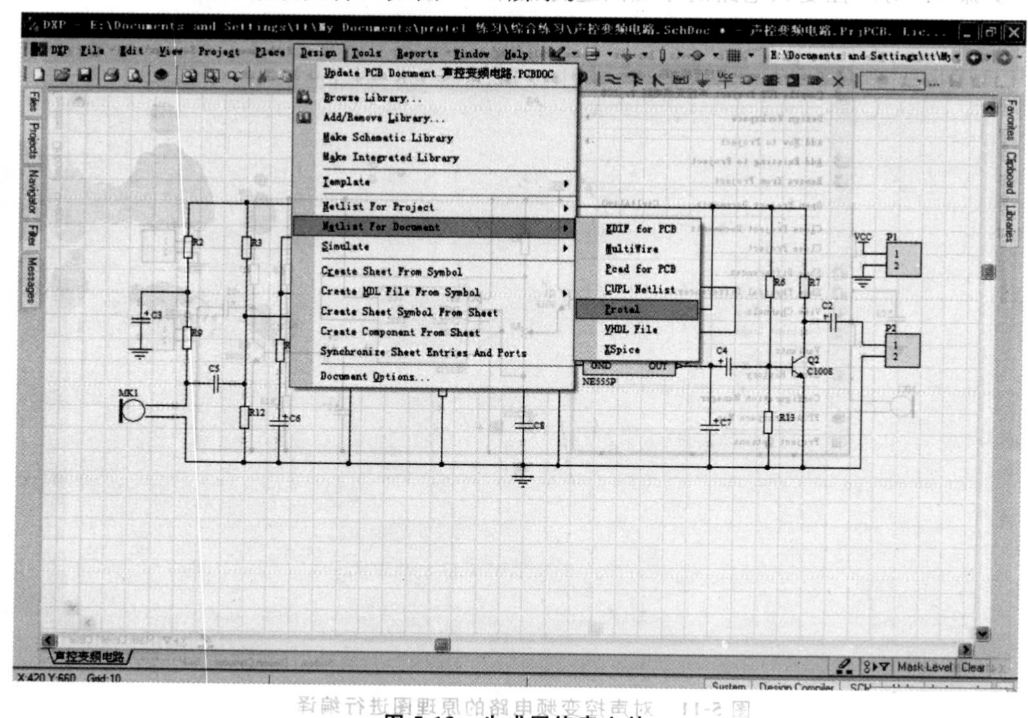

图 5-13　生成网络表文件

步骤 12：显示生成的网络表文件，如图 5-14 所示。

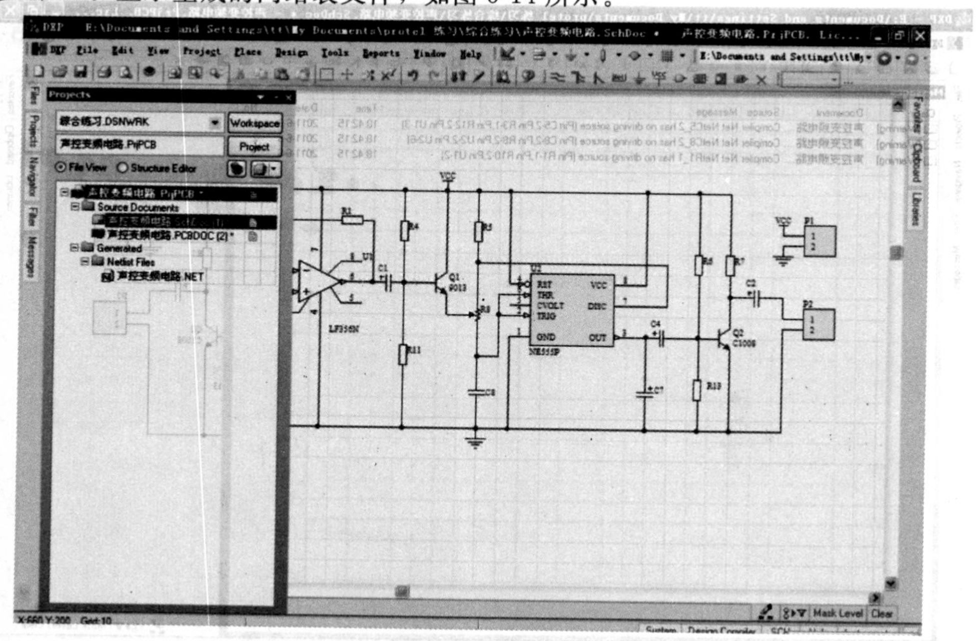

图 5-14　显示生成的网络表文件

二、规划印制电路板

1. 在“声控变频电路”工程文件下，新建一个空白的 PCB 文件。
2. 把新建的 PCB 文件另存为“声控变频电路. PcbDoc”。
3. 在该 PCB 文件中设置当前原点。
4. 根据题目要求绘制物理边界。
5. 绘制电气边界（即设置印制电路板禁止布线区）。

三、导入数据

把原理图文件中的信息导入到 PCB 文件。

步骤 13：在声控变频电路的工程文件中新建一个空白的 PCB 文件，如图 5-15 所示。

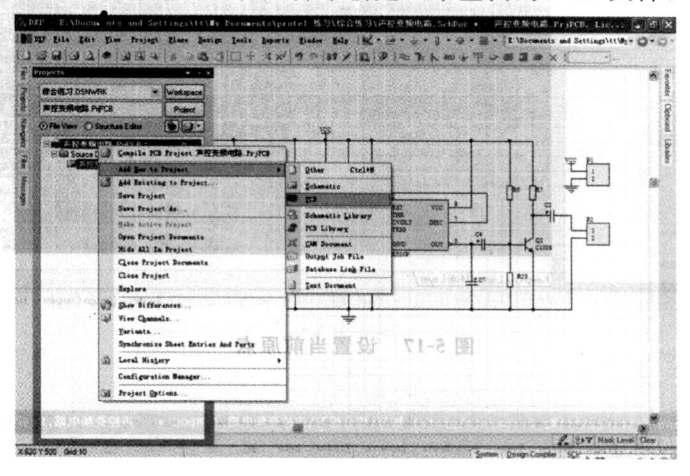

图 5-15　新建 PCB 文件

步骤 14：新建的 PCB 文件另存为“声控变频电路. PcbDoc”，如图 5-16 所示。

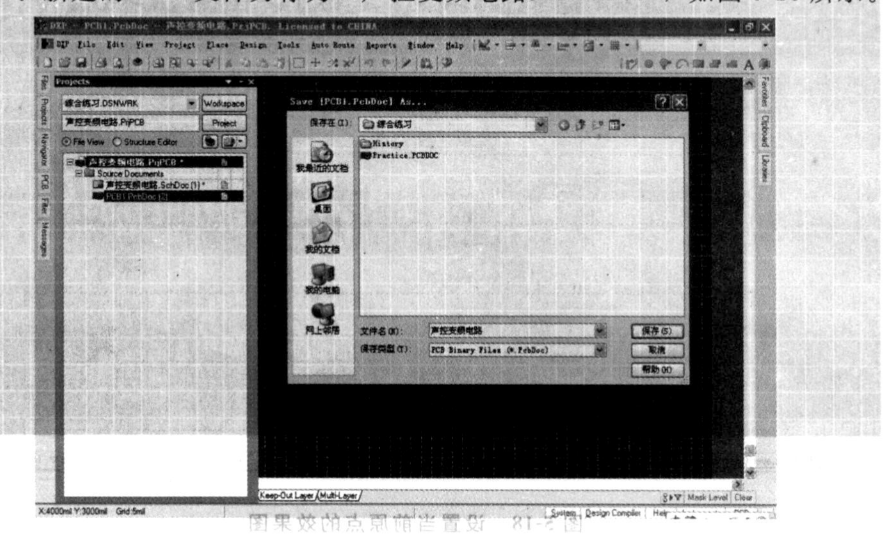

图 5-16　新建的 PCB 文件另存为“声控变频电路 . PcbDoc”

步骤 15：在 PCB 文件的编辑窗口中设置当前原点，如图 5-17 和图 5-18 所示。

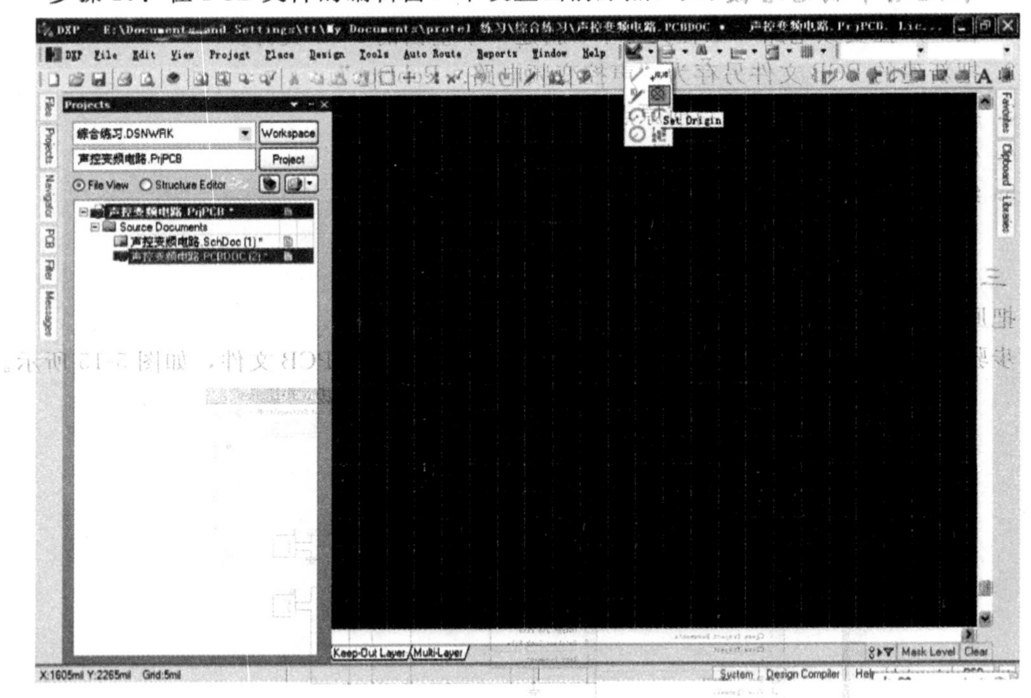

图 5-17　设置当前原点

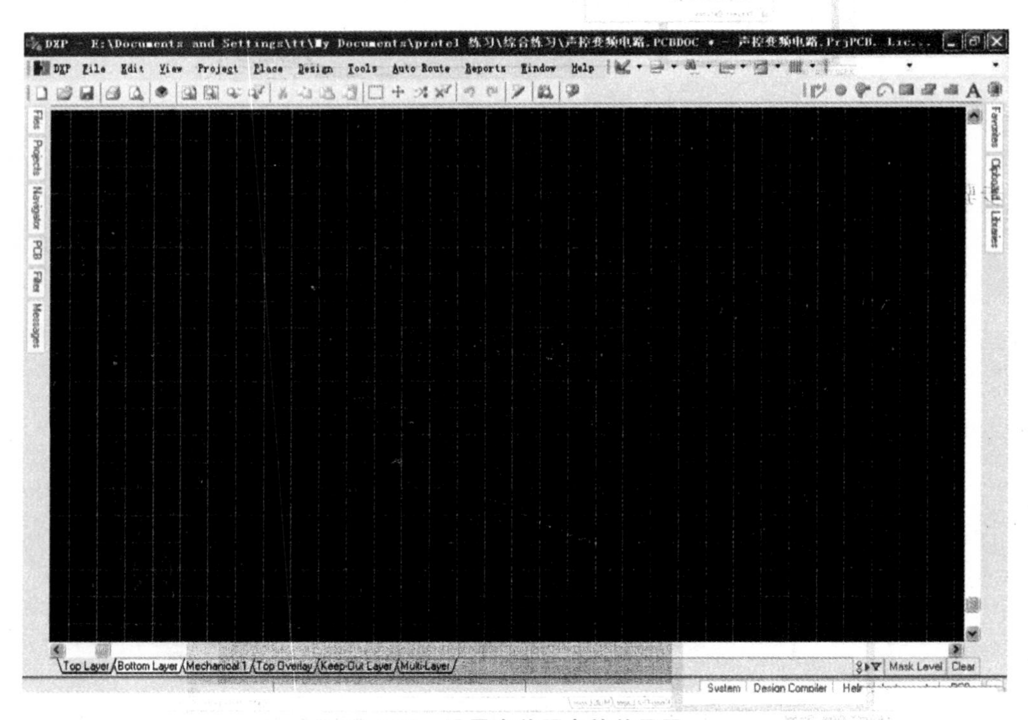

图 5-18　设置当前原点的效果图

步骤 16：把当前层设置为机械层，如图 5-19 所示。

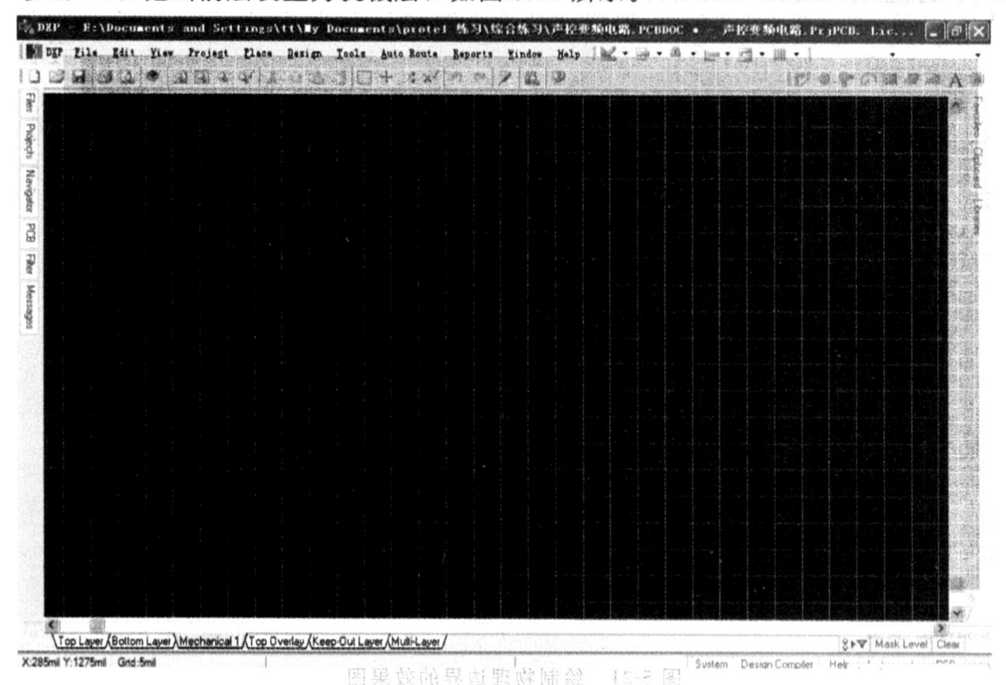

图 5-19　把当前层设置为机械层

步骤 17：绘制物理边界，如图 5-20 和图 5-21 所示。

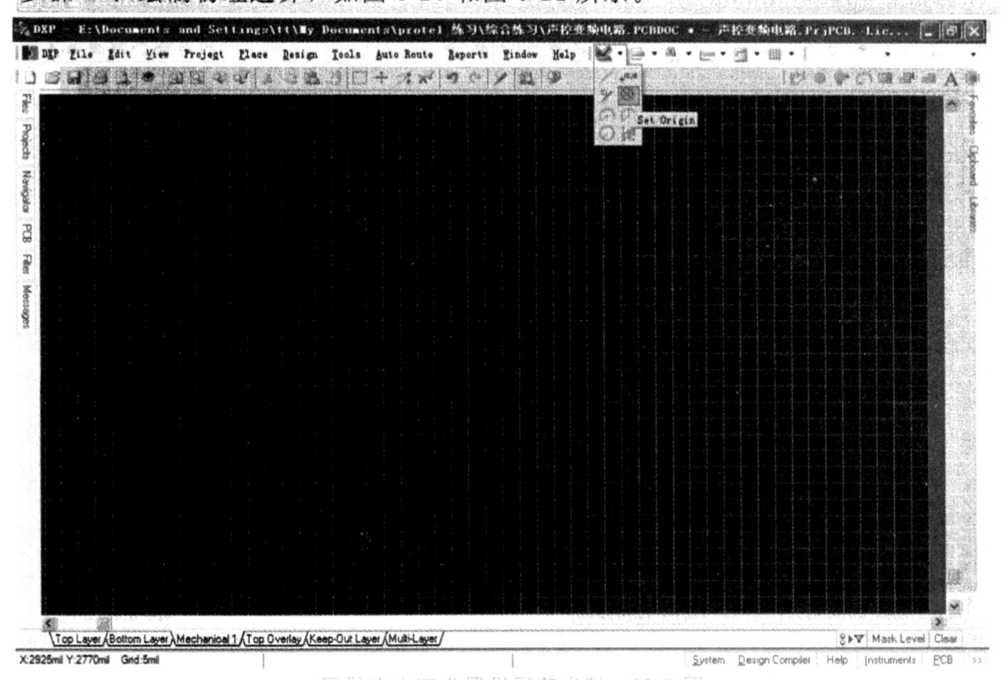

图 5-20　绘制物理边界

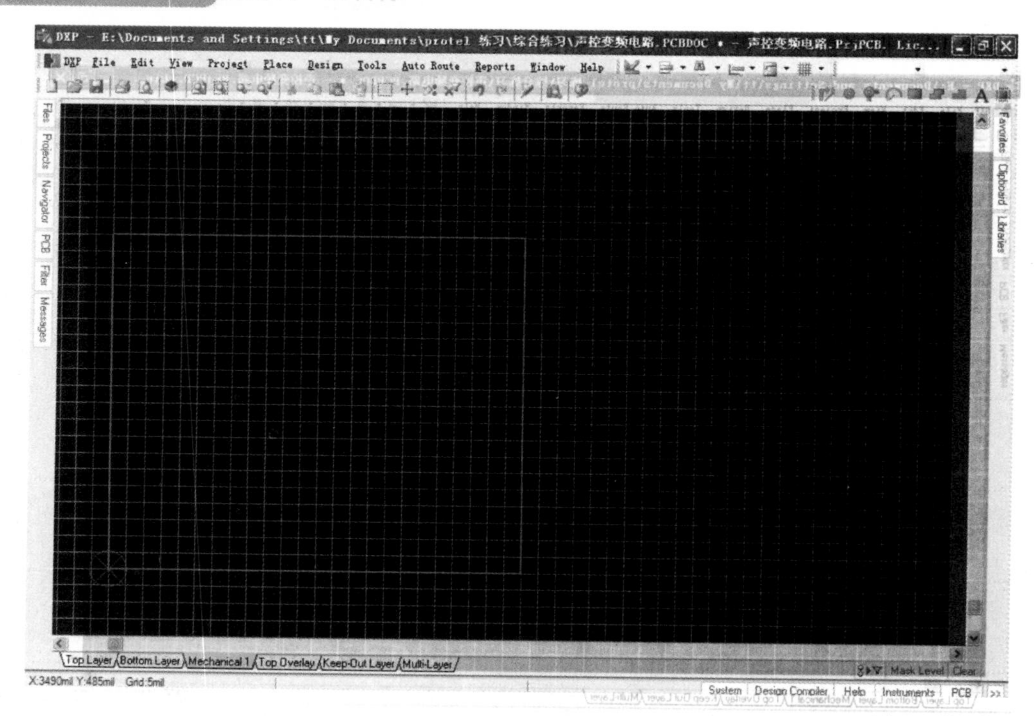

图 5-21　绘制物理边界的效果图

步骤 18：把当前层设置为禁止布线层，如图 5-22 所示。

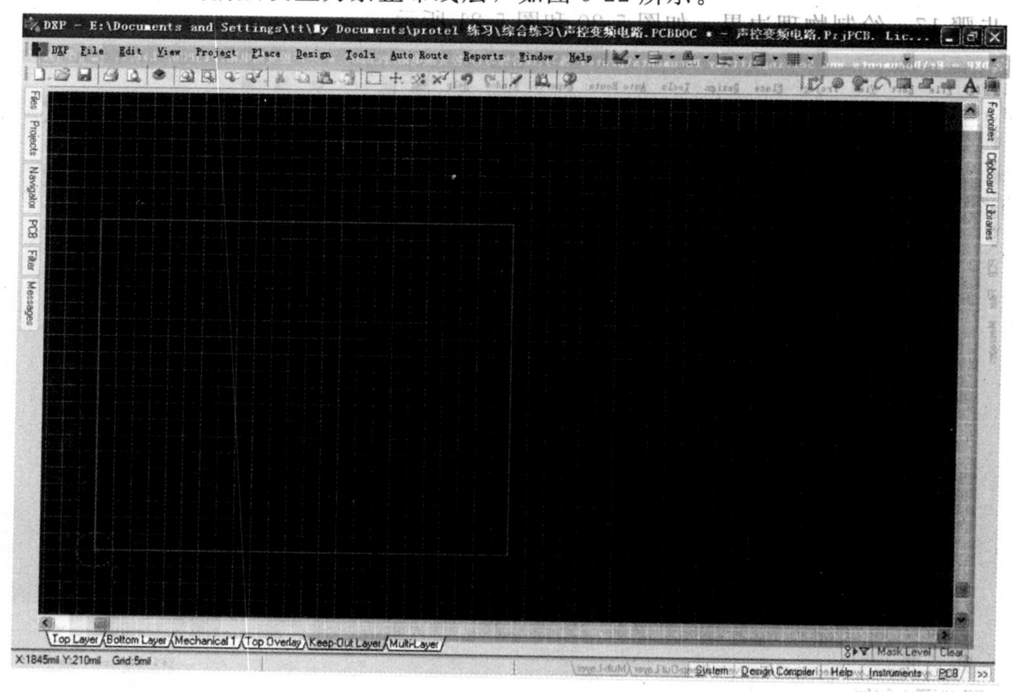

图 5-22　把当前层设置为禁止布线层

步骤 19：绘制电气边界，如图 5-23 和图 5-24 所示。

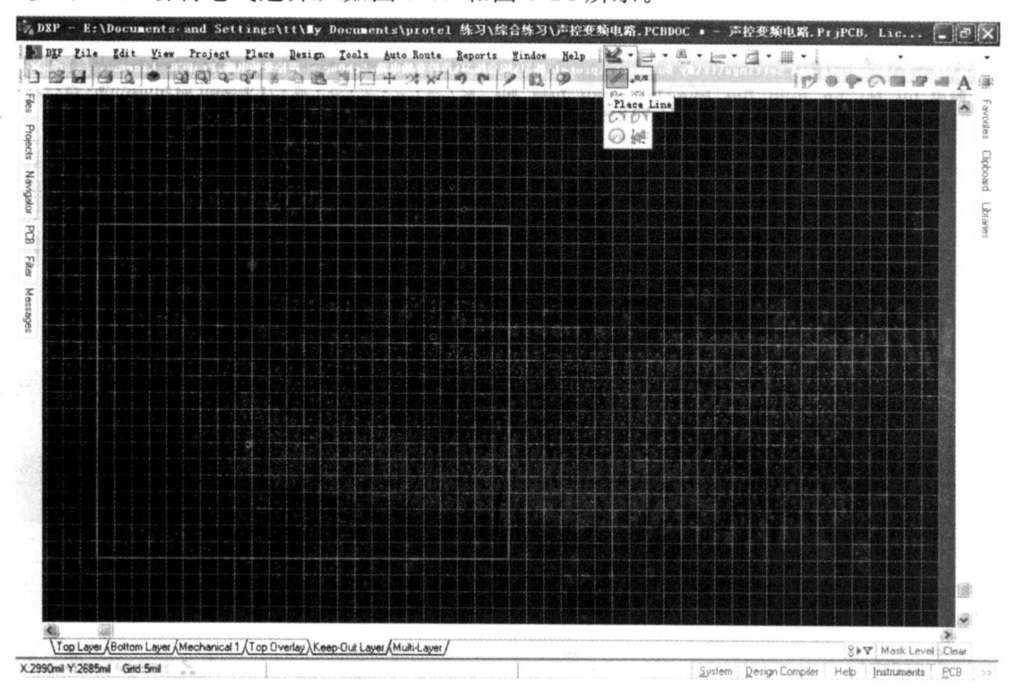

图 5-23　绘制电气边界

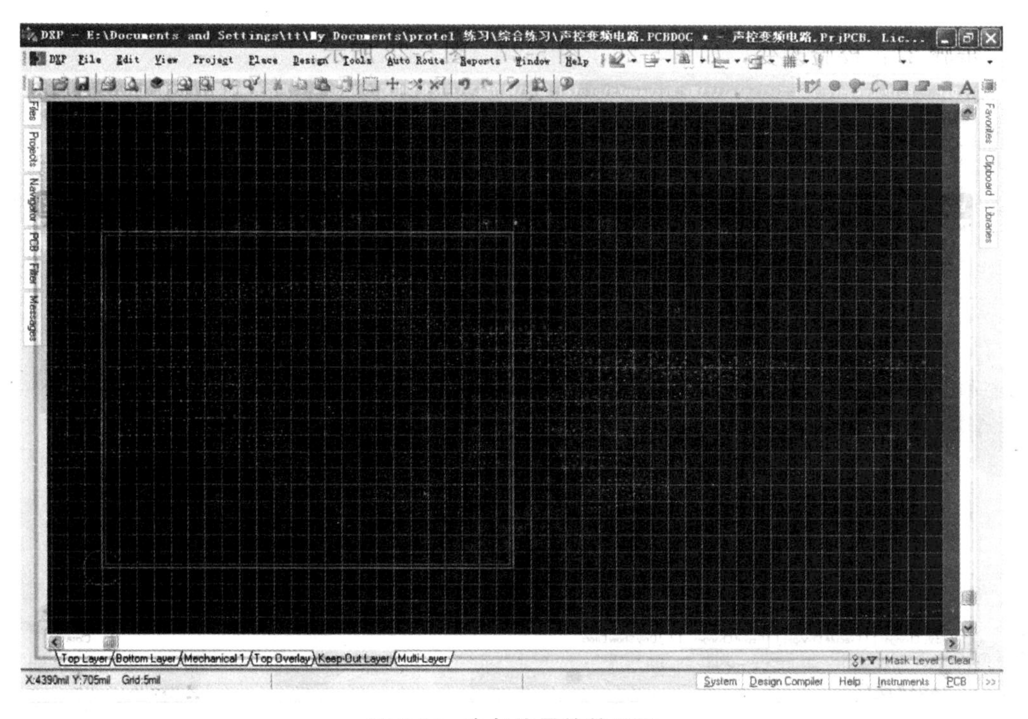

图 5-24　电气边界的效果图

步骤 20：把“声控变频电路 .SchDoc”文件中的信息导入 PCB 文件，如图 5-25 所示。

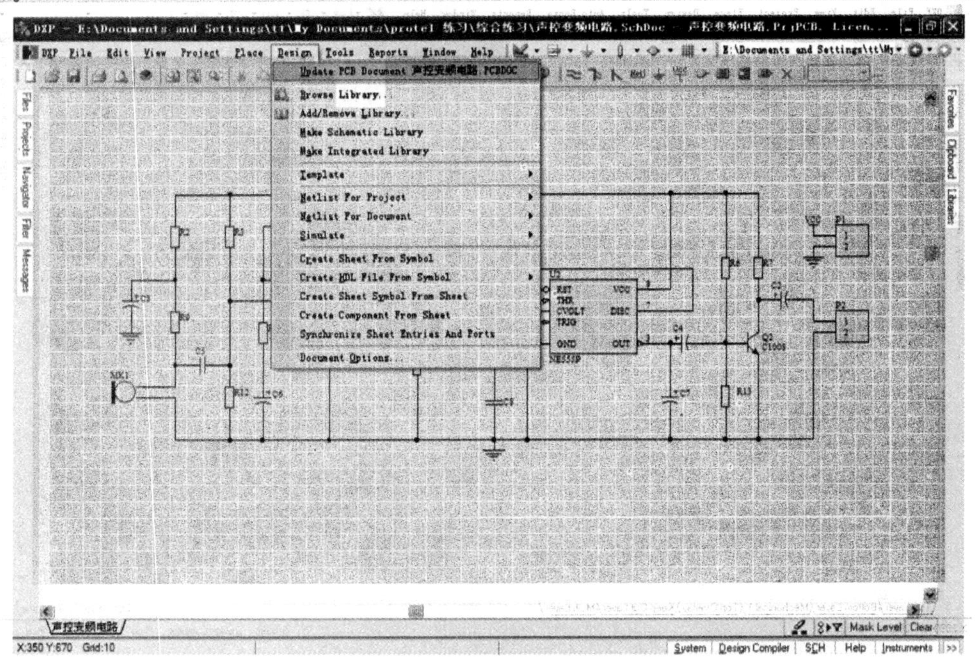

图 5-25 导入“声控变频电路 .SchDoc”文件

步骤 21：校验改变，如图 5-26、图 5-27、图 5-28 所示。

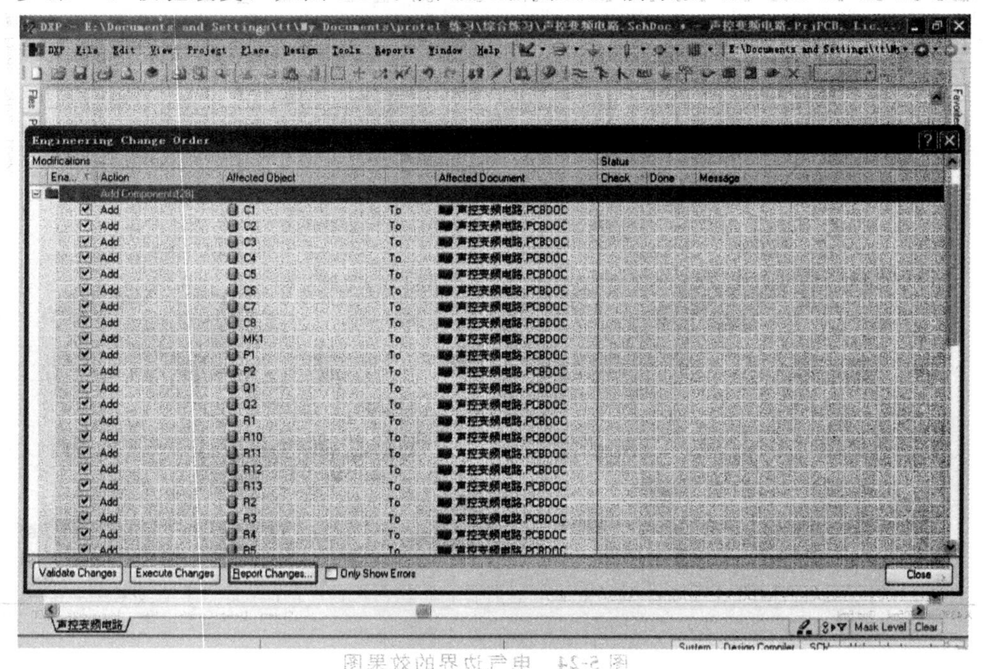

图 5-26 校验改变

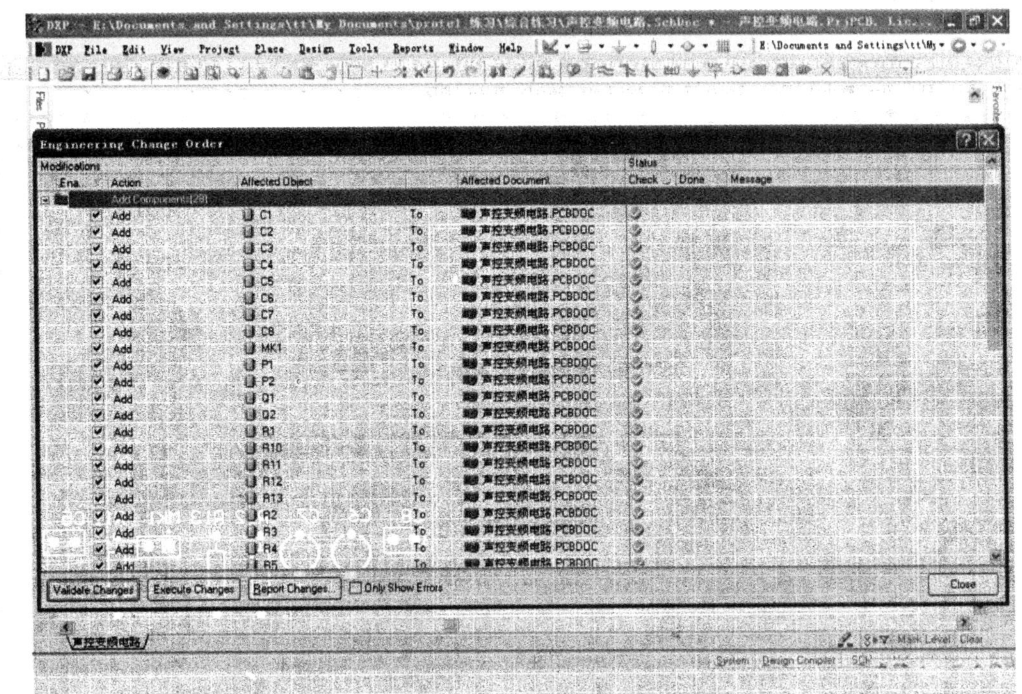

图 5-27　执行改变

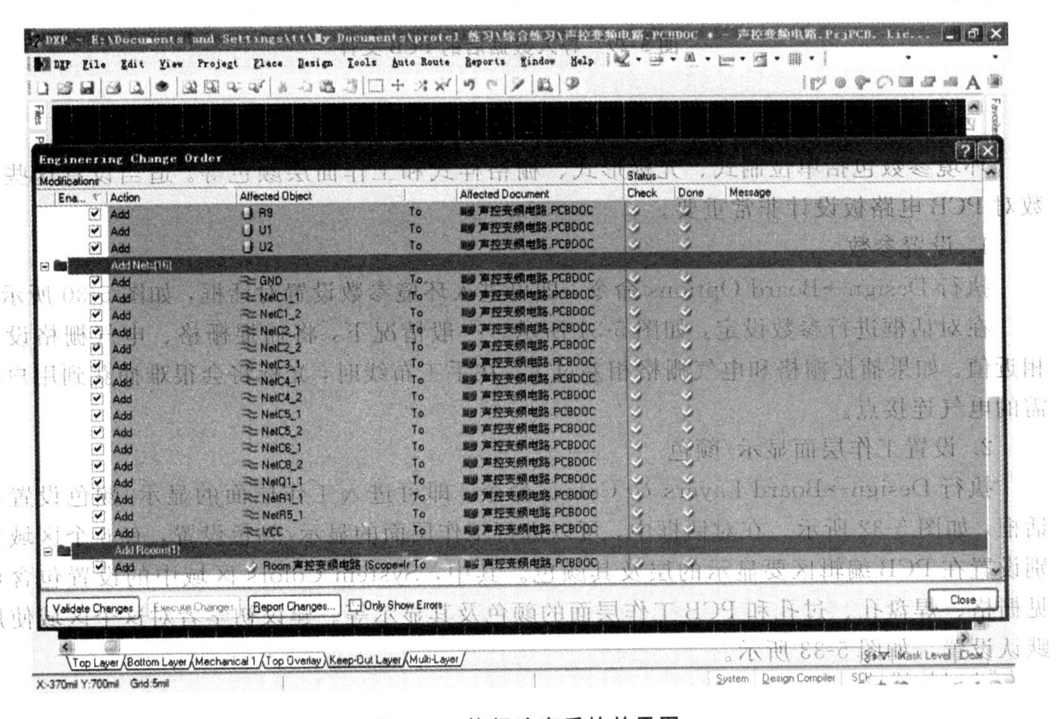

图 5-28　执行改变后的效果图

步骤 22：导入数据后的 PCB 文件，如图 5-29 所示。

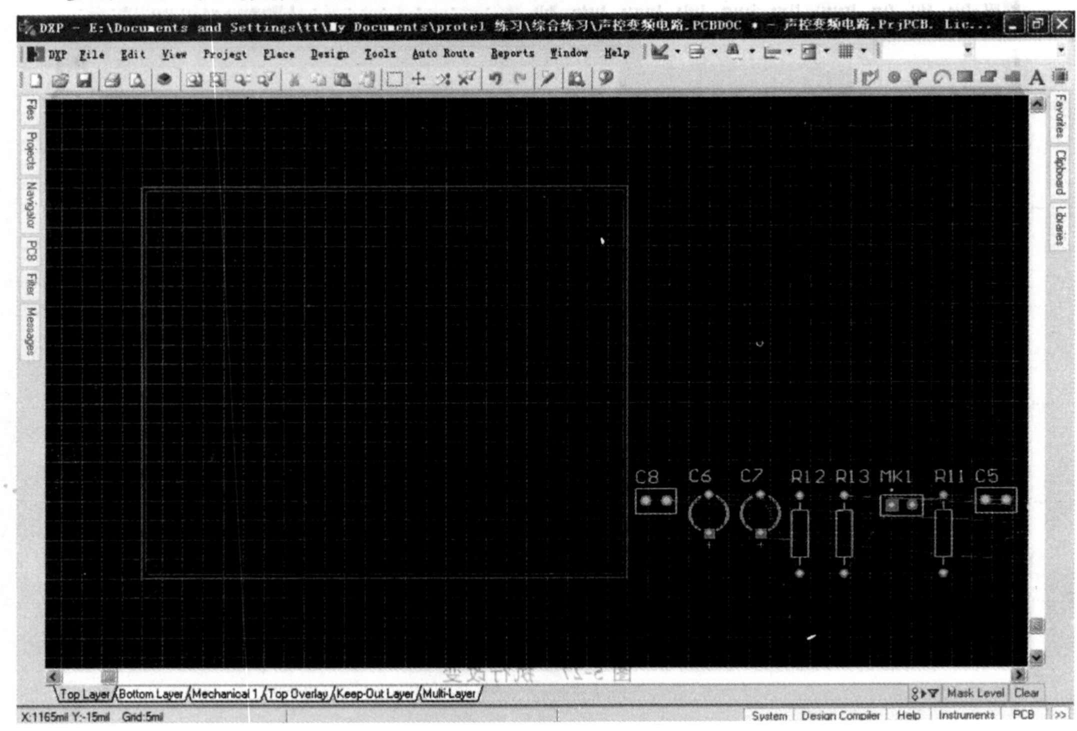

图 5-29　导入数据后的 PCB 文件

四、设定环境参数

环境参数包括单位制式、光标形式、栅格样式和工作面层颜色等。适当设置这些参数对 PCB 电路板设计非常重要。

1. 设置参数

执行 Design→Board Options 命令，即可进入环境参数设置对话框，如图 5-30 所示。

在对话框进行参数设定，如图 5-31 所示。一般情况下，将捕捉栅格、电气栅格设成相近值。如果捕捉栅格和电气栅格相差过大，在手工布线时，光标将会很难捕获到用户所需的电气连接点。

2. 设置工作层面显示/颜色

执行 Design→Board Layers & Colors 命令，即可进入工作层面的显示/颜色设置对话框，如图 5-32 所示。在对话框中，可以进行工作层面的显示/颜色设置，有 6 个区域分别设置在 PCB 编辑区要显示的层及其颜色。其中，System Colors 区域中的设置包含可见栅格、焊盘孔、过孔和 PCB 工作层面的颜色及其显示等。建议初学者对这个区域使用默认设置，如图 5-33 所示。

步骤 23：进入环境参数设置对话框，如图 5-30 和图 5-31 所示。

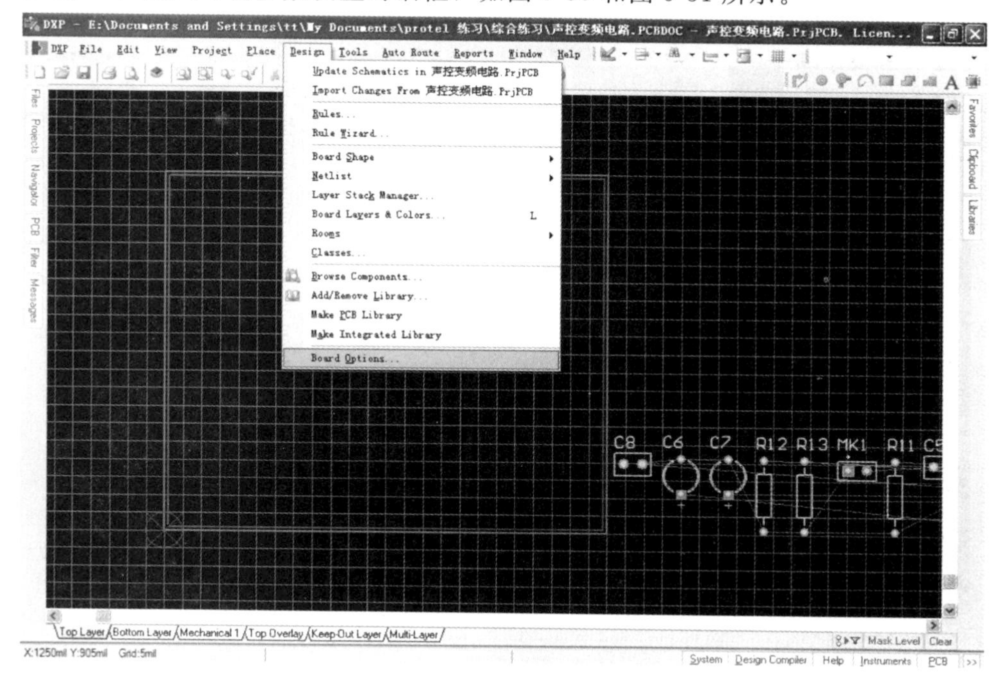

图 5-30　环境参数设置对话框

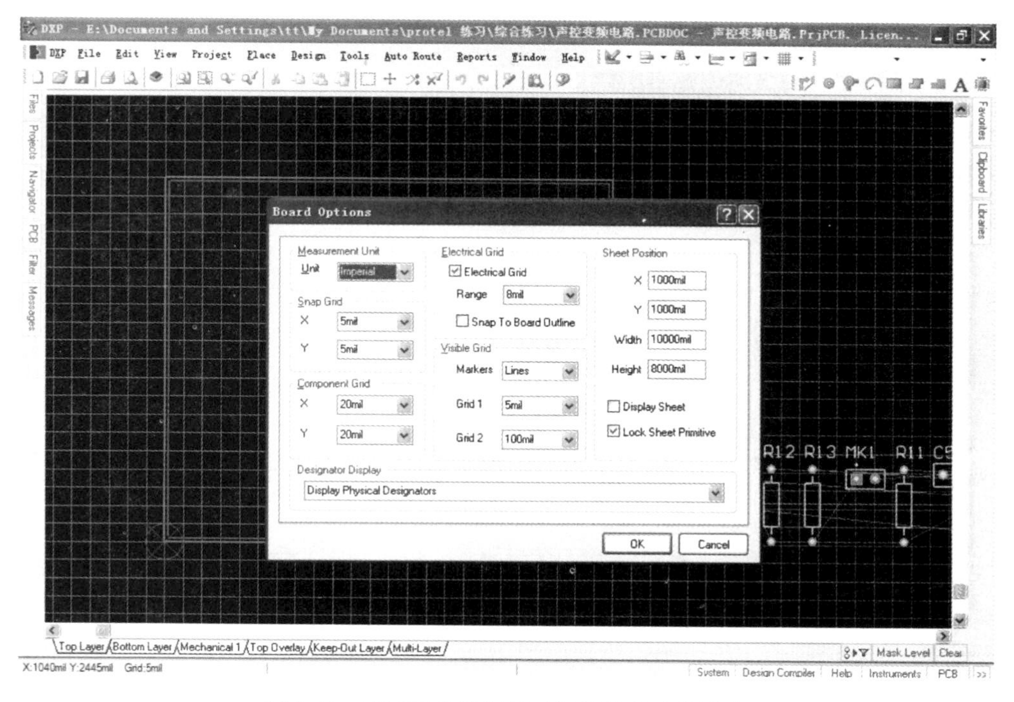

图 5-31　在环境参数设置对话框进行参数设定

步骤 24：进入工作层面的显示/颜色设置对话框，如图 5-32 和图 5-33 所示。

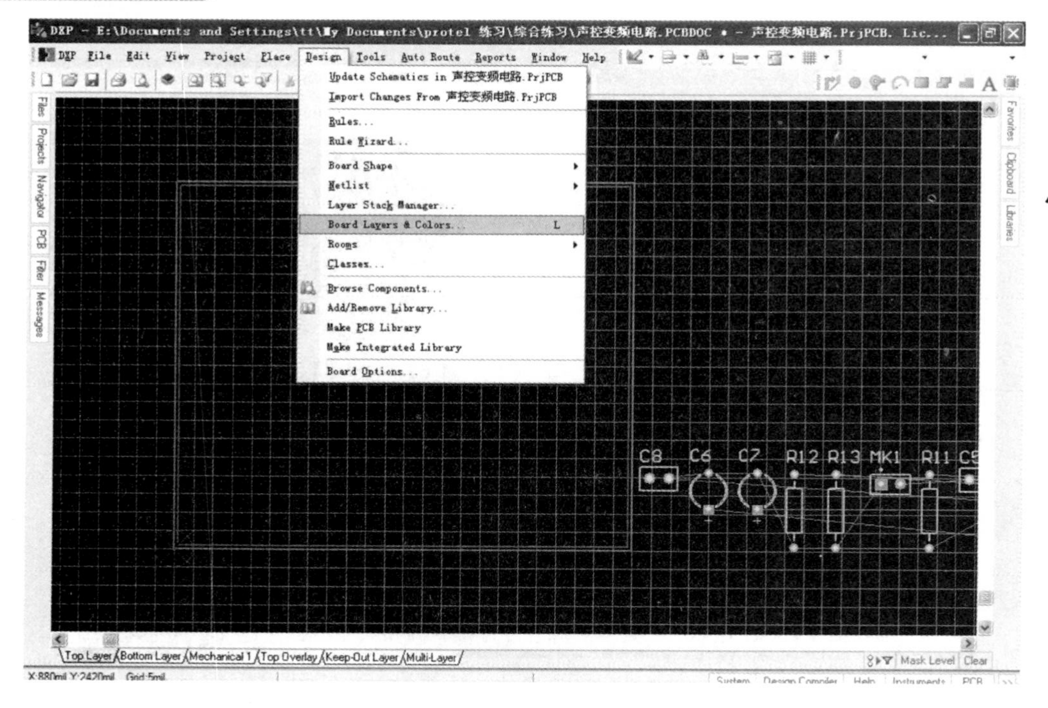

图 5-32　显示/颜色设置对话框

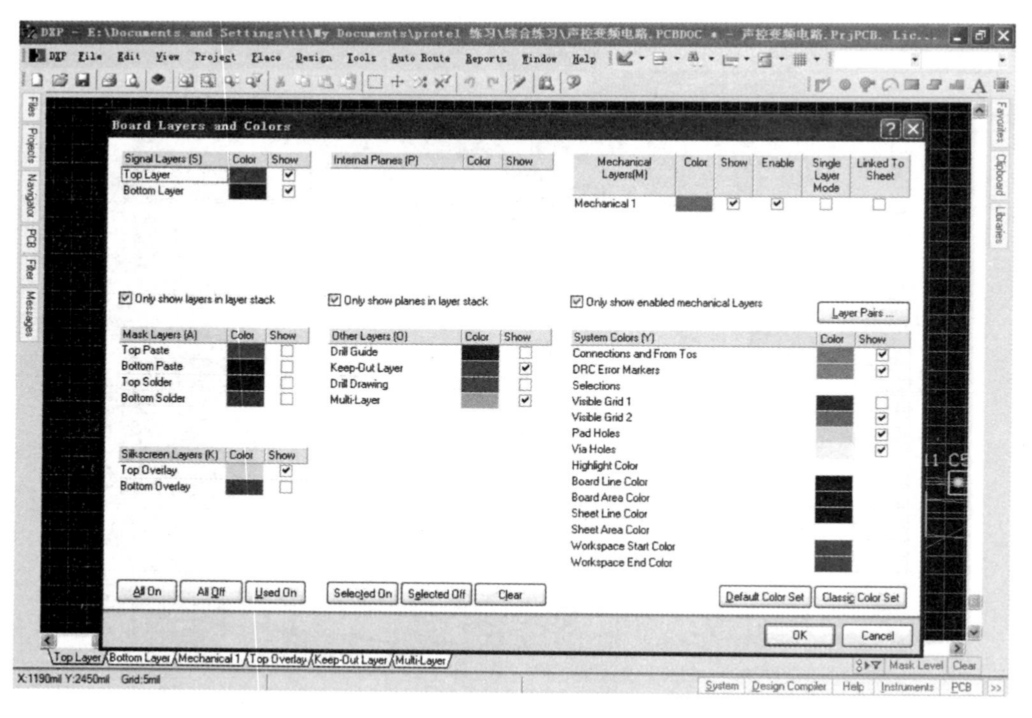

图 5-33　在对话框进行工作层面的显示/颜色设置

五、元器件的自动布局

元器件的布局有自动和手工布局两种方式，一般先利用 PCB 的编辑器所提供的自动布局功能自动布局，在自动布局后再进行手工调整。

1. 设置元器件布局规则。执行菜单命令 Design→Rules，系统弹出 PCB Rules and Constraints Editor 对话框。分别对 Component Clearance（安全间距）、Component Orientations（元器件放置角度）和 Permitted Layers（允许元器件放置工作层）等进行设置。

2. 清除布局空间 Room。在 PCB 编辑器中执行 Tools→ Component Placement→ Auto Placer 命令，打开元器件自动布局对话框，在该对话框中选择元器件自动布局的方式，见图 5-34。

自动布线对话框中各选项的含义如下。

Cluster Placer——成组布局方式。这种基于“组”的元器件自动布局方式，将根据连接关系将元器件划分为组，然后按照几何关系放置元器件组。该方式较为适合元器件较少的电路。

Statistical Placer——统计布局方式。这种基于“统计”的元器件自动布局方式，将根据统计算法放置元器件，以使元器件之间的连线长度最短。该方式较为适合元器件较多的电路。

Quick Component Placement——设置元器件快速布局. 该选项只有在选择成组布局方式时选中才有效。

3. 当选中统计布局方式时，对话框发生变化，如图 5-35 所示。

步骤 25：显示布局空间，如图 5-36 和图 5-37 所示。

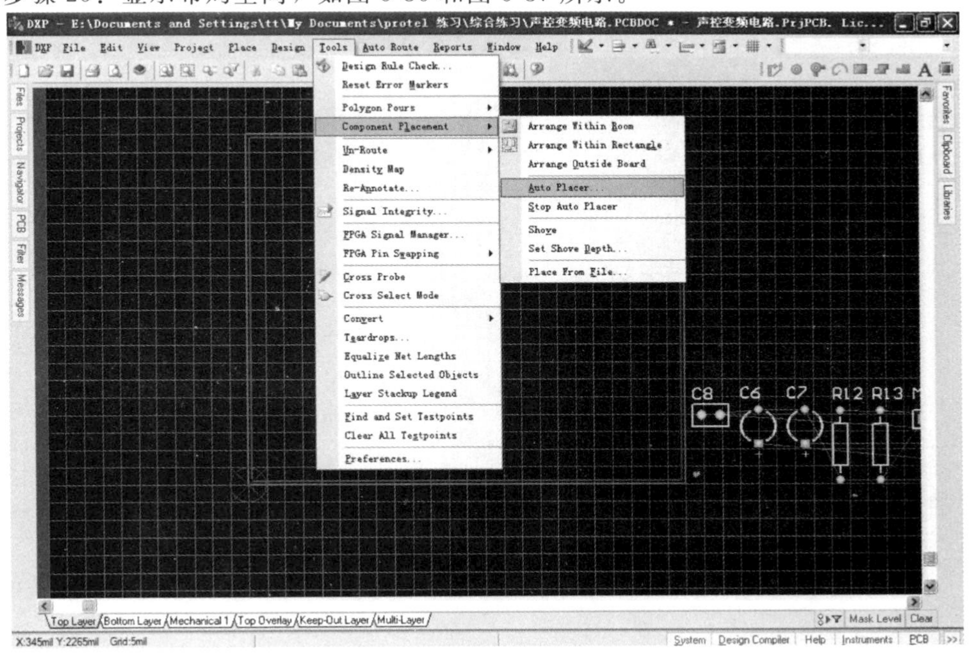

图 5-34　在自动布局对话框中选择元器件自动布局的方式

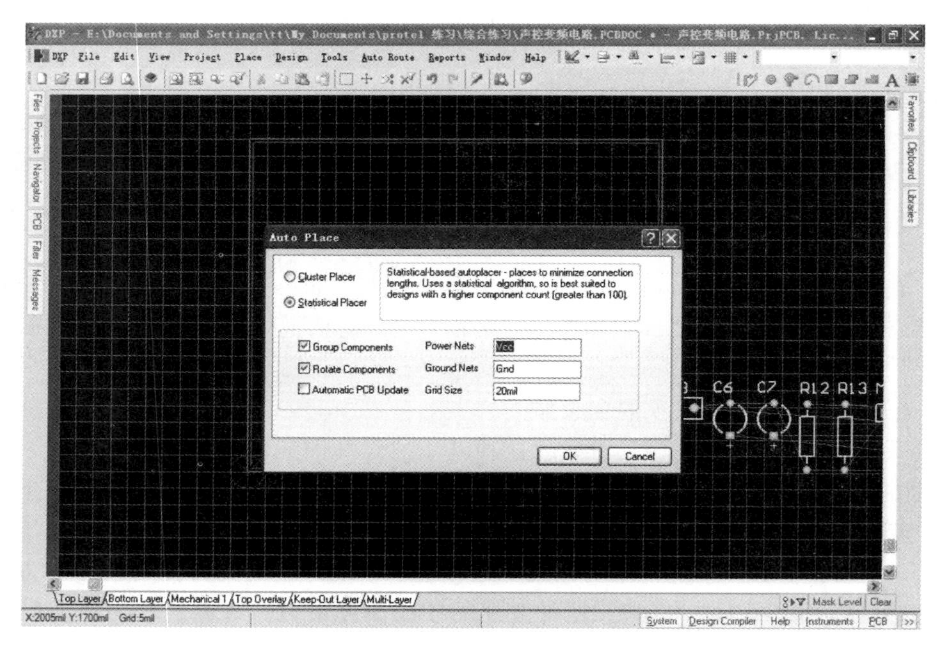

图 5-35 在自动布局对话框中选中元器件自动统计布局的方式

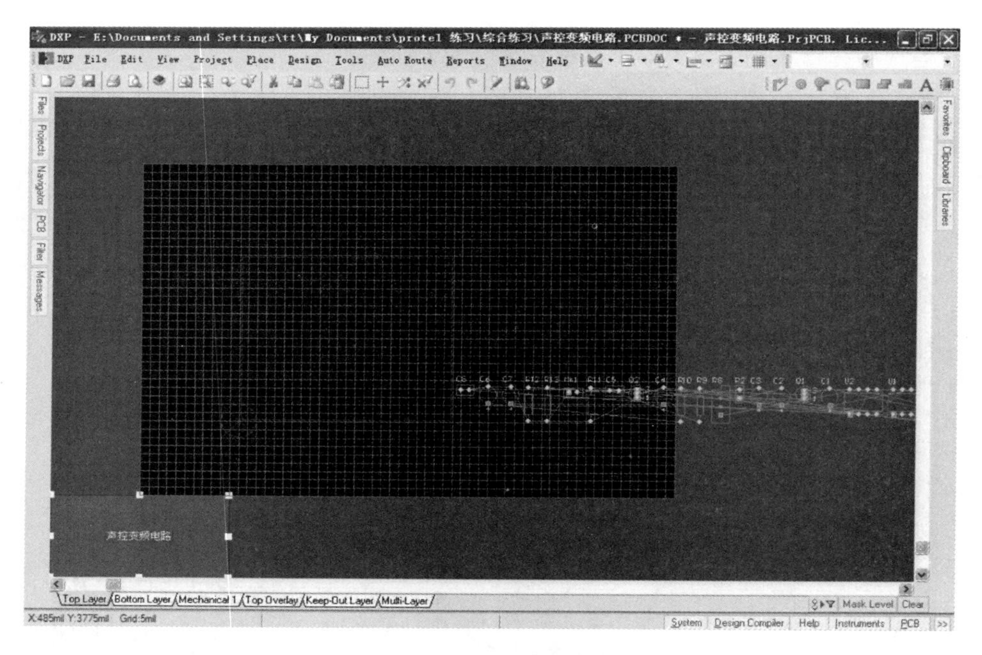

图 5-36 显示布局空间

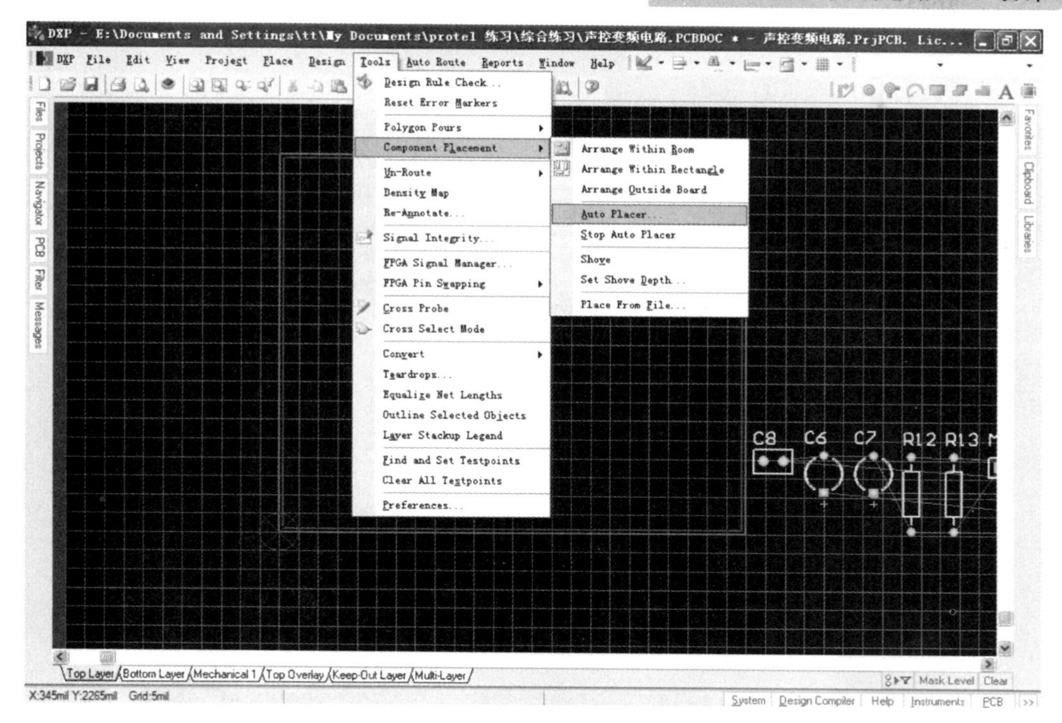

图 5-37　打开元器件自动布局对话框

4. 这里选成组布局方式，在设置好元器件自动布局后，单击 OK 按钮，元器件自动布局完成后的效果图如图 5-38 所示。

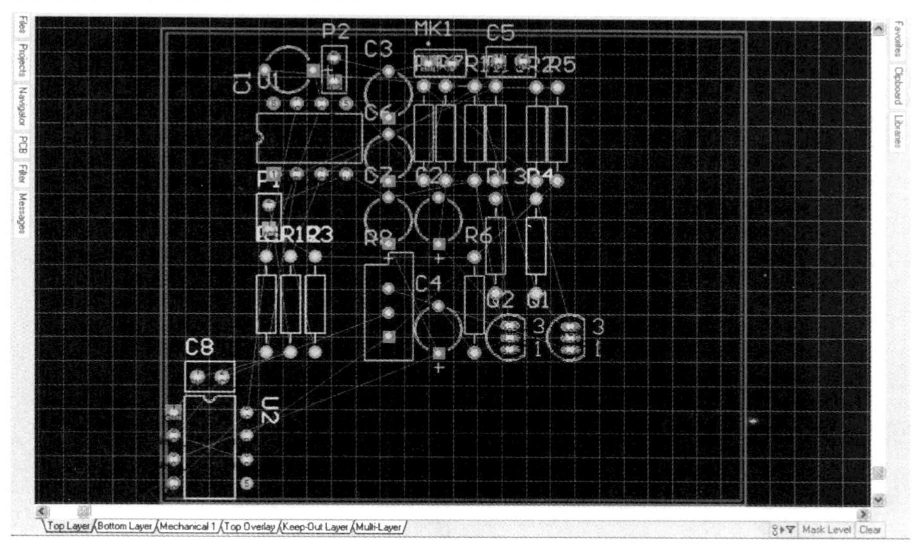

图 5-38　元器件自动布局完成后的效果图

六、调换元器件封装

Protel 2004 系统中进行电路板设计时，元器件封装的选配或更换，无论在原理图还是 PCB 的编辑过程中均可进行，只是在 PCB 的编辑过程中选配或更换元器件封装会相对方便一些。

下面以三极管 Q1 和 Q2 封装的更换来介绍元器件封装的调换。

1. 双击需要调换封装的元器件（如 Q1），打开元器件参数对话框，如图 5-39 所示。

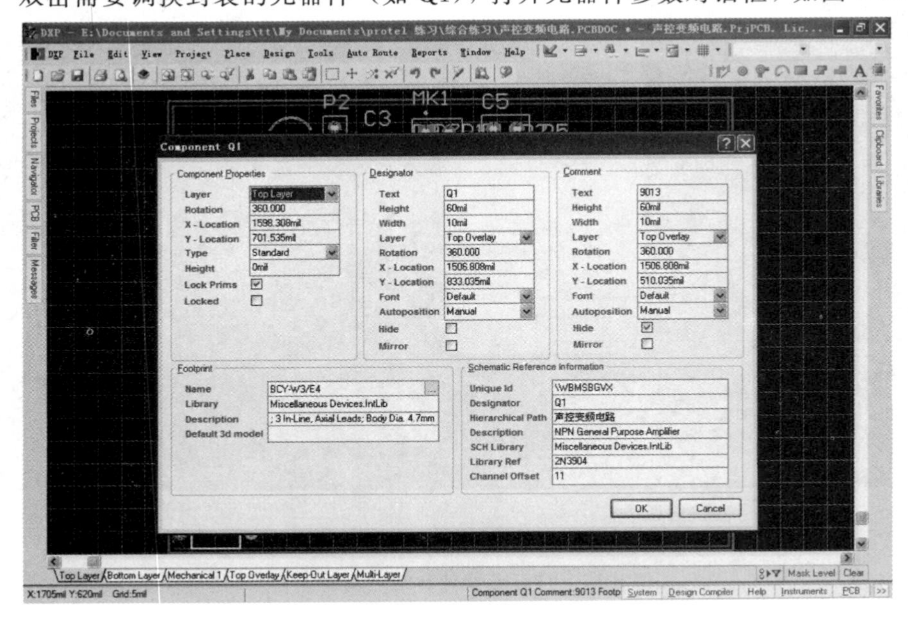

图 5-39　打开元器件参数对话框

2. 单击对话框封装栏中元器件名称后的浏览按钮，打开如图 5-40 所示的浏览库对话框。

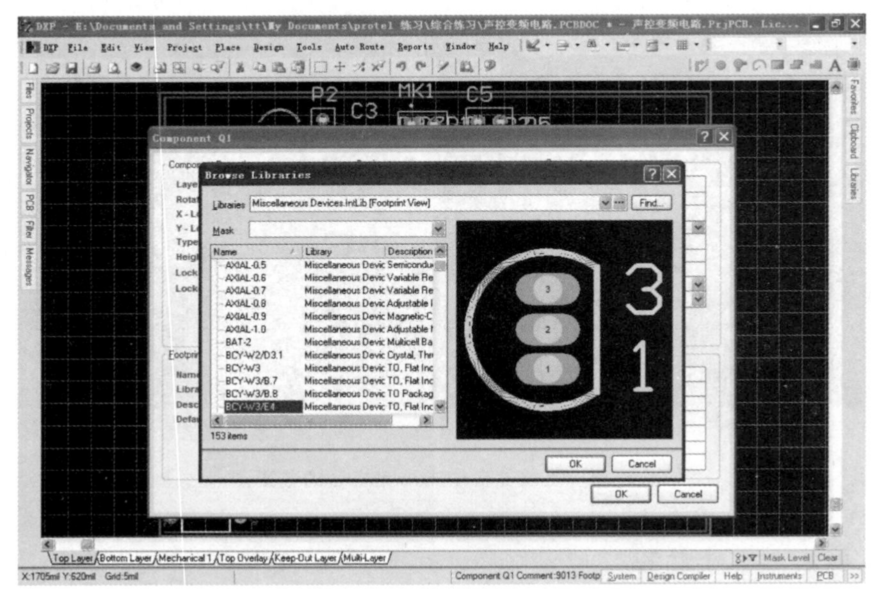

图 5-40　元器件封装浏览库对话框

3. 在元器件封装浏览库对话框中选取所需的封装形式，如图 5-41 所示。

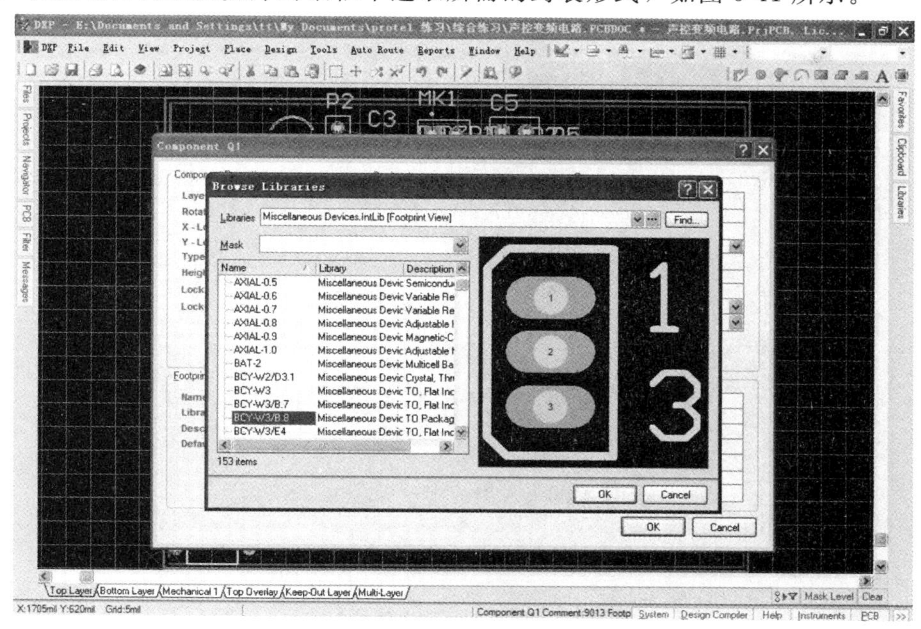

图 5-41　在元器件封装浏览库对话框中选取所需的封装形式

4. 在元器件参数对话框中确认改变的封装形式，如图 5-42 所示。

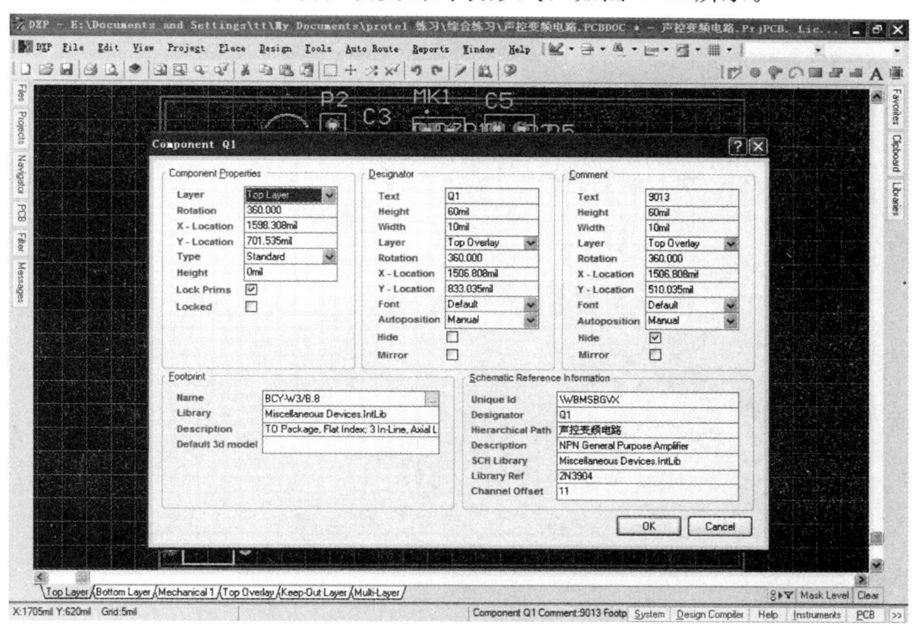

图 5-42　在元器件参数对话框中确认改变的封装形式

5. 调换 Q_1 元器件的形式如图 5-43 所示，同理更换 Q2 的封装形式，其效果图见图 5-44。

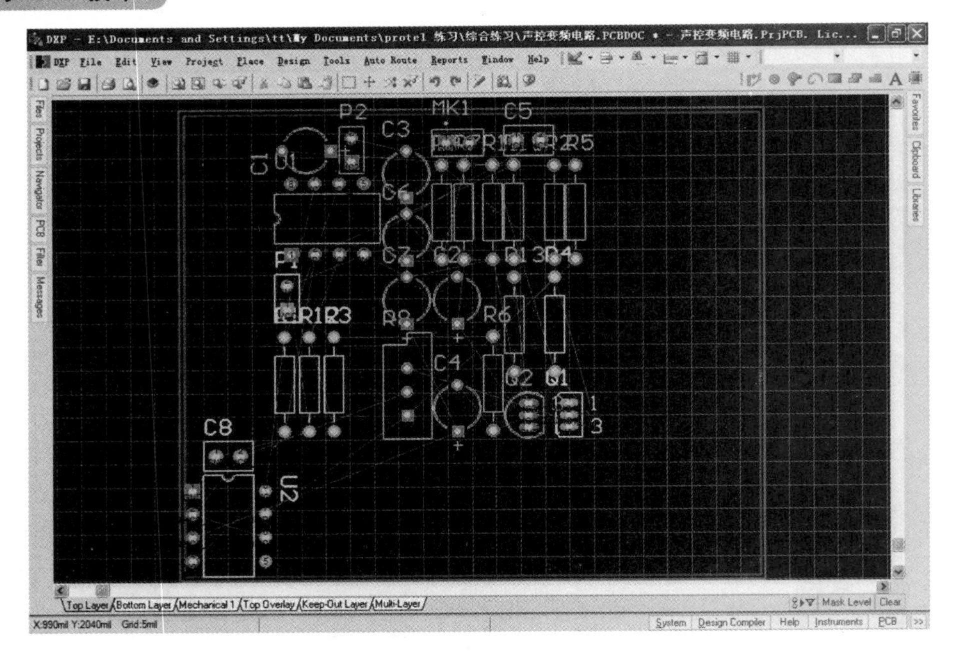

图 5-43 调换 Q1 元器件的封装

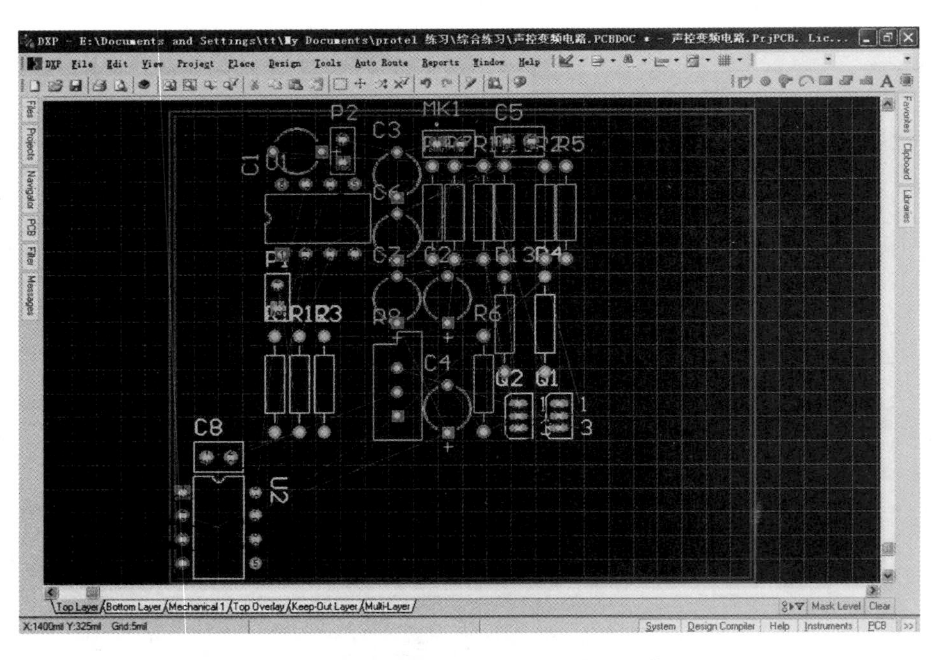

图 5-44 调换 Q1 和 Q2 元器件的封装

七、PCB 和原理图文件的双向更新

Protel 2004 系统中，用户可以很方便地由 PCB 文件更新原理图文件，或由原理图文件更新 PCB 文件。

1. 由 PCB 文件更新原理图文件

像刚才在 PCB 编辑窗口中对 Q1 和 Q2 进行元器件封装的更换，就是对声控变频电路 PCB 文件的局部修改，在修改后，需要更新声控变频电路的原理图文件。具体操作为：

(1) 在 PCB 编辑区执行 Design→ “Update Schematic in 声控变频电路. PrjPCB” 命令，启动更改确认对话框，如图 5-45、图 5-46 所示。

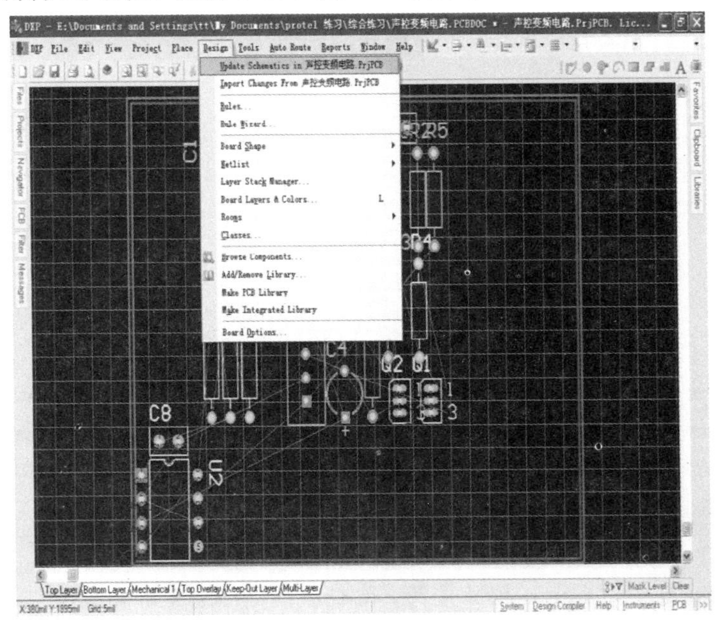

图 5-45　执行 Design→ “Update Schematic in 声控变频电路 . PrjPCB” 命令

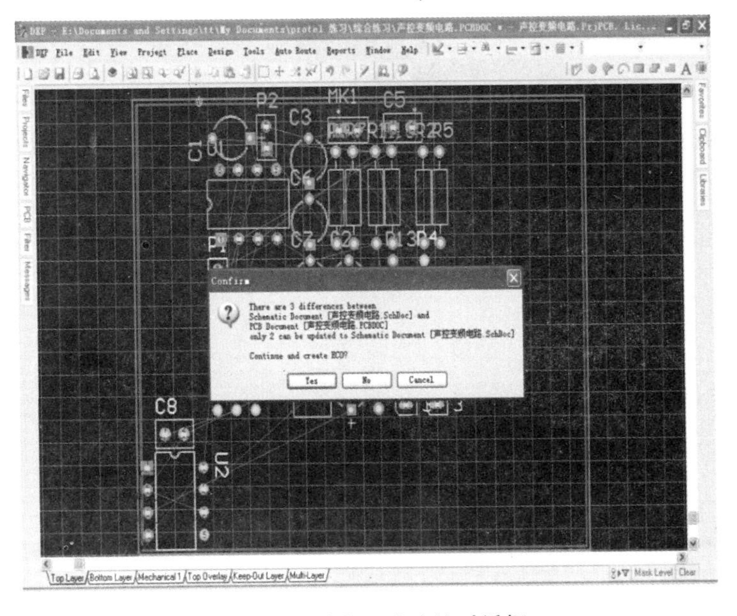

图 5-46　弹出更改确认对话框

（2）单击 Yes，打开更改文件 ECO 对话框，如图 5-47 所示。

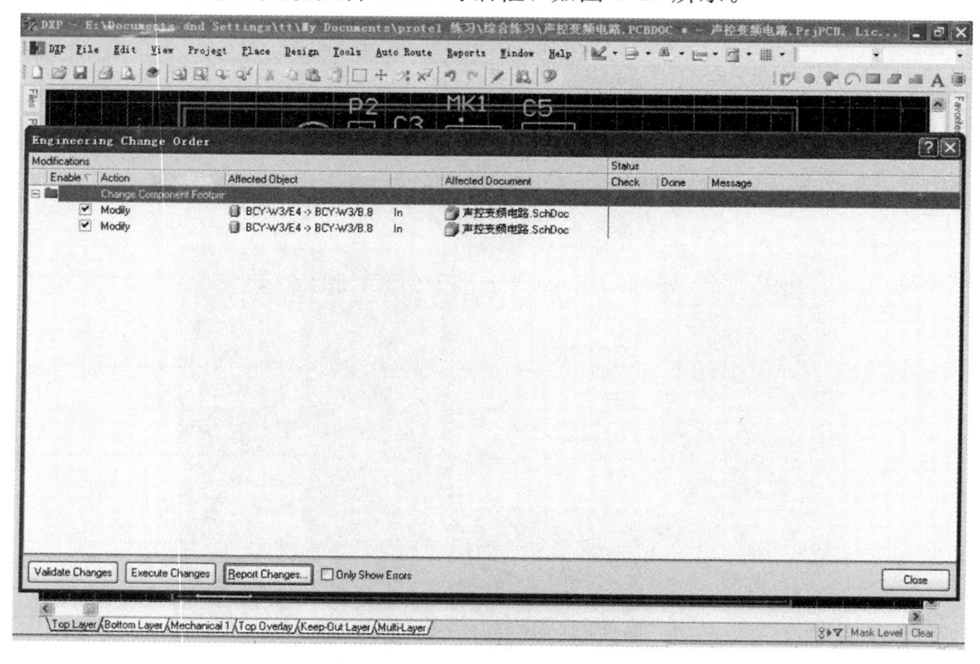

图 5-47　打开 ECO 对话框

（3）单击 Validate Changes 校验按钮，检查改变是否有效，如果所有改变均有效，则 Status 栏中的 Check 均选中，见图 5-48。

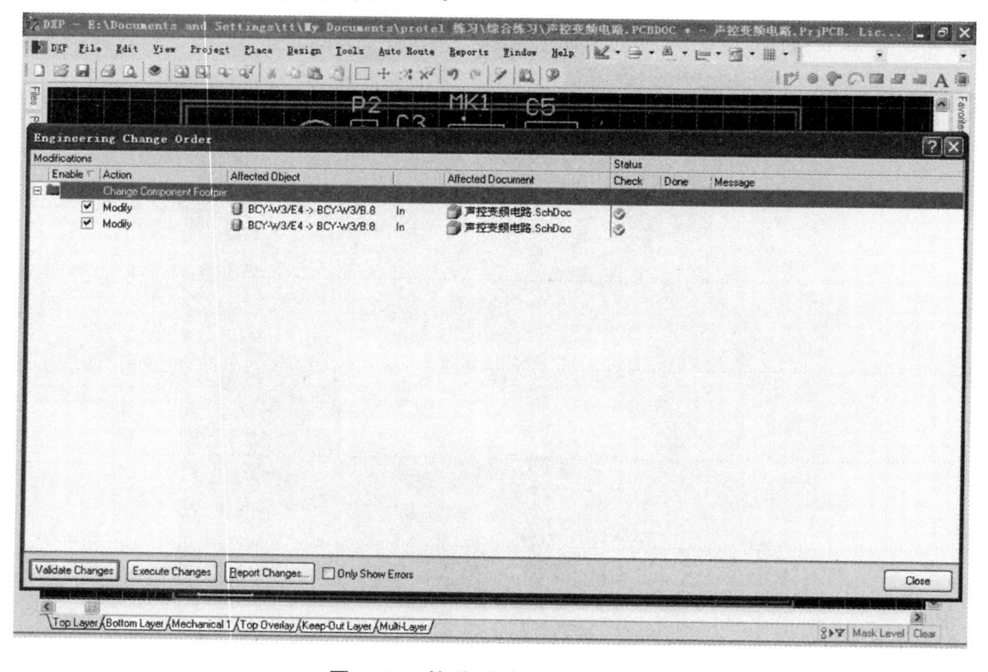

图 5-48　校验后的 ECO 对话框

（4）单击 Execute Changes 执行改变按钮，将有效的修改发送到原理图，完成后 Done 列出现完成状态显示，如图 5-49 所示。

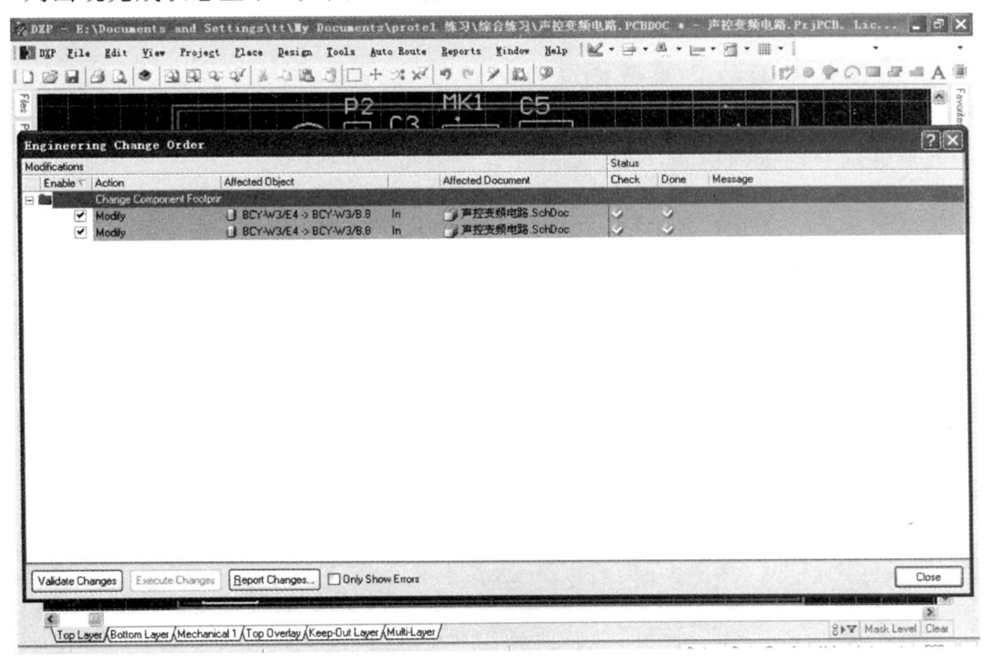

图 5-49 执行改变后的 ECO 对话框

（5）单击 Report Changes 按钮，系统生成更改报告，如图 5-50 所示。

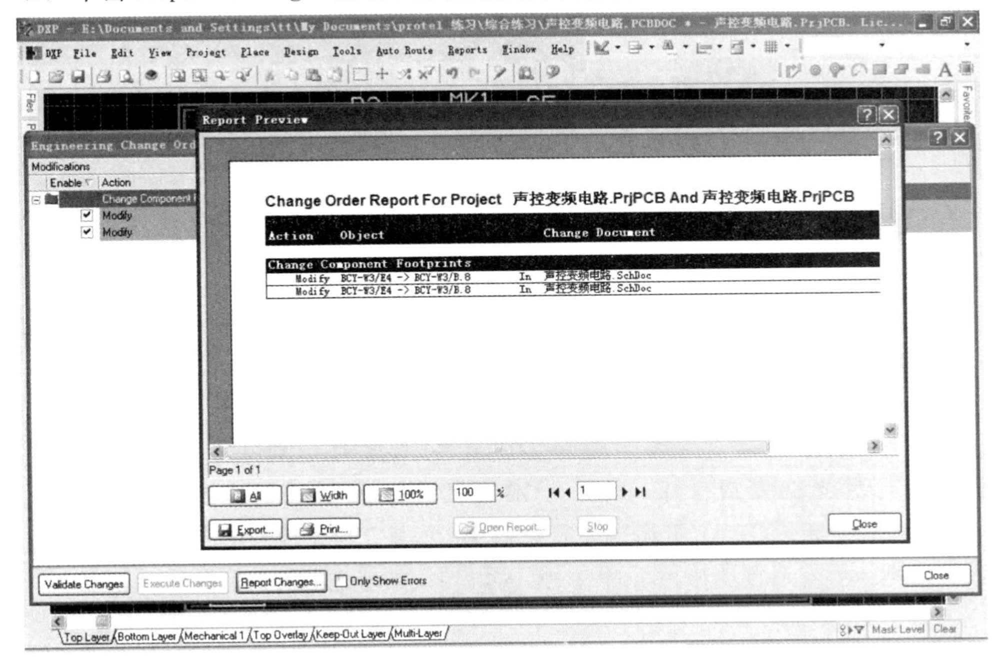

图 5-50 生成更改报告

2. 由原理图文件更新 PCB 文件

由原理图文件更新 PCB 文件的操作方法同上述“导入数据”的操作。

八、元器件布局的交互调整

所谓交互调整就是手工调整与自动排列。设计者先用手工方法大致调整一下布局，再利用元器件的自动排列功能，按需要对元器件的布局进行调整。

1. 手工调整

手工调整布局的方法与原理图编辑时调整元器件位置的方法是相同的，包括移动元器件、旋转元器件和元器件标注的调整等。经过手工调整后的效果如图 5-51 所示。

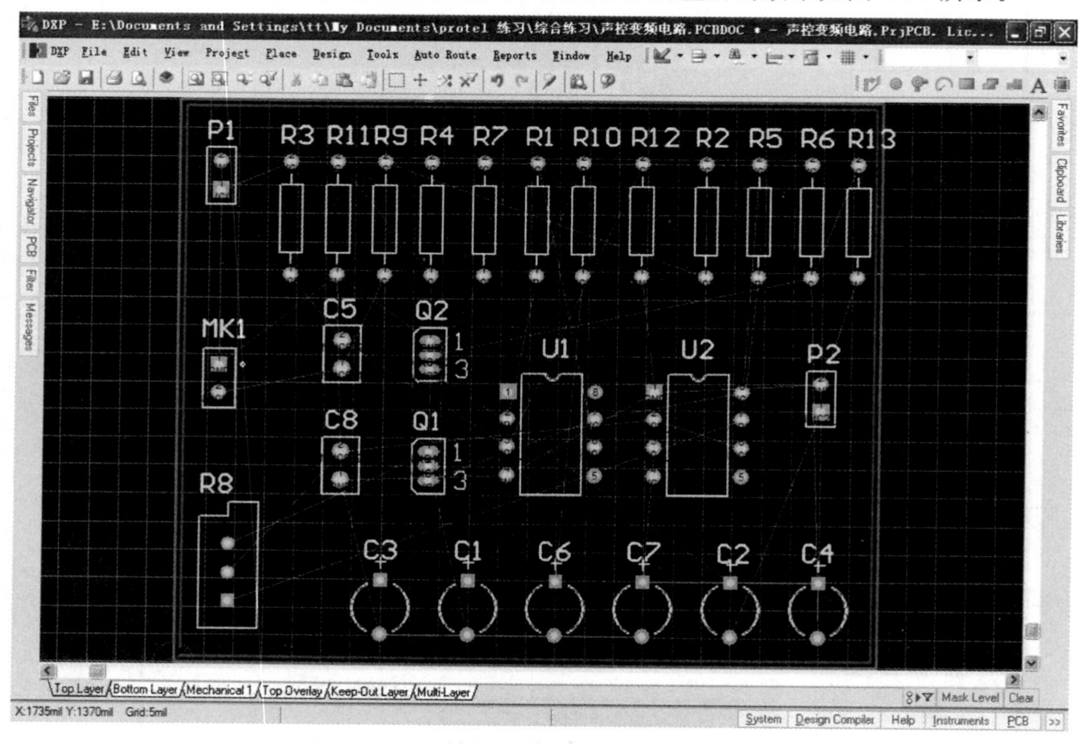

图 5-51 手工调整后的效果

2. 自动排列

(1) 选择排列的元器件，执行 Edit→Select→Inside Area 命令，或单击菜单栏中的按钮。

(2) 执行后光标变成十字，画一个虚框把待选元器件都包在该虚线框中。在 Alignment tools下拉菜单中，根据实际需要，选择元器件自动排列的方式，调整元器件排列。自动排列后的效果如图 5-52、图 5-53、图 5-54 所示。

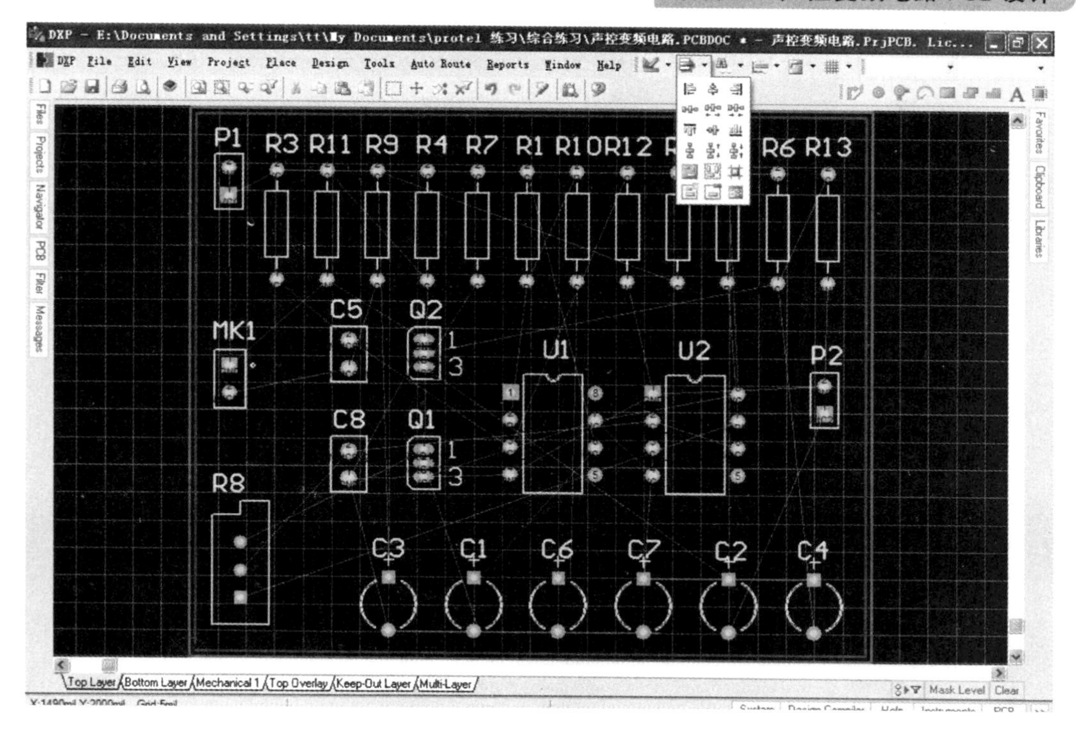

图 5-52　元器件自动排列的快捷图标

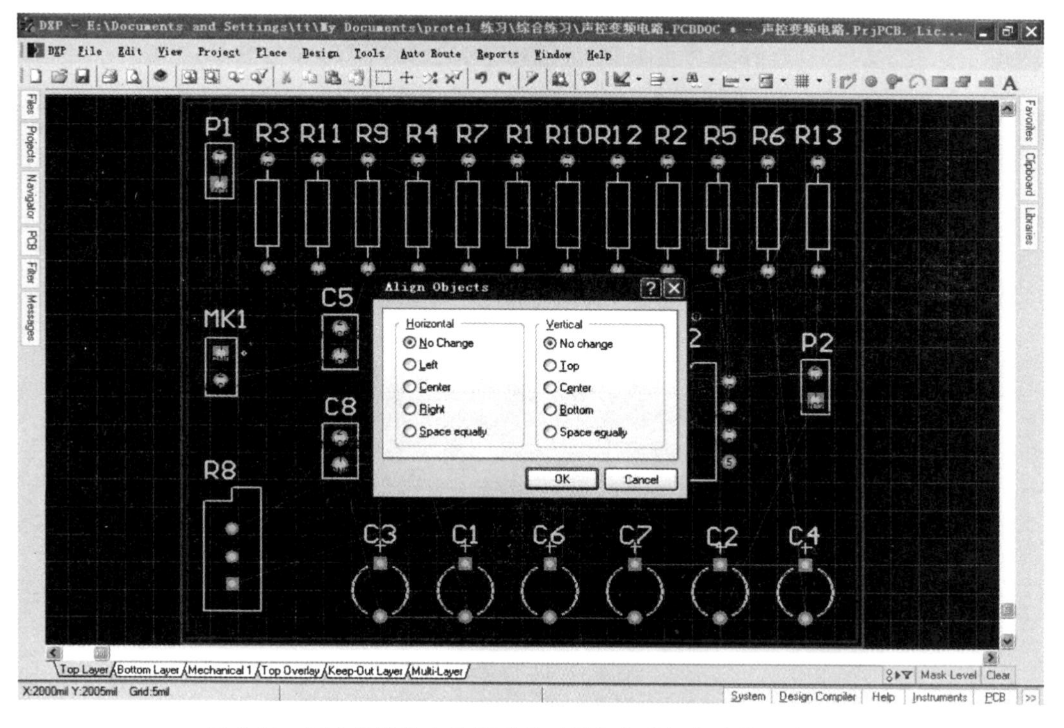

图 5-53　可在元器件自动排列的对话框中进行自动排列的设定

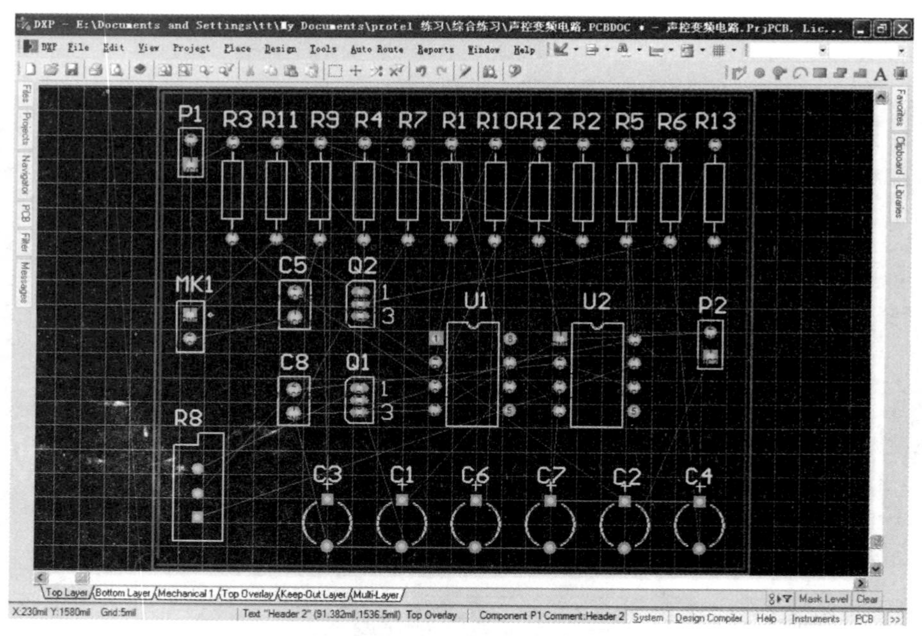

图 5-54　自动排列后的效果

九、电路板的 3D 效果图

设计者可以通过 3D 效果图看到 PCB 的实际效果和全貌。

执行 View→Board in 3D 命令，PCB 编辑器内的工作窗口变成 3D 仿真图形，如图 5-55所示。在 PCB 3D 操作面板上调整，可看到制成后的 PCB 全方位图，如图5－56、图 5-57 所示。

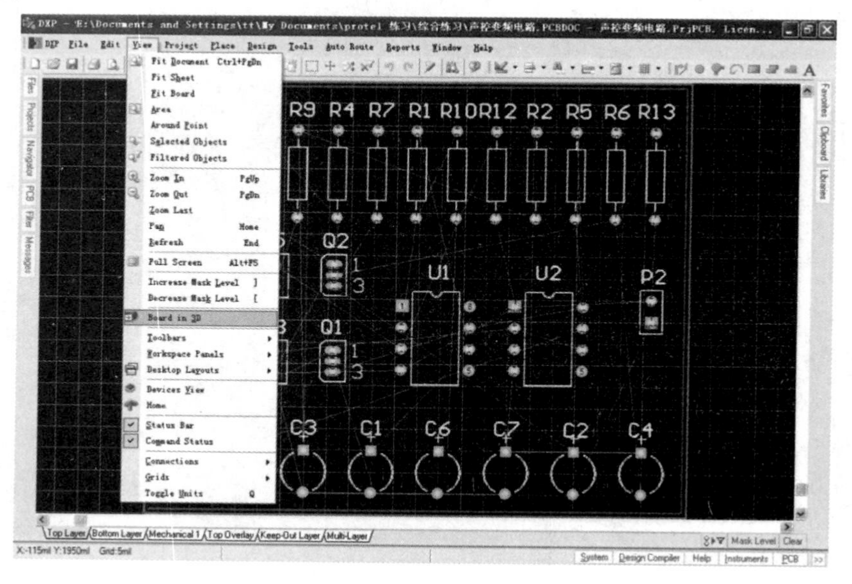

图 5-55　执行 Board in 3D 命令显示 3D 效果

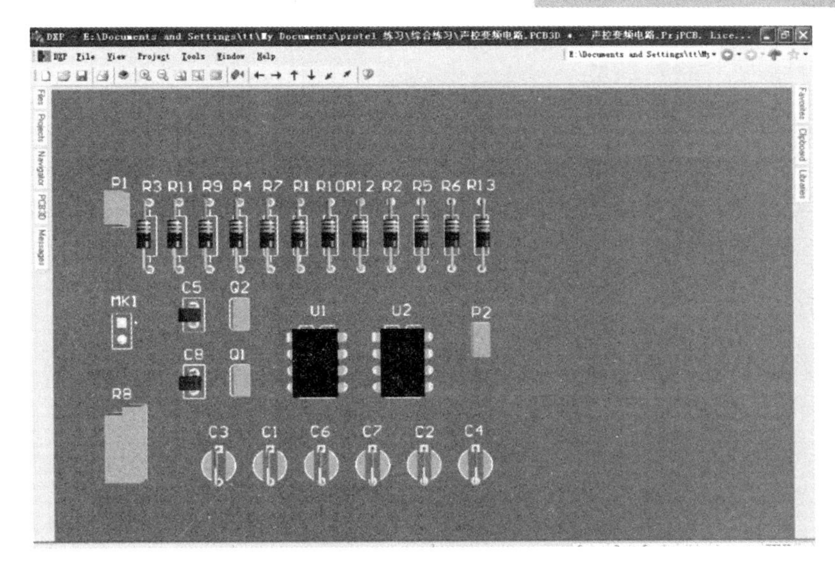

图 5-56　电路的 3D 效果图

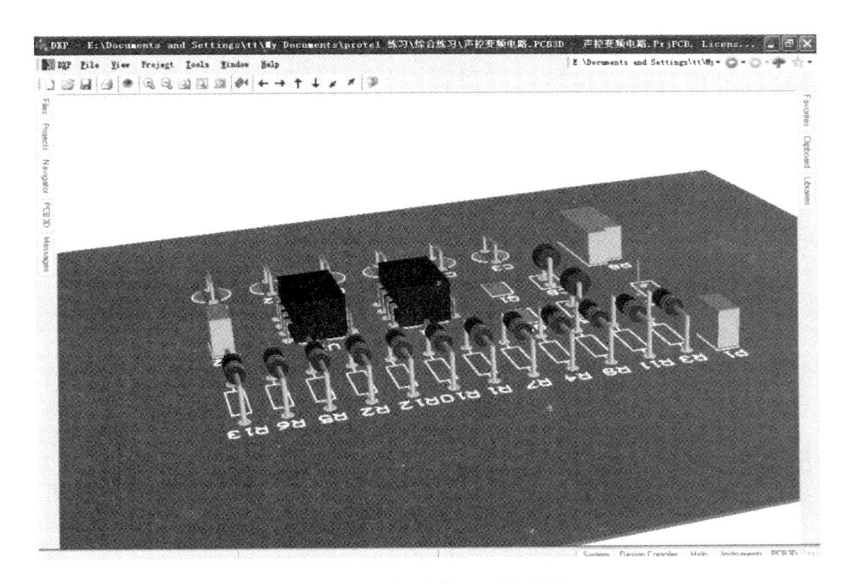

图 5-57　电路的 3D 效果图

十、设置布线规则

Protel 2004 系统中，设计规则有 10 个类别，覆盖了电气、布线、制造、放置、信号完整性要求等。其中大部分采用系统默认的设置，用户需要设置的规则并不多。

1. 设置双面板布线方式

如果要求设计一般的双面印制电路板，就没必要去设置布线板层规则，因为系统默认为双面布线。这里作为例子进行介绍，其操作步骤如下。

(1) 在 PCB 编辑中执行 Design→Rules... 命令，即可启动 PCB 规则和约束编辑对话框，如图 5-58 所示。界面的左侧显示设计规则的类别，右侧显示对应规则的设置属性。

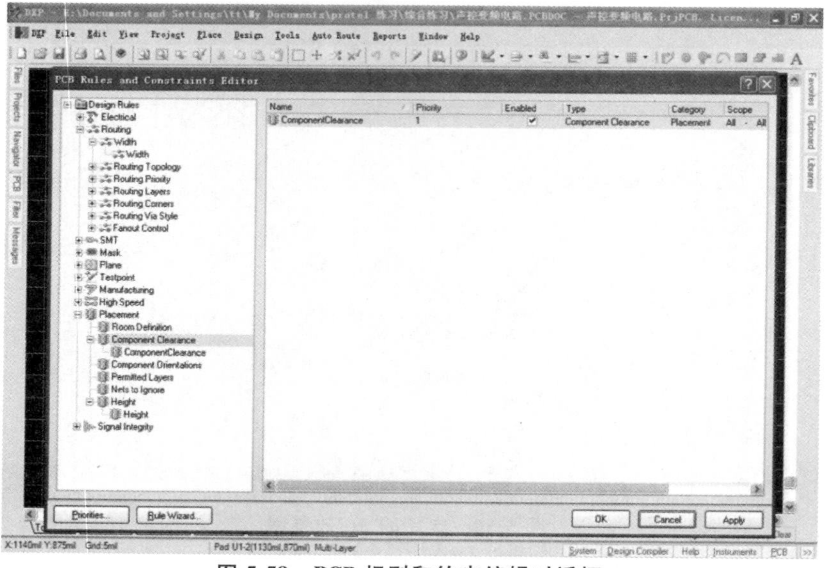

图 5-58 PCB 规则和约束编辑对话框

（2）布线层的查看：单击左侧设计规则 Ddsign Rules 中的布线 Routing 类，该类所包含的布线规则以树结构展开，单击布线层 Routing Layers 规则，顶层和底层允许布线已被选中，如图 5-59 所示。

（3）走线方式的设置：单击布线层 Routing Topology 规则，界面如图 5-60 所示，在此将双面印制板顶层设置为水平走线方式（Horizontal），界面如图 5-61 所示，使用同样的方法将双面印制板底层设置为垂直走线方式（Vertical），界面如图 5-62 所示。

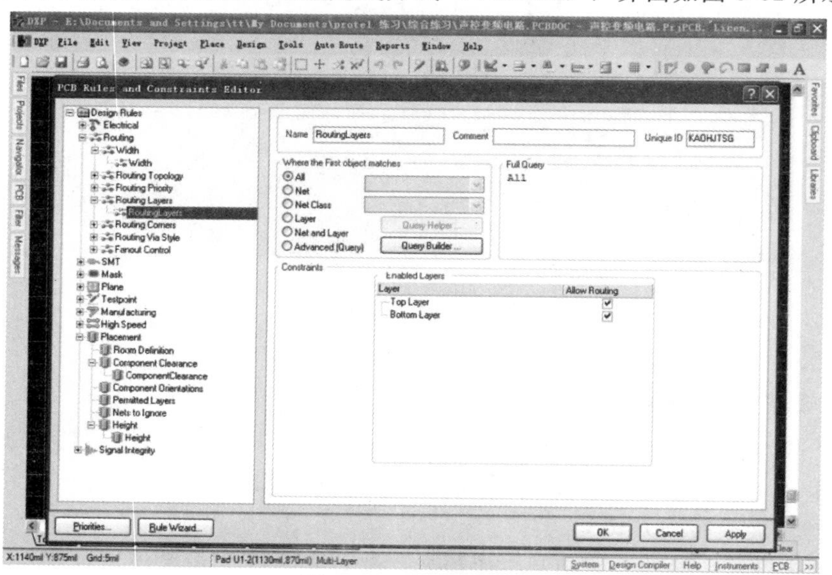

图 5-59 查看布线层

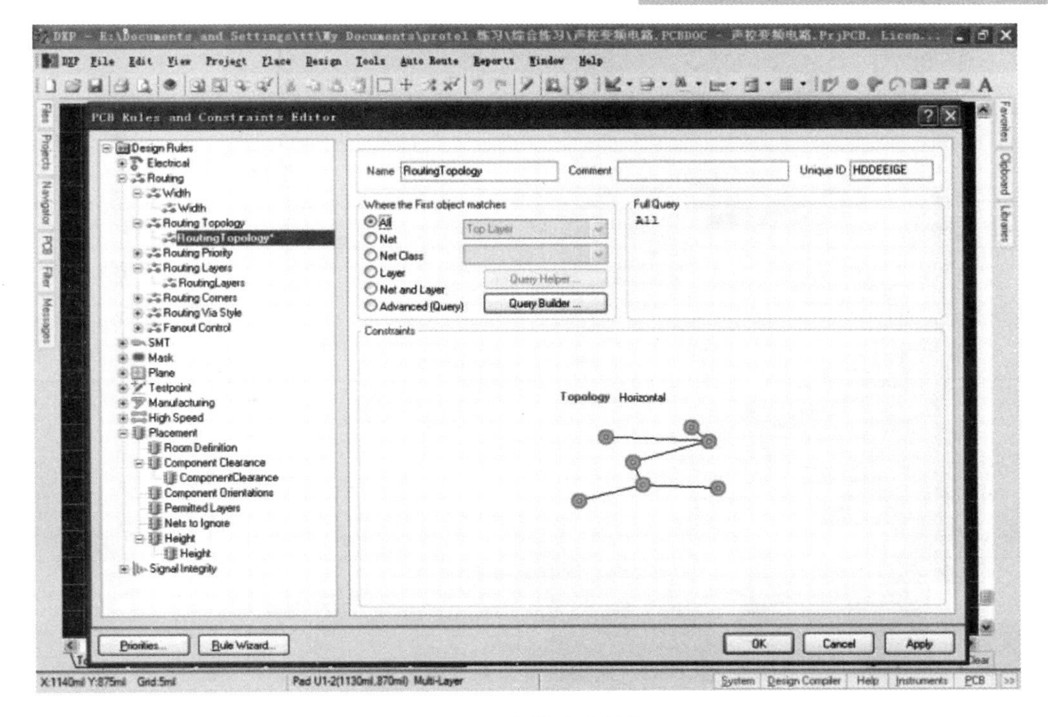

图 5-60　走线方式设置

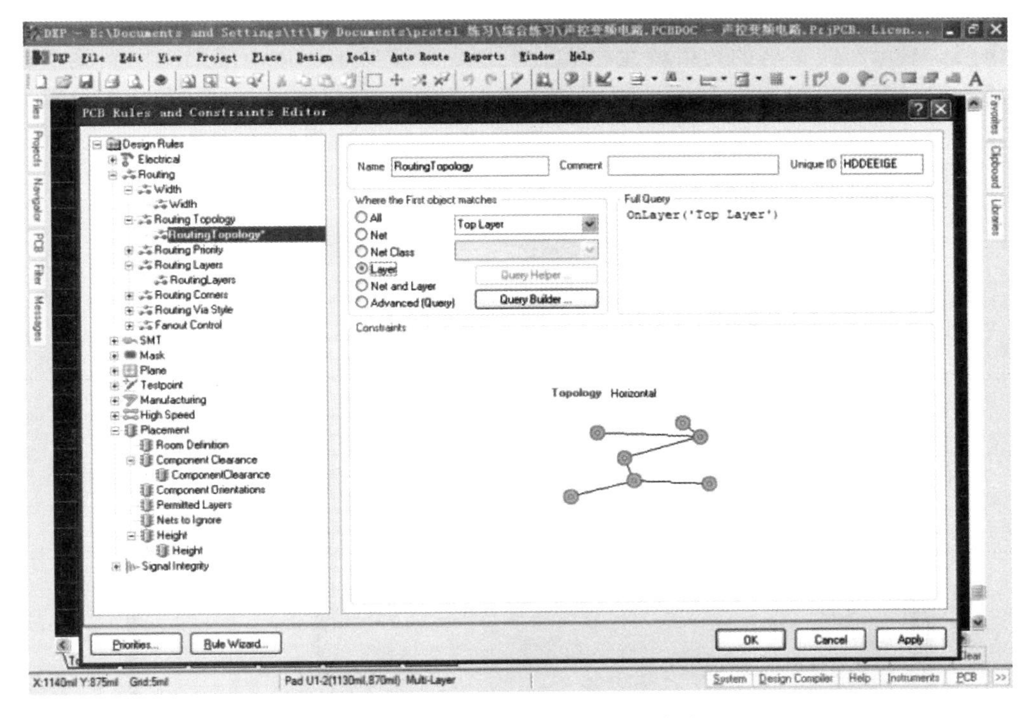

图 5-61　顶层设置为水平走线方式

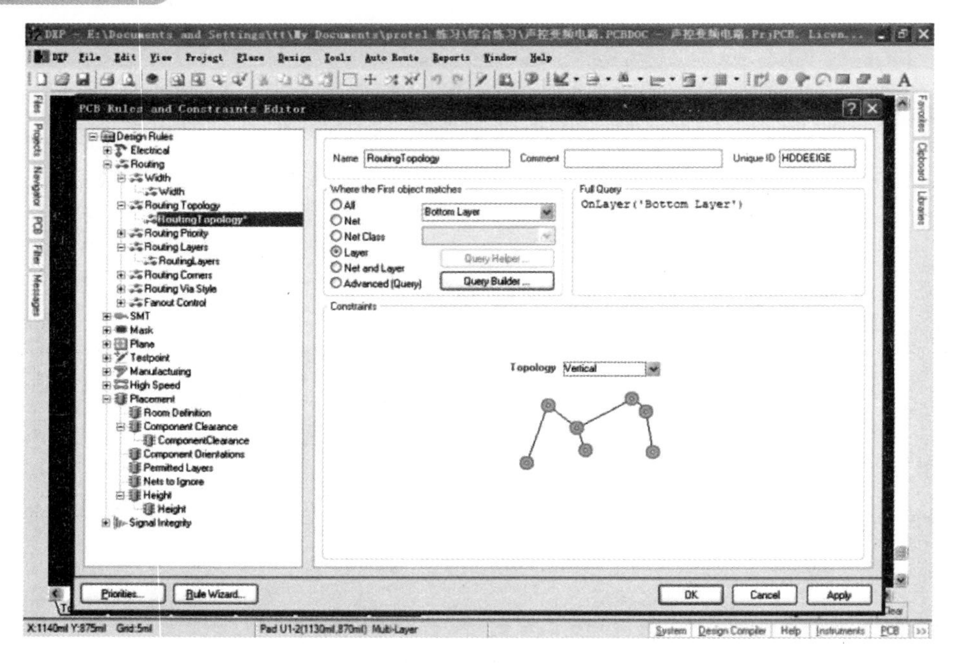

图 5-62　底层设置为垂直走线方式

2. 设置一般导线宽度

所谓一般导线是指流过的电流较小的信号线。单击 Design Rules 中的布线宽度 Width 类，显示布线宽度的约束特性和范围，如图 5-63 所示。这个规则应用到整个电路板，将一般导线宽度设定为 10mil，界面如图 5-64 所示，在修改最小尺寸前应先设置最大尺寸。

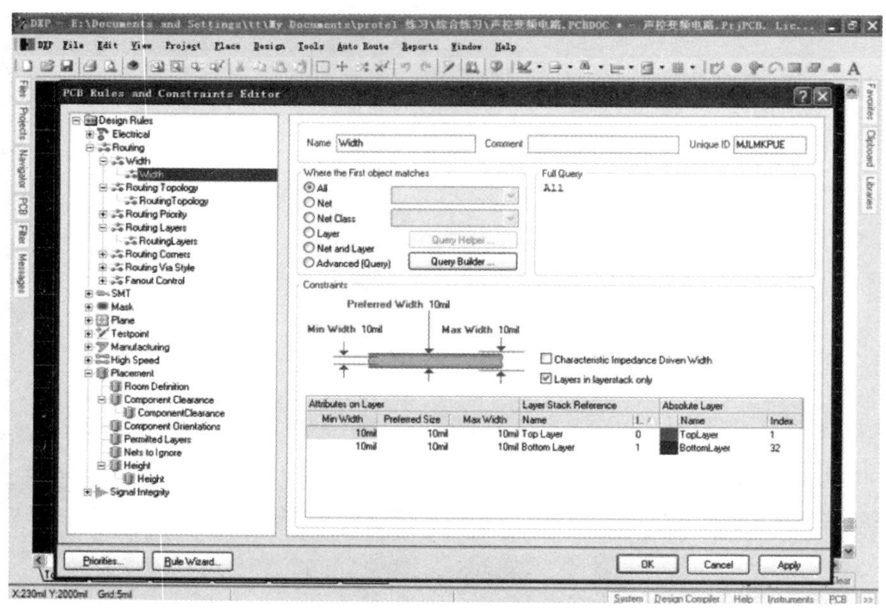

图 5-63　设置一般导线的线宽

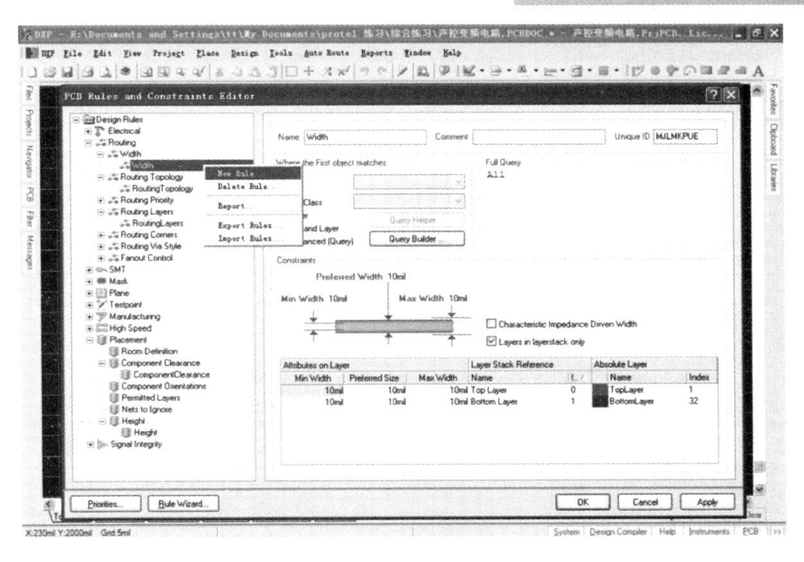

图 5-64　新增布线宽度规则

3. 设置电源线的宽度

所谓电源线是指电源线（VCC）和地线（GND）。这里设定电源线的宽度为 20mil，具体步骤如下。

（1）增加新规则：右击 Width，在弹出的菜单中选中 New Rule 命令，在 Width 中添加一个名为 Width _ 1 的规则，如图 5-65 所示。

（2）设置电源布线宽度：单击 Width _ 1，在对话框的顶部名称栏里输入网络名称 Power；在底部的宽度约束特性中将宽度改为 20mil；在 Where the First object matches 中选中 Net，在其下拉菜单中选中 VCC，如图 5-66 所示。

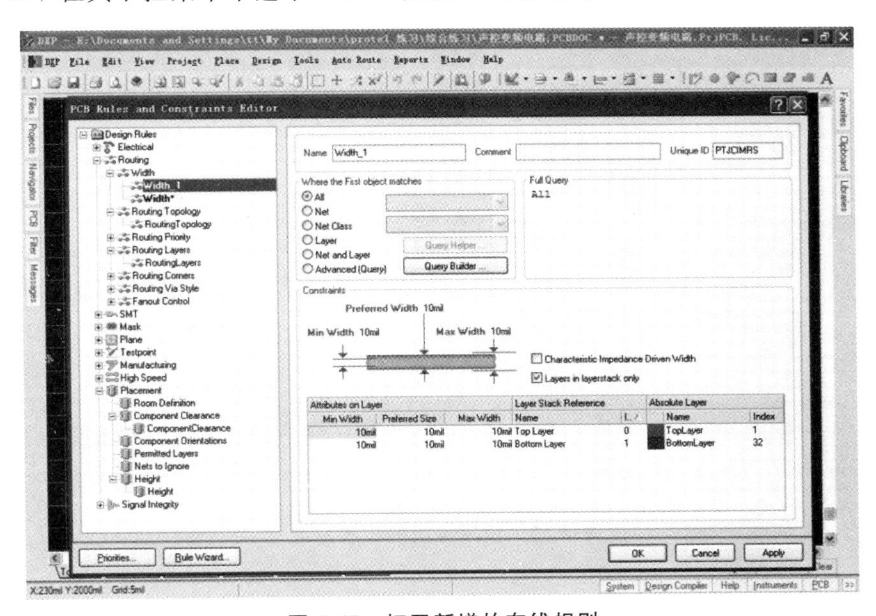

图 5-65　打开新增的布线规则

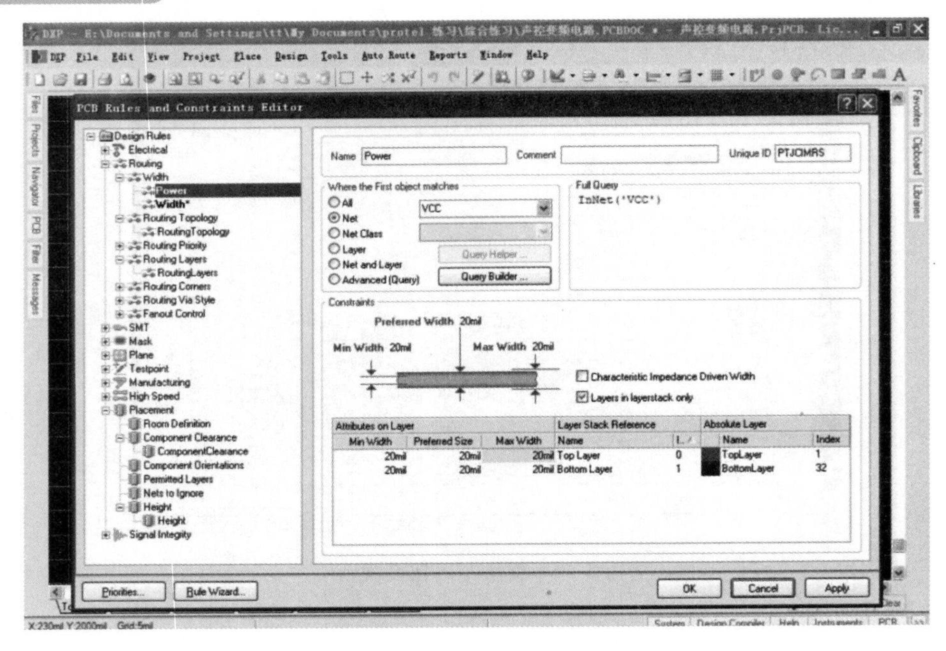

图 5-66 设置电源的布线宽度

(3) 同理设置新的规则，然后设置地线的布线宽度，如图 5-67 所示。

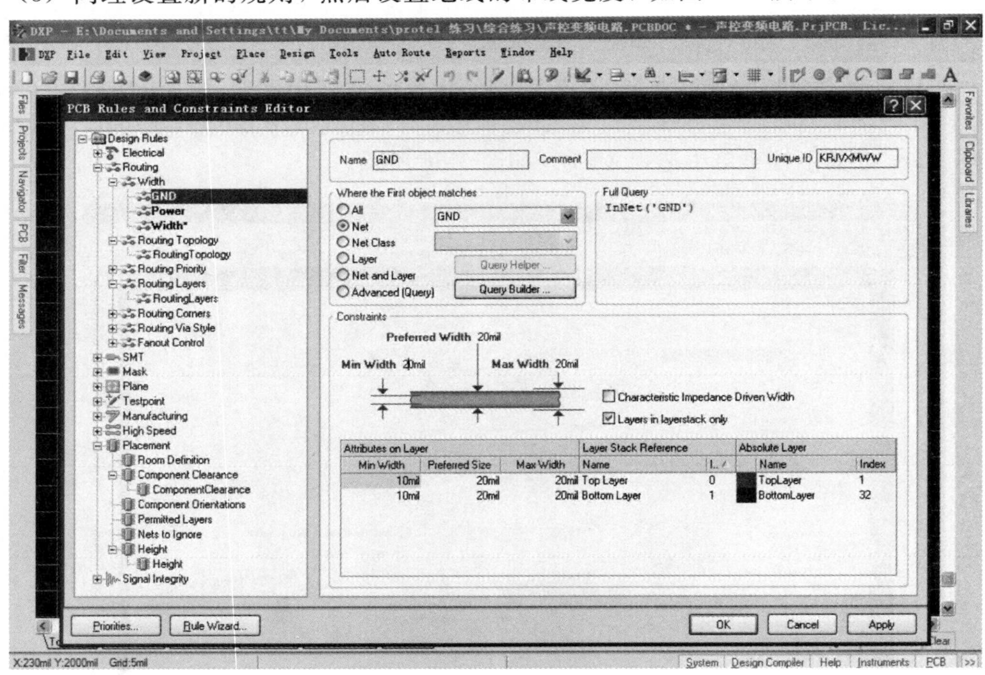

图 5-67 设置地线的布线宽度

4. 设置优先权

单击 Width，单击左下角的优先权按钮，重排优先权。把电源线排在第一优先位，地线次之，其他线最后，如图 5-68 和图 5-69 所示。

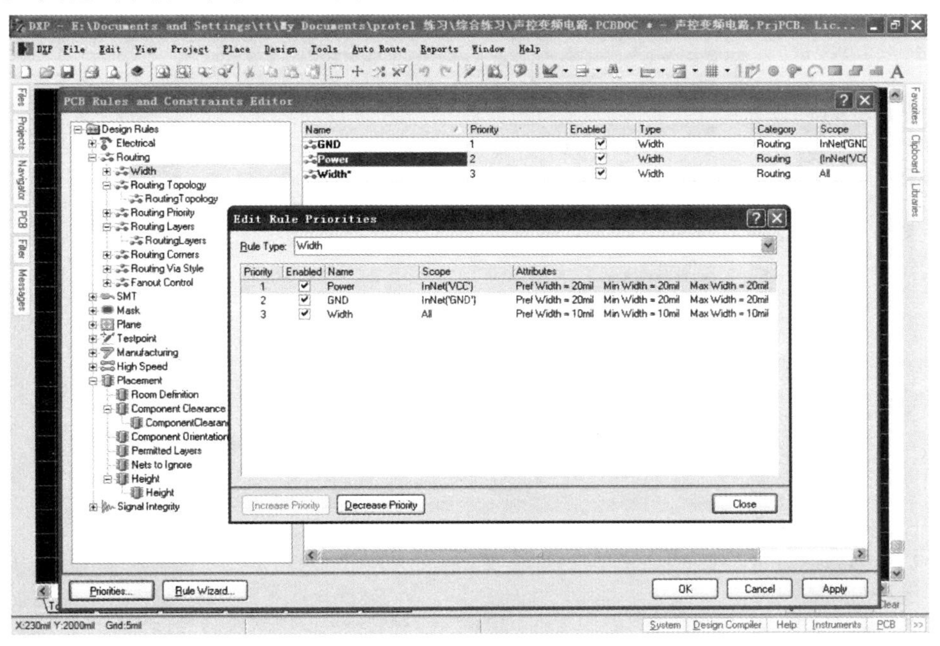

图 5-68　设置优先权

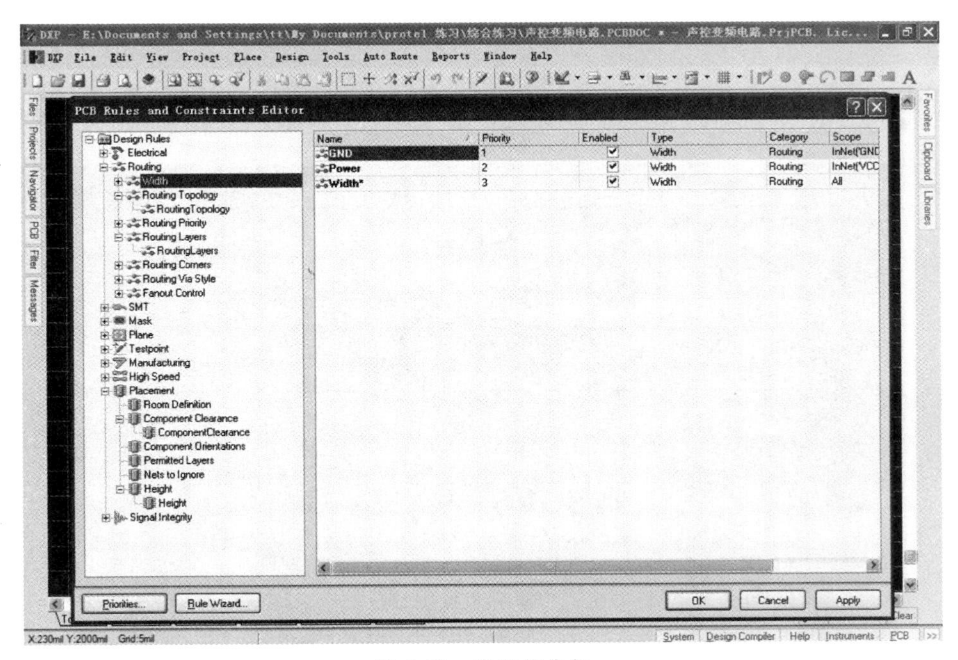

图 5-69　重排优先权

其他布线规则采用默认设值。

十一、自动布线

执行 Auto Route→All 命令，如果所选的是默认的双层电路板布线，则单击 Route All 按钮即可进入自动布线状态，如图 5-70 所示。

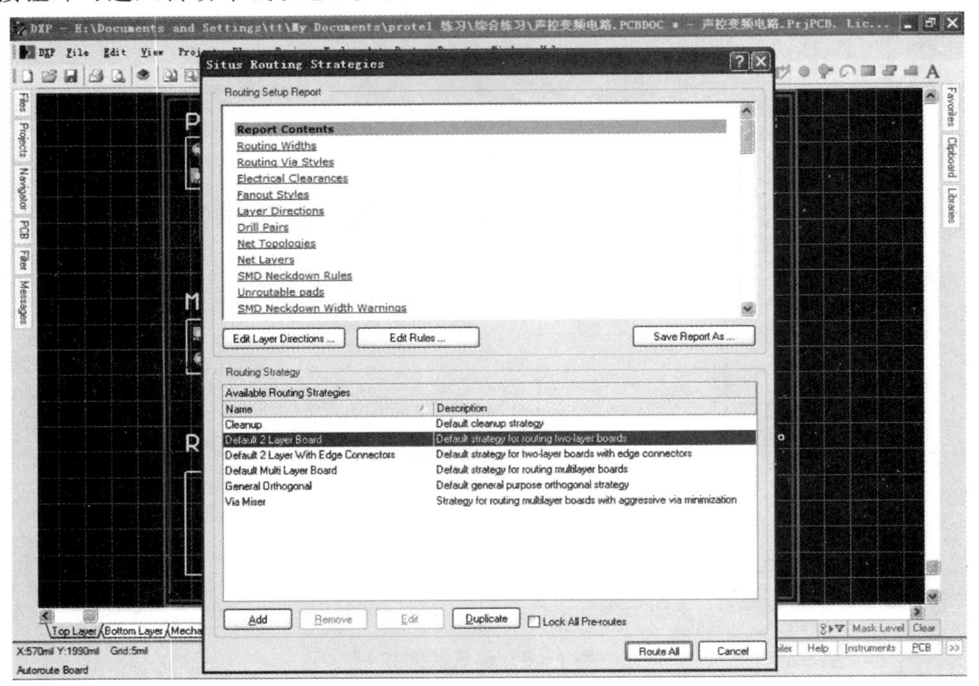

图 5-70　选择自动布线

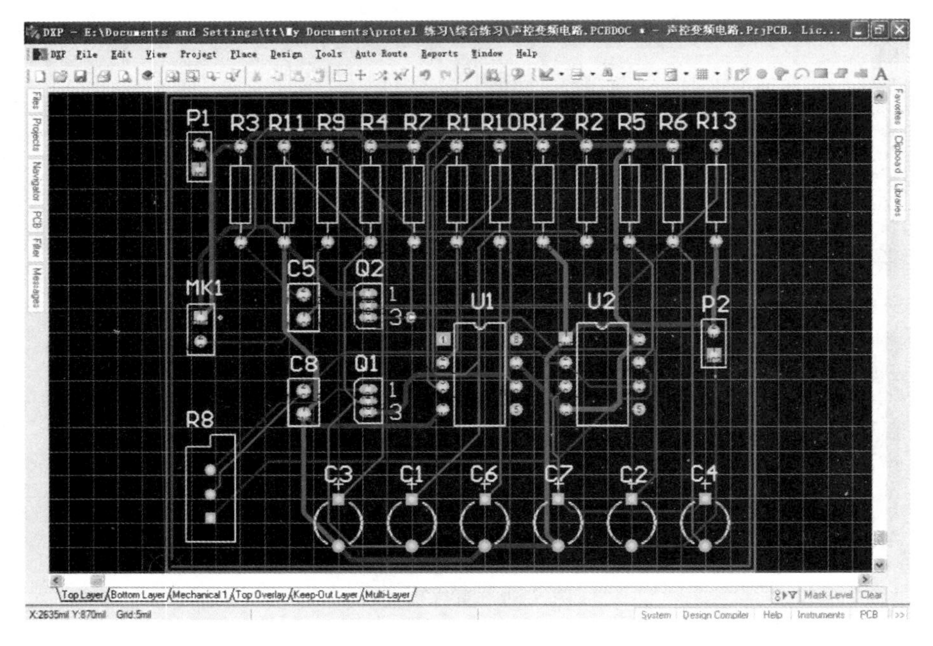

图 5-71　自动布线的效果

十二、手工调整布线

自动布线主要是实现电气网络间的连接，很少考虑到特殊的电气、物理和散热要求，因此需要手工调整，对不合理的布线采取先拆线、后手工布线的方法。

1. 拆线功能

执行 Tools→Un－Route 命令，打开拆线功能菜单，进行以下情况的拆线。

All：拆除全部布线。

Net：拆除指定网络布线。

Connection：拆除指定连接布线。

Component：拆除指定元器件布线。

2. 手工布线

在默认的情况下，Protel 2004 会使导线走向垂直、水平或 45°角。单击放置工具栏的放置导线按钮，光标变成十字形状，在要画线的位置单击鼠标左键，确定导线的第一个点，移动光标到合适位置点击成一段导线。以同样方法画其他线段。

十三、加补泪滴

在导线与焊盘的连接处通常添加有一泪滴状的过渡段，被形象地称为加补泪滴。其主要作用是在钻孔的时候，避免在导线与焊盘的接触点因出现应力集中而使接触处断裂。加补泪滴的步骤如下。

1. 执行 Tools→Teardrops 命令，打开加补泪滴操作对话框，如图 5-72 所示。

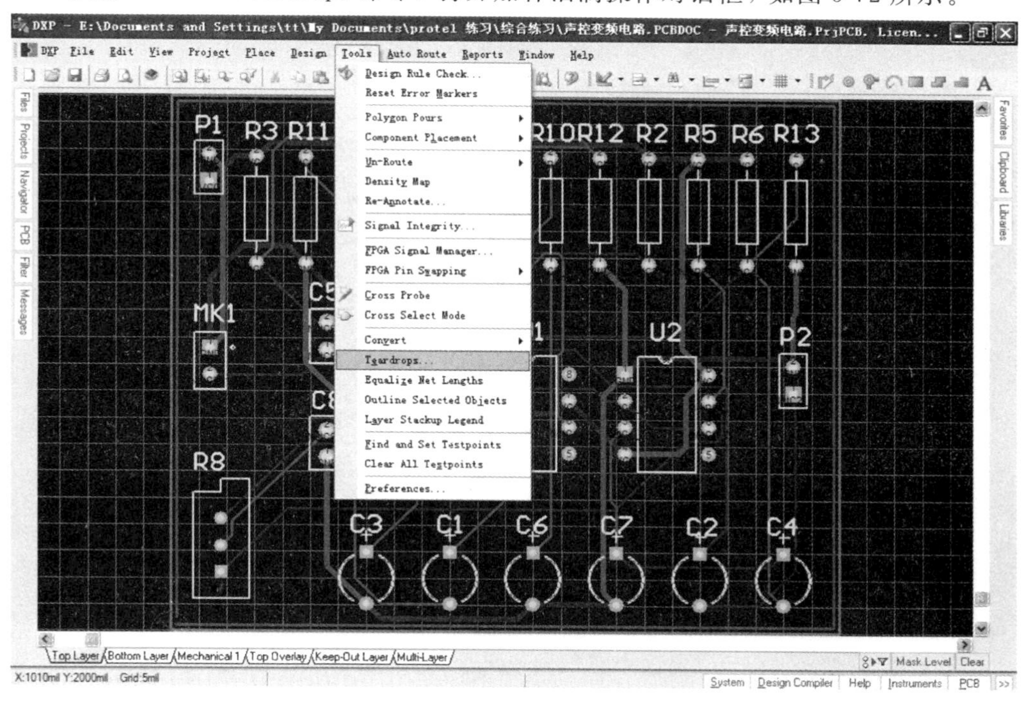

图 5-72　打开加补泪滴的对话框

2. 设置完成之后，单击 OK 按钮，即可进行补泪滴操作，如图 5-73、图 5-74 所示。

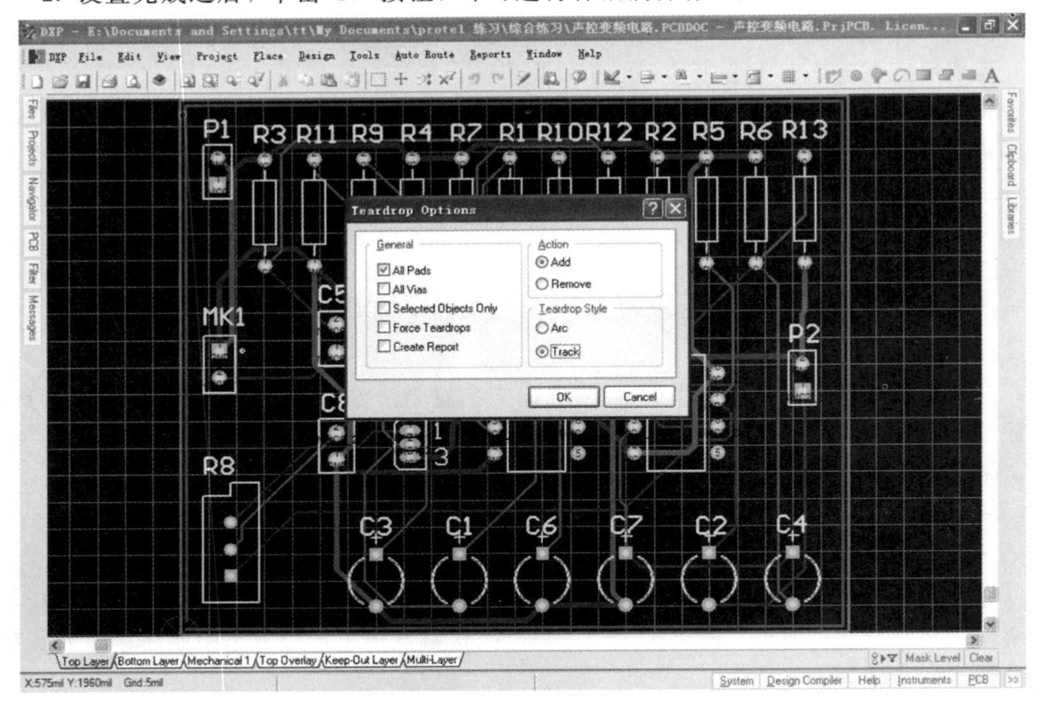

图 5-73　在补加泪滴的对话框中设定选项

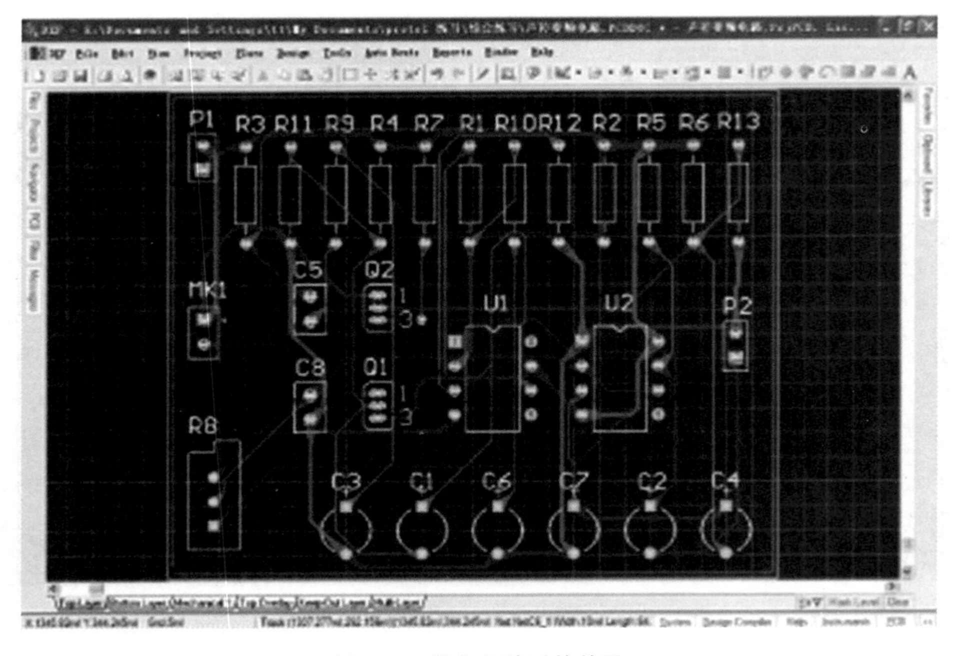

图 5-74　补加泪滴后的效果

十四、放置敷铜

放置敷铜是将电路板空白的地方用铜膜铺满，主要是为了提高电路板的抗干扰能力，通常与地相接。

1. 执行命令 Design→Rules，打开 PCB Rules and Constraints Editor 设计规则对话框，选择 Polygon Connect Style 选项，设置有关参数，如图 5-75 所示。

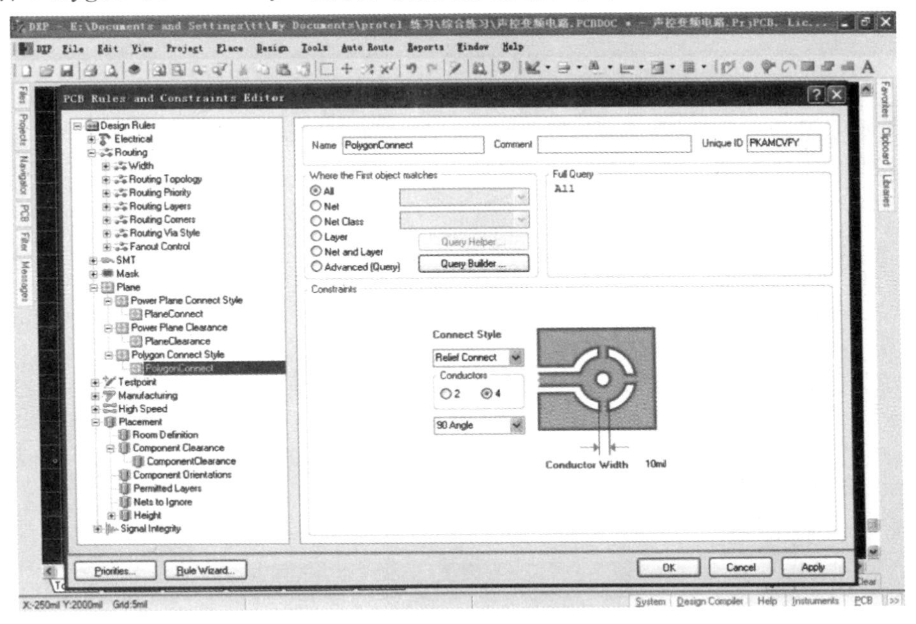

图 5-75　Polygon Connect Style 选项

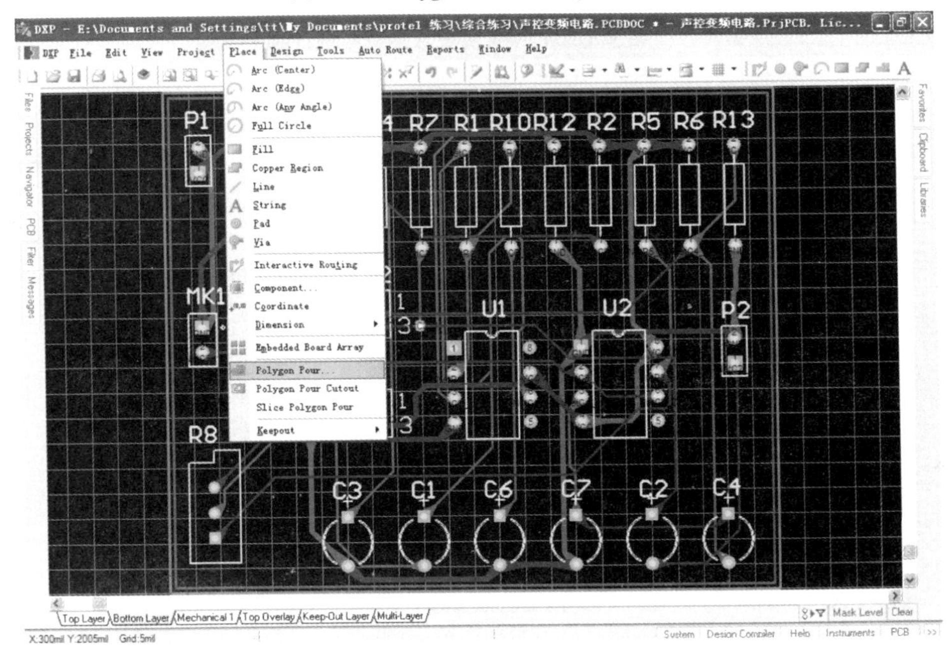

图 5-76　打开 Polygon Pour 设置对话框

2. 关闭对话框，执行菜单命令 Place→Polygon Pour，如图 5-76 所示。打开如图 5-77 所示的对话框进行参数设置，先顶层接地敷铜。

3. 单击 OK 按钮，光标变成十字状，在电路板空余的空间绘制 GND 的闭合多边形，完成之后系统自动进行敷铜，其效果如图 5-78～图 5-84 所示。

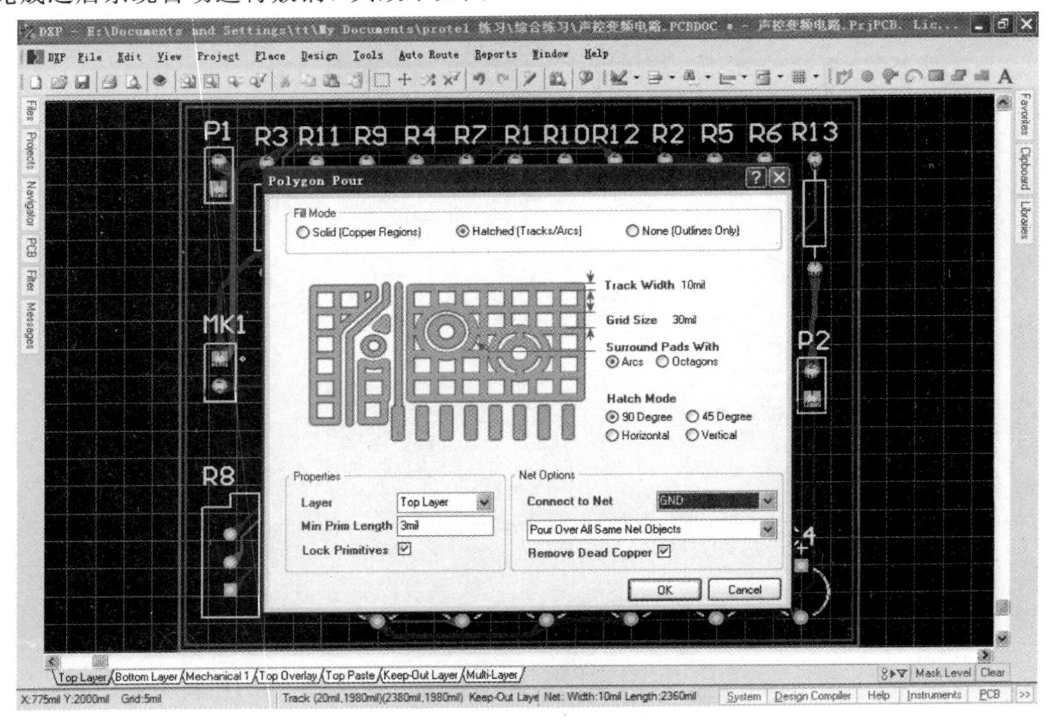

图 5-77　在 Polygon Pour 设置对话框中进行参数设置

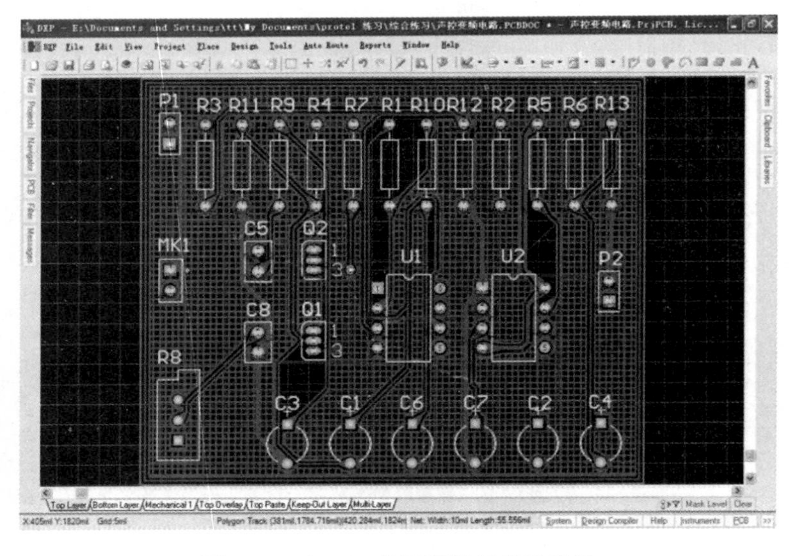

图 5-78　在 PCB 的顶层进行接地敷铜

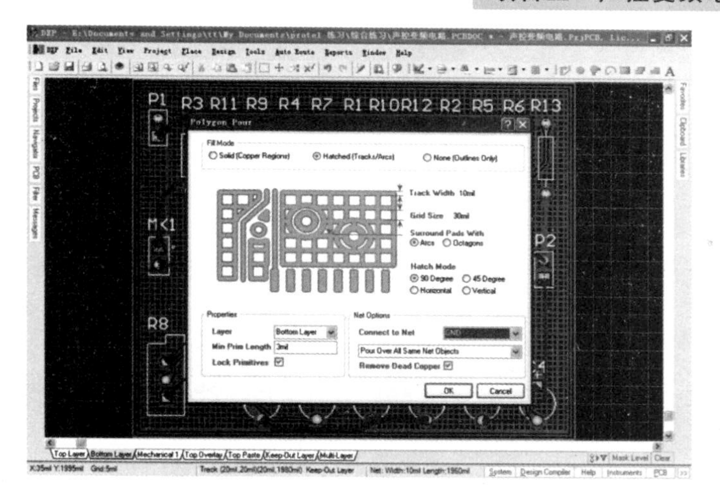

图 5-79　设置在 PCB 的底层进行接地敷铜

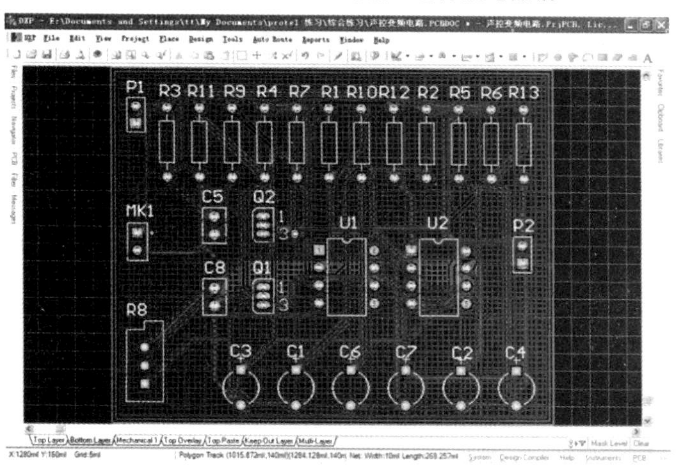

图 5-80　PCB 的底层接地敷铜的效果

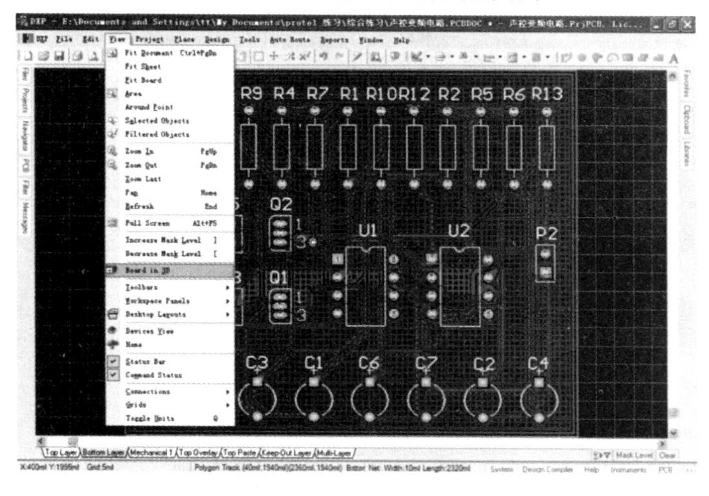

图 5-81　打开 3D 视图

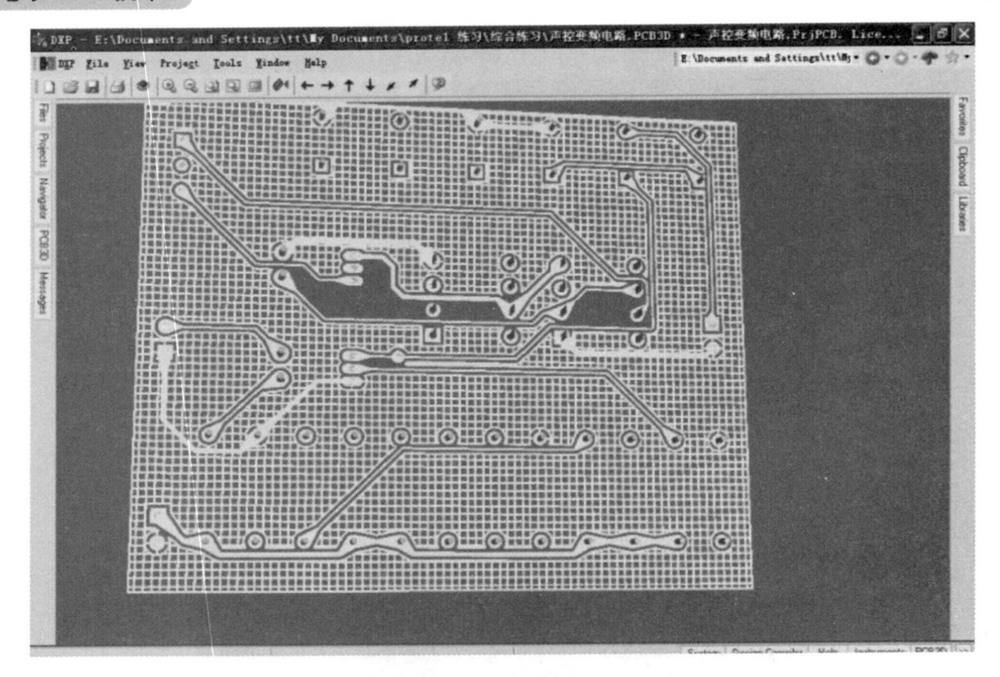

图 5-82　底层的 3D 视图

图 5-83　顶层的 3D 视图

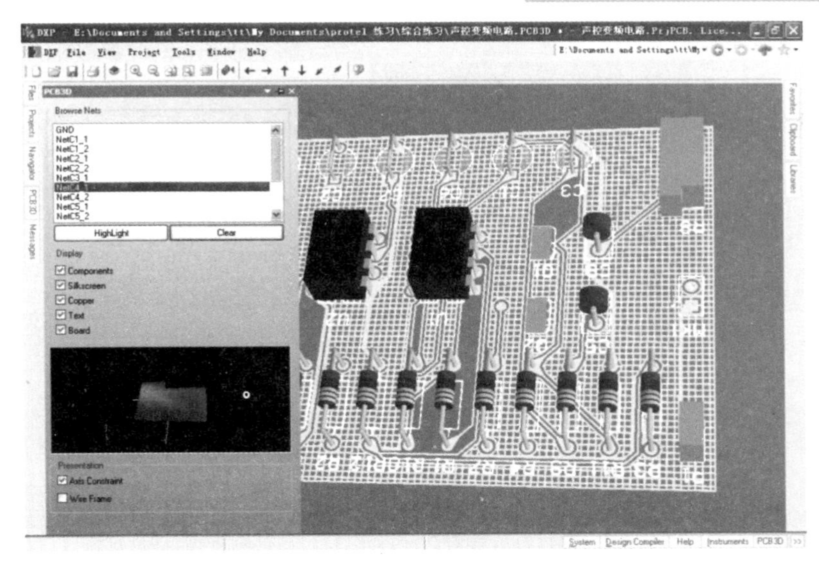

图 5-84　打开 PCB 3D 控制面板

十五、网络的高亮检查

自动布线完成后，可通过 PCB 3D 面板用高亮检查方法对各个网络进行查验。其操作方法如下。

1. 执行 View→Board in 3D 命令，PCB 编辑器内的工作窗口变成 3D 仿真图形，打开左边的 PCB 3D 控制面板。

2. 在面板的 Browse Nets 区选择一个连线网络，然后按 HighLight 键，在立体图中相应的网络连线就会变色，可通过鼠标翻转 PCB 进行查验，如图 5-85 和图 5-86 所示。

图 5-85　高亮 3D 显示所选连接网络

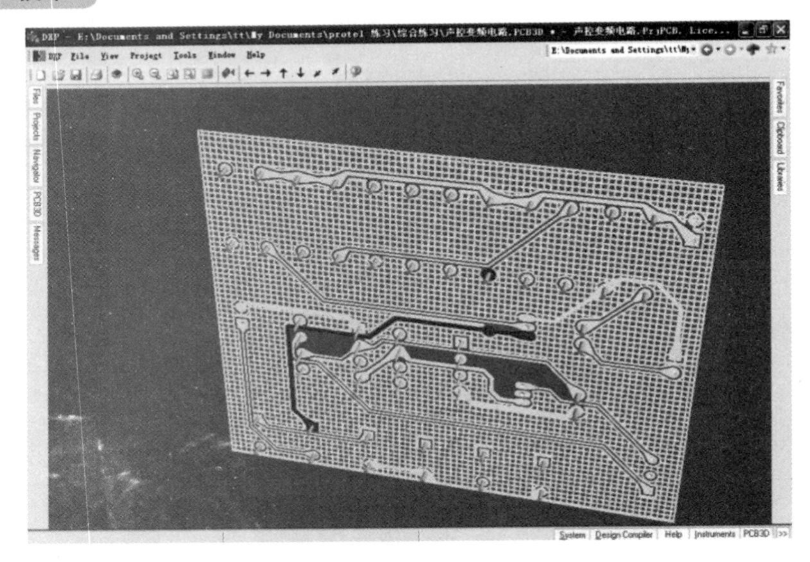

图 5-86　可翻转看底面的高亮连接网络

十六、设计规则 DRC 检查

对布线完毕后的电路板进行 DRC 检验，可保证 PCB 完全符合设计者的要求，即所有的网络均正确连接。这一步对初学者非常重要，建议在完成 PCB 的布线后，千万不要遗漏这一步。DRC 检验的具体步骤如下。

1. 执行 Tools→Design Rule Check... 命令，即启动设计规则检查对话框，如图5-87所示。

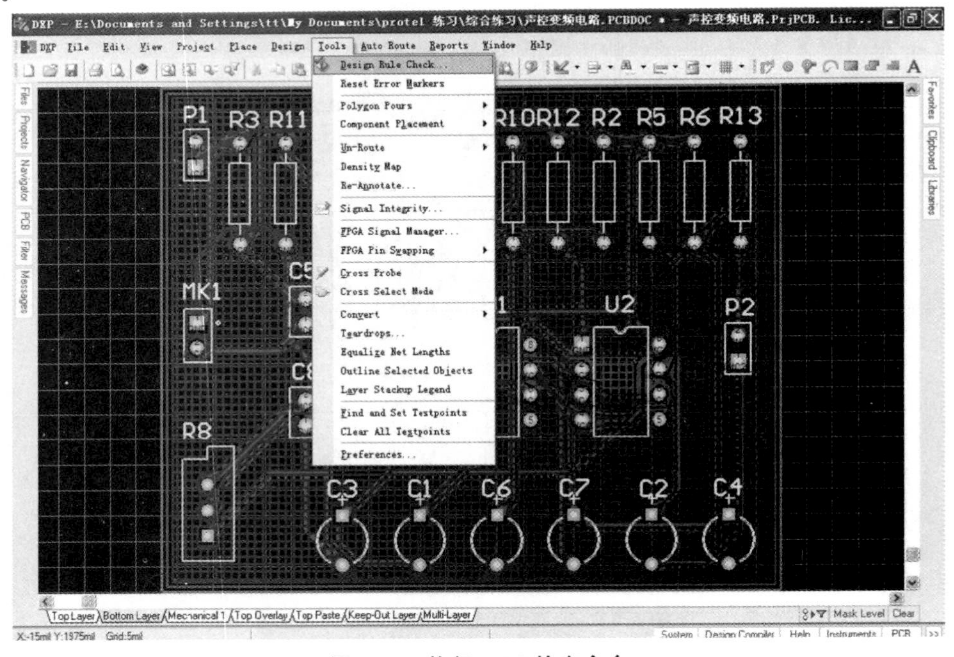

图 5-87　执行 DRC 检查命令

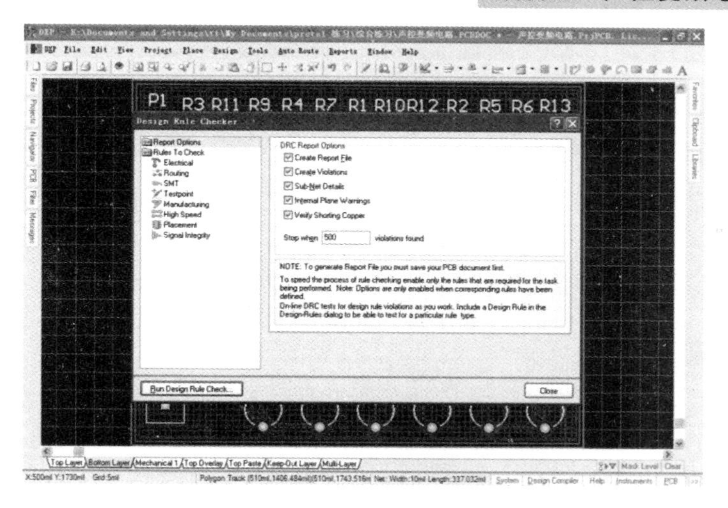

图 5-88　DRC 设置对话框

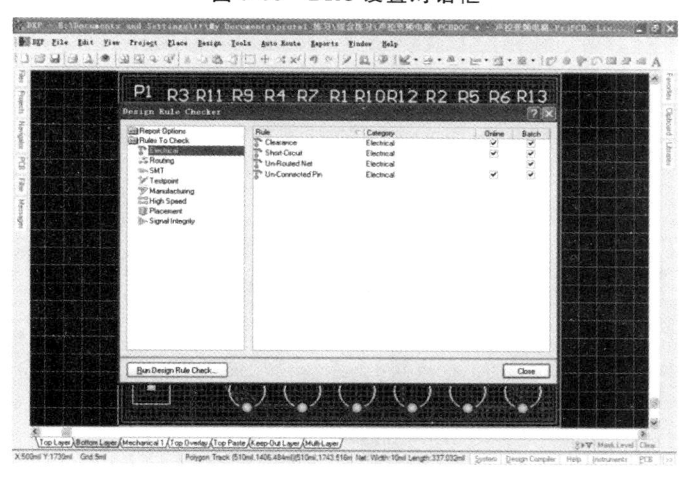

图 5-89　选择在线检查或一并检查

Messages

Class	Document	Source	Message	Time	Date	N...
[Width Constraint Violation]	声控变频电...	Advanced PCB	Polygon Arc (2245mil,1775mil) Top Layer Actual Width = 10mil	21:...	201...	1
[Width Constraint Violation]	声控变频电...	Advanced PCB	Polygon Arc (2245mil,1775mil) Top Layer Actual Width = 10mil	21:...	201...	2
[Width Constraint Violation]	声控变频电...	Advanced PCB	Polygon Arc (2245mil,1551.364mil) Top Layer Actual Width = 1...	21:...	201...	3
[Width Constraint Violation]	声控变频电...	Advanced PCB	Polygon Arc (2245mil,1551.364mil) Top Layer Actual Width = 1...	21:...	201...	4
[Width Constraint Violation]	声控变频电...	Advanced PCB	Polygon Arc (2245mil,1375mil) Top Layer Actual Width = 10mil	21:...	201...	5
[Width Constraint Violation]	声控变频电...	Advanced PCB	Polygon Arc (2068.636mil,1775mil) Top Layer Actual Width = 1...	21:...	201...	6
[Width Constraint Violation]	声控变频电...	Advanced PCB	Polygon Arc (1892.272mil,1775mil) Top Layer Actual Width = 1...	21:...	201...	7
[Width Constraint Violation]	声控变频电...	Advanced PCB	Polygon Arc (1892.272mil,1775mil) Top Layer Actual Width = 1...	21:...	201...	8
[Width Constraint Violation]	声控变频电...	Advanced PCB	Polygon Arc (1835mil,1717.728mil) Top Layer Actual Width = 1...	21:...	201...	9
[Width Constraint Violation]	声控变频电...	Advanced PCB	Polygon Arc (1835mil,1717.728mil) Top Layer Actual Width = 1...	21:...	201...	10
[Width Constraint Violation]	声控变频电...	Advanced PCB	Polygon Arc (1835mil,1717.728mil) Top Layer Actual Width = 1...	21:...	201...	11
[Width Constraint Violation]	声控变频电...	Advanced PCB	Polygon Arc (1835mil,1717.728mil) Top Layer Actual Width = 1...	21:...	201...	12
[Width Constraint Violation]	声控变频电...	Advanced PCB	Polygon Arc (2068.636mil,1375mil) Top Layer Actual Width = 1...	21:...	201...	13
[Width Constraint Violation]	声控变频电...	Advanced PCB	Polygon Arc (2146mil,1297.636mil) Top Layer Actual Width = 1...	21:...	201...	14
[Width Constraint Violation]	声控变频电...	Advanced PCB	Polygon Arc (2146mil,1297.636mil) Top Layer Actual Width = 1...	21:...	201...	15
[Width Constraint Violation]	声控变频电...	Advanced PCB	Polygon Arc (2235mil,1000mil) Top Layer Actual Width = 10mil	21:...	201...	16
[Width Constraint Violation]	声控变频电...	Advanced PCB	Polygon Arc (1892.272mil,1375mil) Top Layer Actual Width = 1...	21:...	201...	17
[Width Constraint Violation]	声控变频电...	Advanced PCB	Polygon Arc (1983mil,1284.272mil) Top Layer Actual Width = 1...	21:...	201...	18
[Width Constraint Violation]	声控变频电...	Advanced PCB	Polygon Arc (1983mil,1284.272mil) Top Layer Actual Width = 1...	21:...	201...	19
[Width Constraint Violation]	声控变频电...	Advanced PCB	Polygon Arc (1983mil,923mil) Top Layer Actual Width = 10mil	21:...	201...	20
[Width Constraint Violation]	声控变频电...	Advanced PCB	Polygon Arc (1983mil,923mil) Top Layer Actual Width = 10mil	21:...	201...	21
[Width Constraint Violation]	声控变频电...	Advanced PCB	Polygon Arc (1835mil,1065mil) Top Layer Actual Width = 10mil	21:...	201...	22
[Width Constraint Violation]	声控变频电...	Advanced PCB	Polygon Arc (1835mil,1065mil) Top Layer Actual Width = 10mil	21:...	201...	23
[Width Constraint Violation]	声控变频电...	Advanced PCB	Polygon Arc (1715.908mil,1775mil) Top Layer Actual Width = 1...	21:...	201...	24
[Width Constraint Violation]	声控变频电...	Advanced PCB	Polygon Arc (1539.546mil,1775mil) Top Layer Actual Width = 1...	21:...	201...	25
[Width Constraint Violation]	声控变频电...	Advanced PCB	Polygon Arc (1539.546mil,1775mil) Top Layer Actual Width = 1...	21:...	201...	26
[Width Constraint Violation]	声控变频电...	Advanced PCB	Polygon Arc (1470.546mil,1844mil) Top Layer Actual Width = 1...	21:...	201...	27
[Width Constraint Violation]	声控变频电...	Advanced PCB	Polygon Arc (1470.546mil,1844mil) Top Layer Actual Width = 1...	21:...	201...	28
[Width Constraint Violation]	声控变频电...	Advanced PCB	Polygon Arc (1715.908mil,1375mil) Top Layer Actual Width = 1...	21:...	201...	29
[Width Constraint Violation]	声控变频电...	Advanced PCB	Polygon Arc (1539.546mil,1375mil) Top Layer Actual Width = 1...	21:...	201...	30
[Width Constraint Violation]	声控变频电...	Advanced PCB	Polygon Arc (1406mil,1402mil) Top Layer Actual Width = 10mil	21:...	201...	31
[Width Constraint Violation]	声控变频电...	Advanced PCB	Polygon Arc (1406mil,1402mil) Top Layer Actual Width = 10mil	21:...	201...	32
[Width Constraint Violation]	声控变频电...	Advanced PCB	Polygon Arc (1363.182mil,1775mil) Top Layer Actual Width = 1...	21:...	201...	33

图 5-90　在 Messages 中显示错误信息

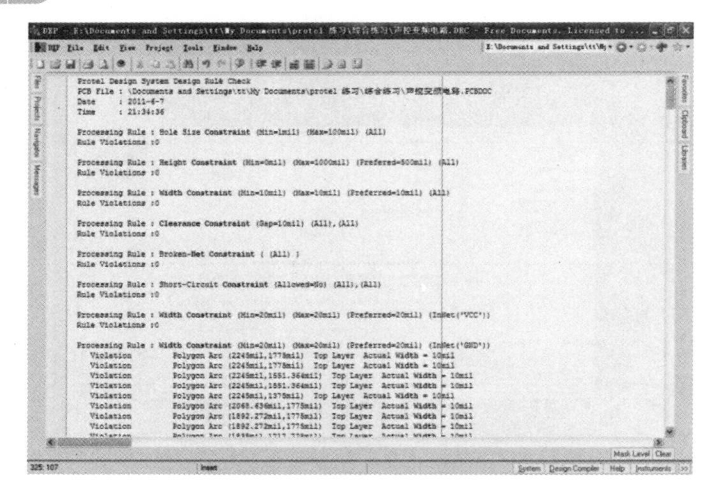

图 5-91　在报告中也显示错误信息

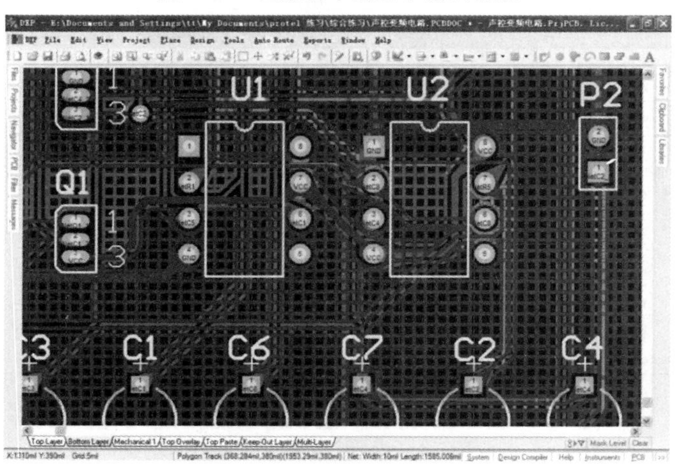

图 5-92　在板图中有颜色显示错误信息

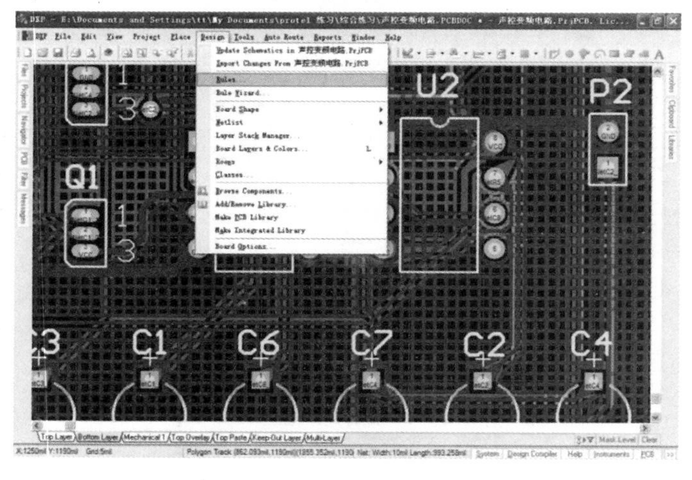

图 5-93　打开 PCB 规则和约束编辑对话框

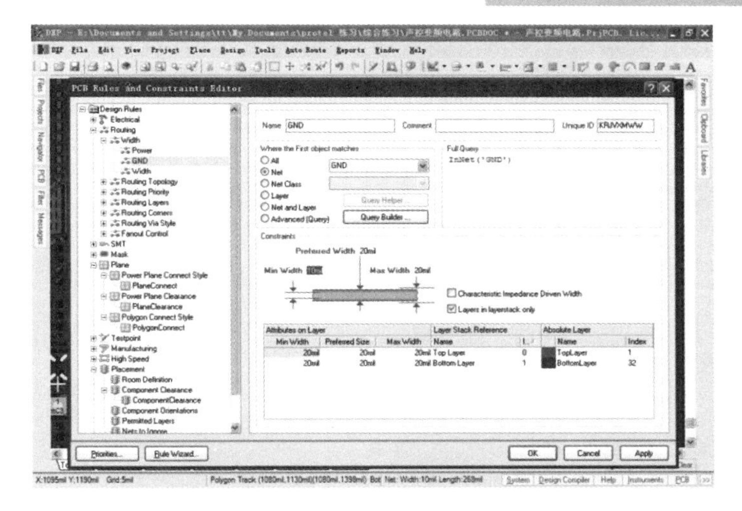

图 5-94　把地线最小线宽改为 10mil

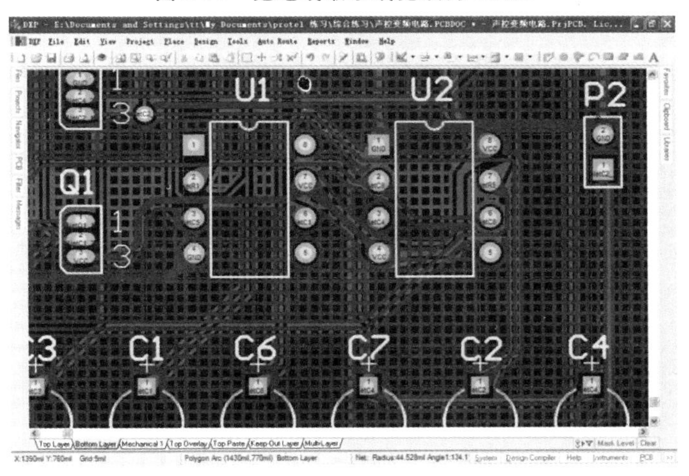

图 5-95　板图中显示错误的颜色消失

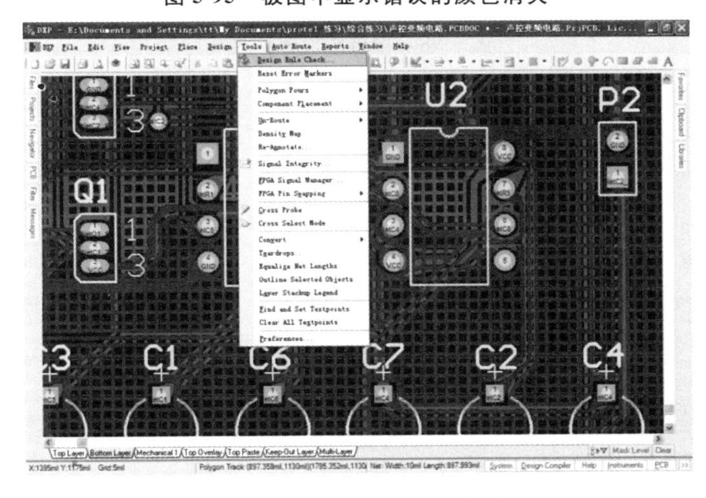

图 5-96　重新进行 DRC 检查

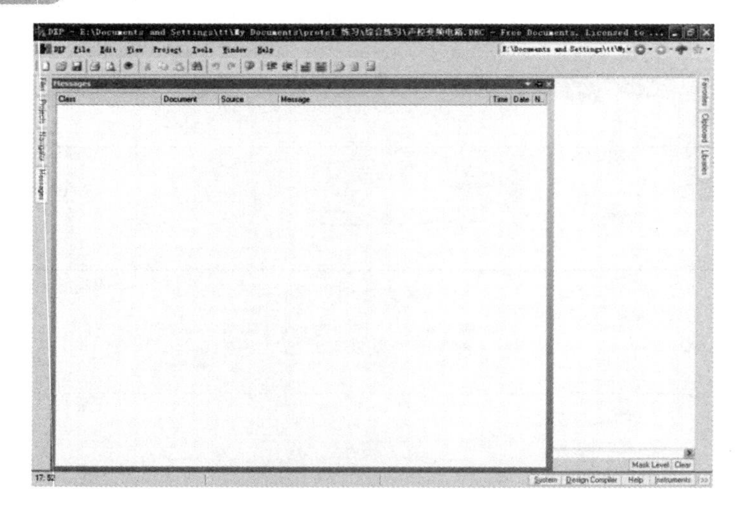

图 5-97　Messages 中没有错误信息

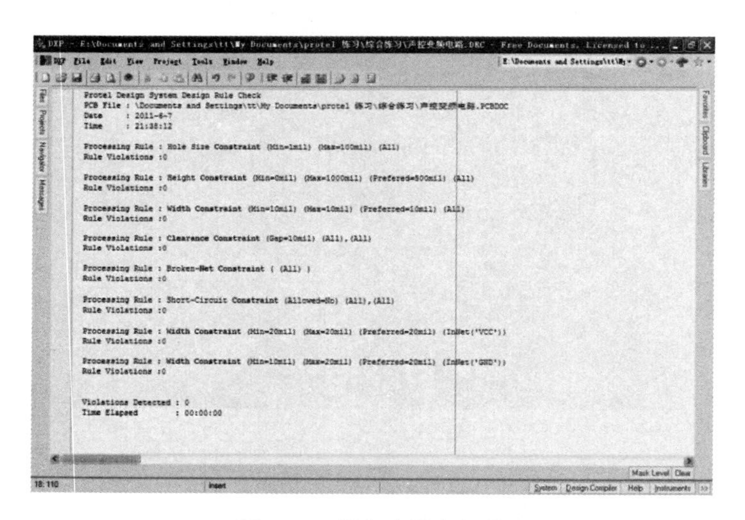

图 5-98　报告中没有问题

十七、文件的打印输出

文件的打印输出可参考项目二。

任务实践二

多层电路板的设计

Protel 2004 系统除了顶层和底层之外，还提供有 30 个信号布线层、16 个电源地线层，能满足多层印制电路板设计需要。本节以四层电路板设计为例，介绍多层电路板的设计。

四层电路板是在双面板的基础上增加电源层和地线层，其中电源层和地线层用一个覆铜层面连通，而不是铜膜线。

四层电路板的设计方法和步骤和前面双面板的设计相类似，所不同的是在电路板层

规划中必须增加两个内层，具体操作步骤如下。

1. 在已双面布线的声控变频电路 PCB 的基础上，执行 Design→Layer Stack Manager...命令，即启动板层管理器，如图 5-99 所示。

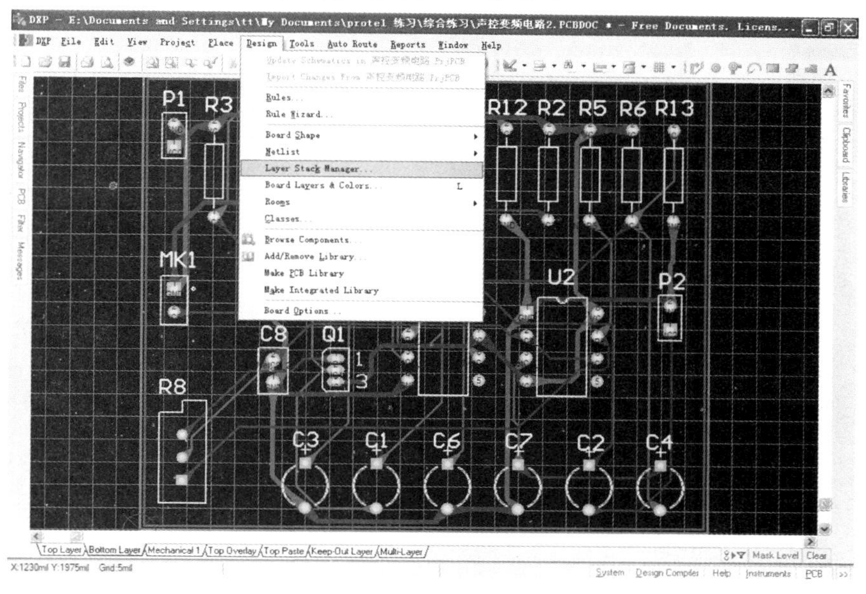

图 5-99　启动板层管理器

2. 用鼠标左键选取 TopLayer 后，连续两次单击 Add Plane 按钮，增加两个电源层 InternalPlane1（No Net）和 InternalPlane2（No Net），如图 5-100 所示。

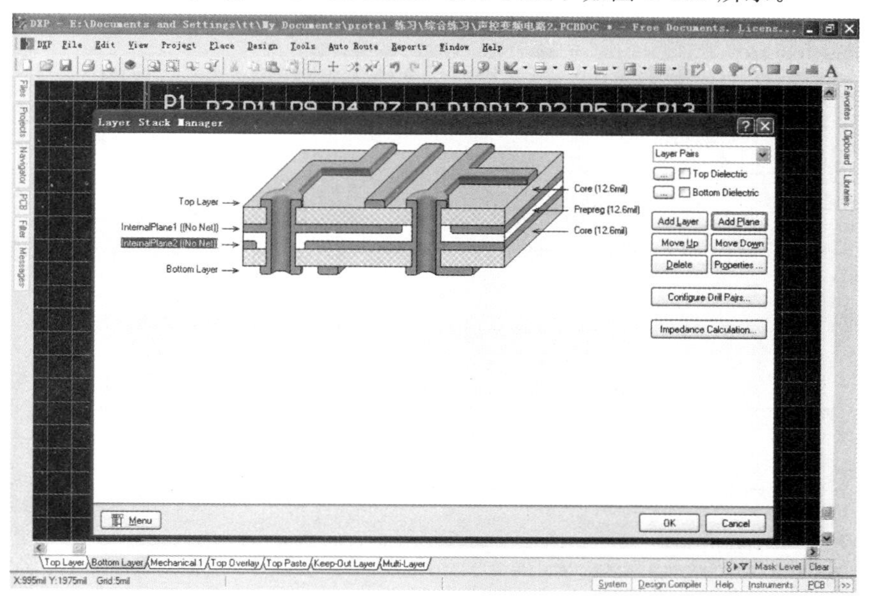

图 5-100　添加电源层

3. 双击 InternalPlane1（No Net）后，系统打开电源层属性编辑对话框，如图 5-101 所示。

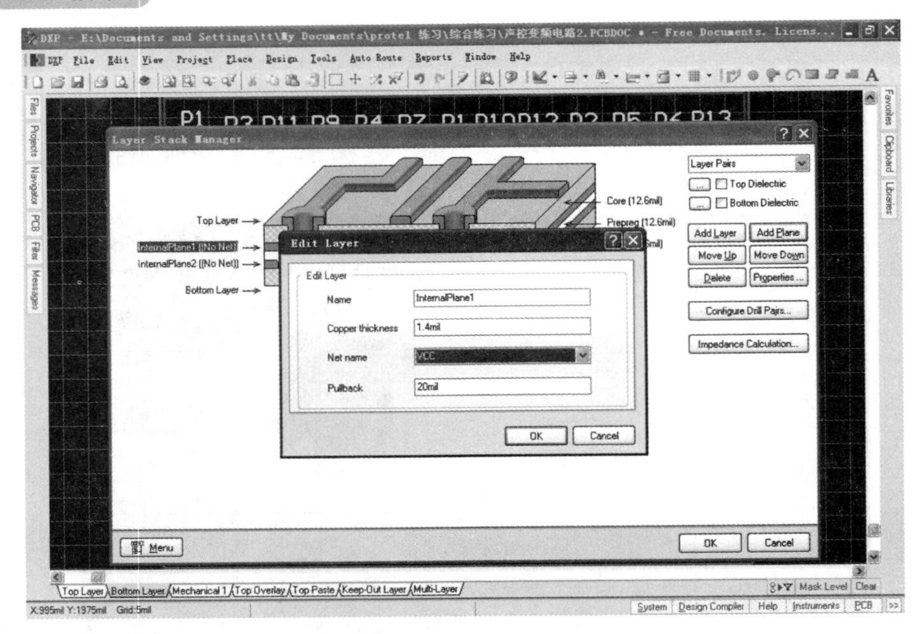

图 5-101　电源层属性编辑对话框设置电源网名

4. 单击对话框 Net name 栏右边的下拉按钮，在打开的有效网络列表中选择 VCC，即将电源层 1（InternalPlane1）定义为电源 VCC，结束设置后单击 OK，关闭对话框。同理将电源层 2（InternalPlane2）定义为电源 GND，如图 5-102 所示。

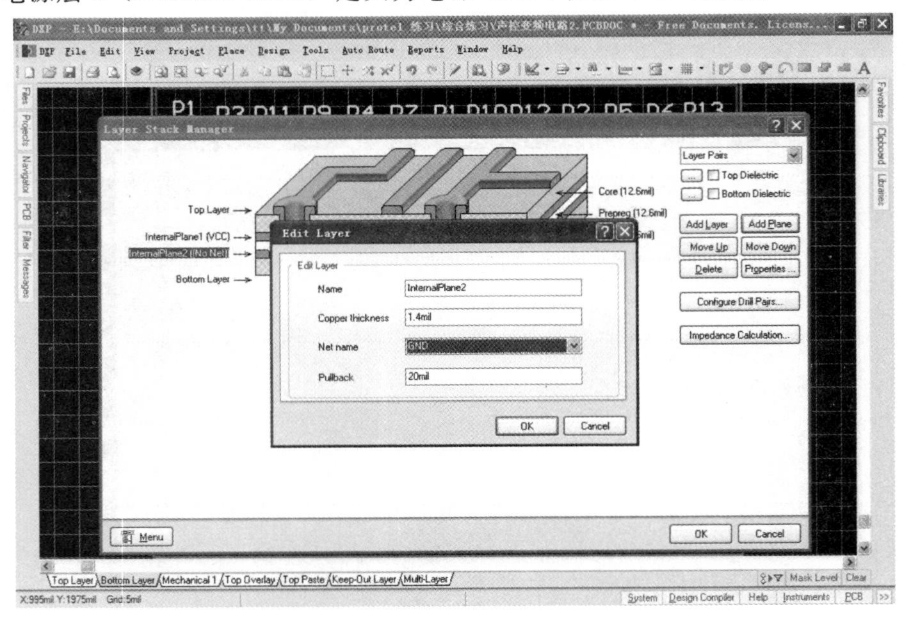

图 5-102　电源层属性编辑对话框设置地线网名

5. 设置结束后，单击 OK 按钮，关闭板层管理对话框。

6. 将原来已双面布线的双层 PCB 所有布线利用 Tools→Un－Route→All 菜单命令

删除，恢复 PCB 的飞线状态，如图 5-103 和图 5-104 所示。

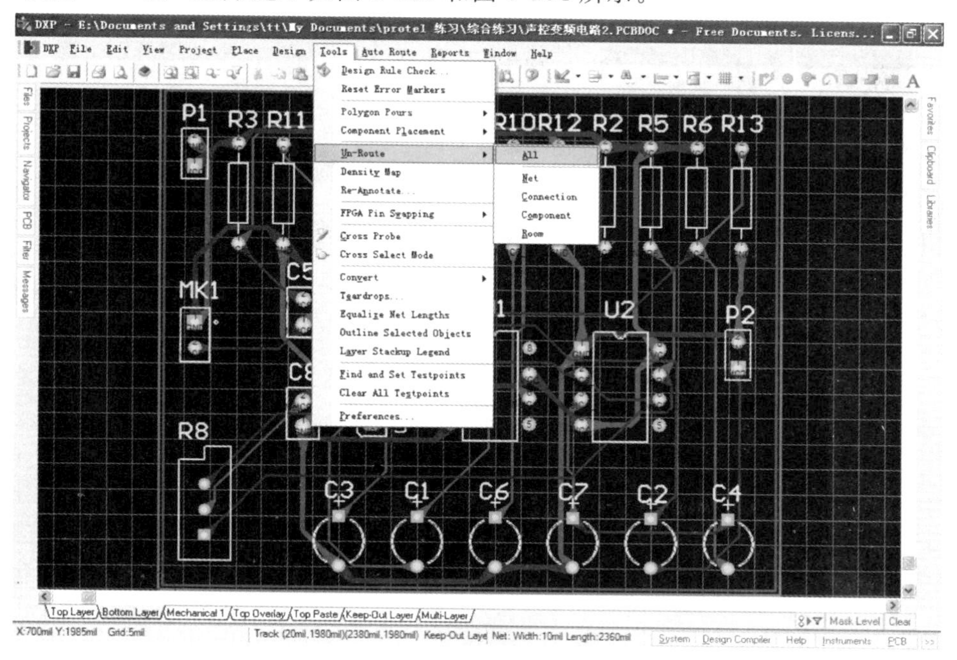

图 5-103　对原有已布线的双层板全部拆线

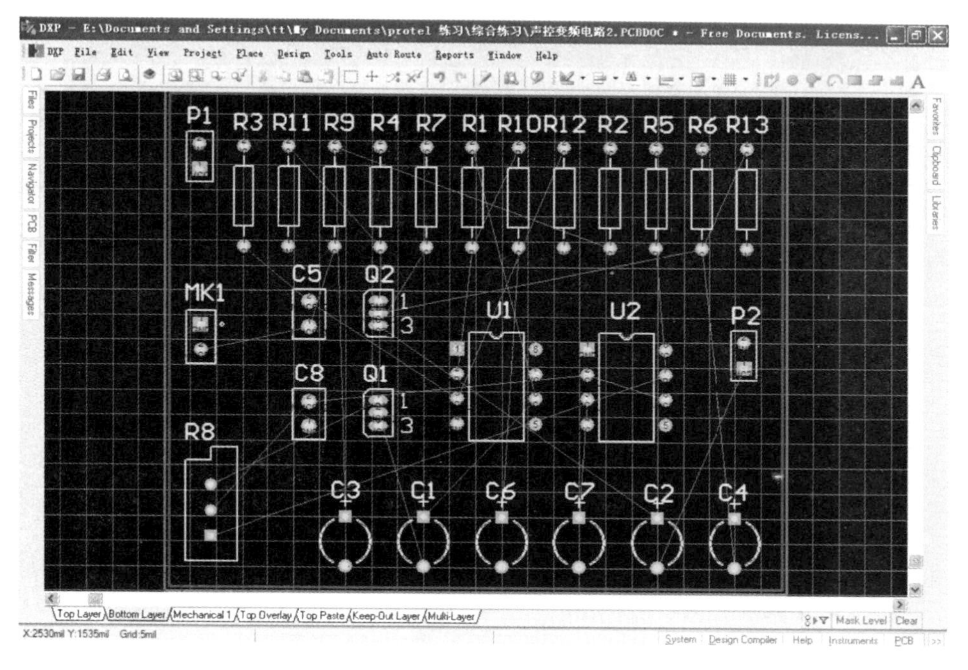

图 5-104　恢复飞线状态

7. 执行 Auto Route→All 命令，对其进行全部重新自动布线，如图 5-105、5-106 所示。

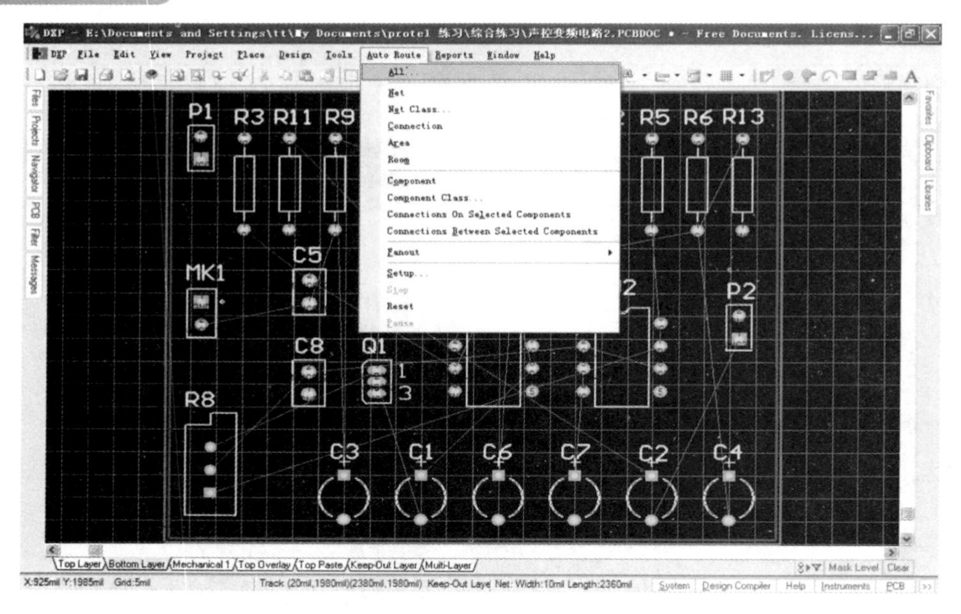

图 5-105　全部重新自动布线

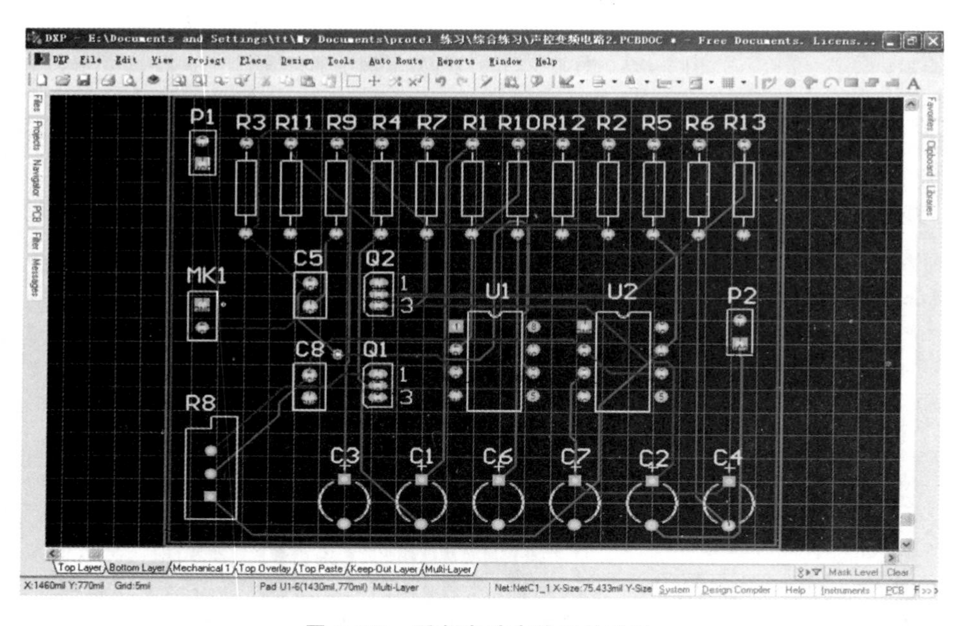

图 5-106　重新自动布线后的效果

8. 自动布线完成后，执行 Design→Board Layer & Colors 命令，在打开的工作层面设定对话框中选中内层显示（如图 5-107 所示），这时四层的 PCB 效果如图 5-108 所示。

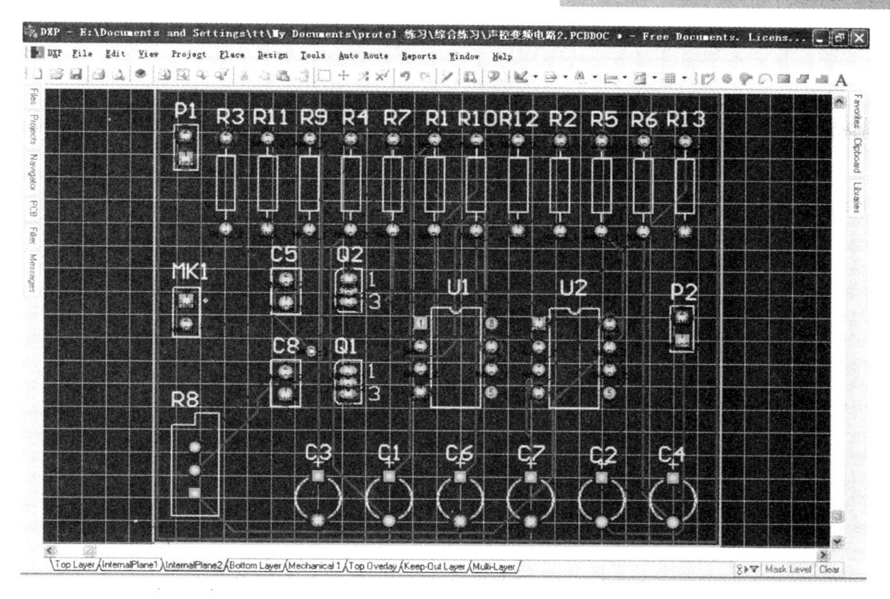

图 5-107　打开并设置印制电路板的板层和颜色对话框

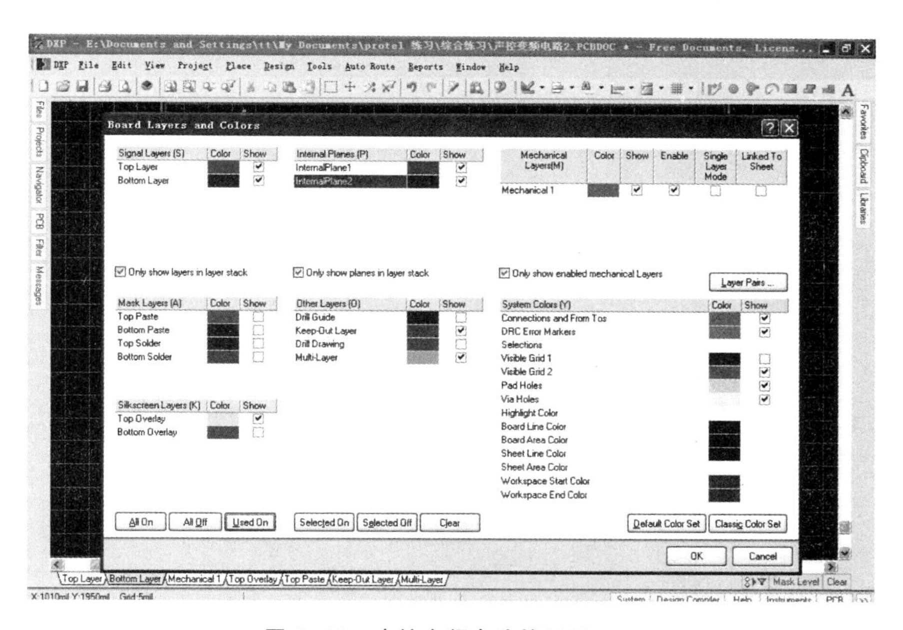

图 5-108　声控变频电路的四层 PCB

9. 比较声控变频电路的双层板和四层板，发现四层板减少了两条较粗的电源网络线，电源网络的每个焊盘上出现“十”字形标记，表明该焊盘与内层电源相连接。

活动实施：

一、简答。

1. 简述 PCB 图设计的一般步骤。

2. 简述元器件自动布局的方法。

二、上机练习。

1. 串行通信电路设计

(1) 在桌面创建文件夹，文件名为自己姓名。

(2) 绘制串行通信电路原理图。

①按元器件清单调用元器件。

②对元器件编号。

③设置中文标题栏。

④在原理图左下方插入可修改的元器件材料清单。

(3) 设计串行通信电路 PCB 图。

①PCB 向导创建双层电路板。

②电路板外形尺寸、设计规则可自主设计。

③采用双面布线。

④要求 PCB 布局合理，美观大方。

2. 元器件清单列表

Designat or	Footprint	Library Name	LibRef	Quantity
C1－C4	RAD－0.3	Miscellaneous Devices. IntLib	Cap	4
J1	DSUB1.385－2H9	Miscellaneous Connectors. IntLib	D Connector 9	1
JP1	HDR1X6	Miscellaneous Connectors. IntLib	Header 6	1
JP2	HDR1X3H	Miscellaneous Connectors. IntLib	Header 3H	1
R1－R3	AXIAL－0.3	Miscellaneous Devices. IntLib	Res1	1
U1	DIP－16/D21.7	Maxim Communication Transceiver. IntLib	MAX232AEJE	1

3. 参考原理图

电路原理图如图 5-109 所示。

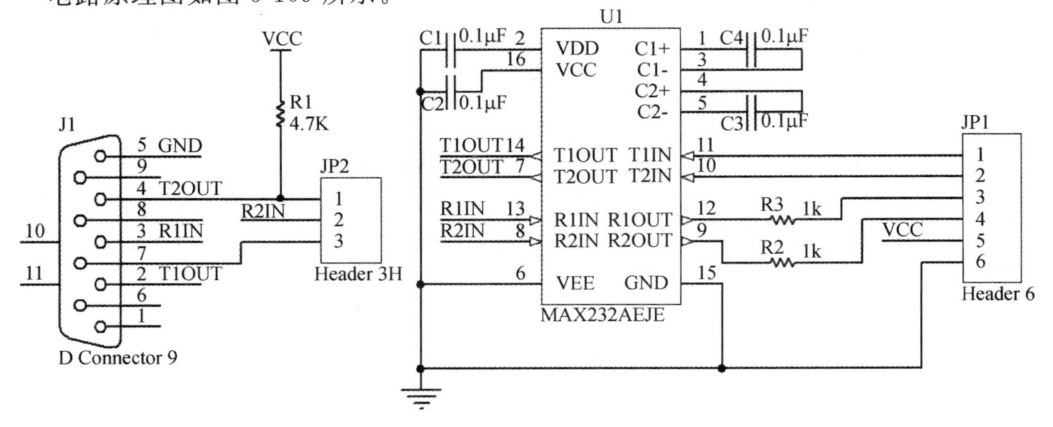

图 5-109 串行通信电路原理图

三、活动评分标准。

项　目	配　分	评　分　标　准	扣分	得分
简答	10 分	每题 5 分		
上机练习	80 分	设计任务（1）　10 分 设计任务（2）　30 分 设计任务（3）　40 分		
安全文明生产	10 分	遵守安全文明生产操作规定		
操作时间	30 分钟			
开始时间		结束时间		
合　计				

四、收获和体会。

想一想，写一写制作声控变频电路 PCB 设计的收获和体会。

1. ______________________________

2. ______________________________

3. ______________________________

4. ______________________________

五、评议。

根据小组分工，在听取小组安装成果汇报的基础上进行评议，填写上机情况评议表。

上机情况评议表

评议项目 / 评议人	评议意见	评议等级	评议签名
本组			
其他组			
实训老师			
综合			

附录

常用电子元器件在 Protel DXP、Multisim、Proteus 中的名称及其封装有所不同，但总体差别不大，本附录仅给出了一些常用的元器件及封装，其他更多元器件及封装请采用查找方式或查阅更详细的软件手册进行了解。

电子元器件	Protel DXP 中的元器件		Multisim 中的元器件		Proteus 中的元器件	
	元器件名称	封装名称	元器件名称	封装名称	元器件名称	封装名称
	Miscellaneous Devices. SchLib					
天线	Antenna	PIN1	Antenna			
电池	Battery	BAT－2		Battery		
铃	Bell	PIN2				
蜂鸣器	Buzzer	PIN2	Buzzer	CONN－SIL2	Buzzer	Buzzer
非极性电容	Cap	RAD－0. 1～RAD－0. 5	CAP	CAP10	CAPACITOR：1uf	CAPR500－700X300X200
极性电容	Cap Pol1～3	CAPPR2－5X6. 8	CAP－ELEC	ELEC－RAD10	CAP－ELECTROLIT：10UF	CAPPA1600－1000X600
二极管	Diode	DIODE－0. 4/	1N4XXX	DO41	1N4148	DO－35
共阳七段数码管	Dpy Red－CA	LEDDIP－10/C5. 08	7SEG－MPX1－CA		SEVEN_SEG_D_COM_A	7SEG8DIP10A
共阴七段数码管	Dpy Red－CC	LEDDIP－10/C5. 08	7SEG－MPX1－CA		SEVEN_SEG_D_COM_K	7SEG8DIP10A
保险管	Fuse 1	PIN－W2/E2. 8	FUSE		FUSE	FUSE1
跳线	Jumper	PIN2		Jumper	CONN－SIL2	
灯	Lamp	PIN2	LAMP		LAMP	LAMP
发光二极管	LED0～3	LED－0；LED－1；	LED		LED	LED9R2_5V
话筒头	Mic1	PIN2				
直流电机	Motor	RB5－10. 5		MOTOR		
伺服电机	Motor Servo	RAD－0. 4		Motor－Servo		
步进电机	Motor Step	SIP－6		Motor－Stepper		
NPN三极管	NPN	BCY－W3	NPN	TO92	NPN/2N3093	T0－92
PNP三极管	PNP	BCY－W3	PNP	TO92	PNP/2N3905	T0－92
电位器	RPOT	VR2～5	POT		POTENTIOMETER	LINPOT

续表

电子元器件	Protel DXP 中的元器件		Multisim 中的元器件		Proteus 中的元器件	
	元器件名称	封装名称	元器件名称	封装名称	元器件名称	封装名称
电阻	Res1～3	AXIAL—0.3～0.9	RES	RES40	Resister 1K	RES900—300X200
可控硅	SCR	SFM—T3/E10.7V	SCR	TO92	SCR/2N1595	TO—205AF
喇叭	Speaker	PIN2	Speaker	CONN—SIL2		
多位开关	SW DIP—2～9	DIP—4～18	SW—DIP4/7/8	DILXX	DIPSW1～10	DIPSW1～10H
一位开关	SW—PB	SPST—2	BUTTON		SPST	SPST
变压器	Trans	TRF_4～5	TRANS2P2S		TRANSFORMOR：TS_POWER_10_TO_1	XFMR_5PIN
晶振	XTAL	BCY—W2/D3.1	CRYSTAL	XTAL18	CRYSTAL：HC—49/U_11M	HC—49
	Miscellaneous Connectors.SchLib					
单排接插件	Header 2～30	HDR1X2～30	CONN—SIL1～18	CONN—SIL1～18	HDR1X1～20	HDR1X1～20
双排接插件	Header 2～30X2	HDR2X2～30	CONN—DIL10～20	CONN—DIL10～20	HDR2X2～25	HDR1X1～20
同轴电缆连接器	BNC	PIN1	PIN	PIN		
9 针串口母座			CONN—D9F	D—09—F—R	DSUB9F	DB9F
9 针串口公座			CONN—D9M	D—09—M—R	DSUBD9M	DB9M
	TI Logic ＊＊＊.Intlib					
74 系列芯片	74LSXX	DIP—XX	74LSXX	DILXX	74SXX/74LSXX	DIPXX
	Motorola Amplifier operational Amplifier.Intlib					
运放	LM324\LM358	DIP—XX	LM324\LM358	DILXX	LM324/LM358	DIP—XX
	NSC Power Mgt Voltage Regulator					
电源芯片系列	LM78XX/79XX	TO—220	LM7805/7905	P1	LM7805/7905	TO—220/
	TI Analog Timer Circut.Intlib					

续表

电子元器件	Protel DXP 中的元器件		Multisim 中的元器件		Proteus 中的元器件	
	元器件名称	封装名称	元器件名称	封装名称	元器件名称	封装名称
555	LM555	DIP－8			LM555	
			24C02			M08A
			ADC0809	DIL28	MIXED：ADC－DAC	
			DAC0832	DIL20	MIXED：ADC－DAC	
					8051	DIP－40
					1X8SIP	SIP－9

参考文献

[1] 谈世哲 . Protel DXP 2004 电路设计基础 [M] . 北京：机械工业出版社，2010.
[2] 张义和 . Protel DXP 电路设计大全 [M] . 北京：中国铁道出版社，2005.
[3] 王莹莹，汪东 . Protel DXP 电路设计实例 [M] . 北京：清华大学出版社，2008.
[4] 刘刚 . Protel DXP 2004 SP2 原理图与 PCB 设计 [M] . 北京：电子工业出版社，2007.
[5] 王正勇 . Protel DXP 实用教程 [M] . 北京：高等教育出版社，2009.
[6] 张义和，陈敌北，周金圣 . 例说 Protel 2004 [M] . 北京：人民邮电出版社，2006.
[7] 朱凤芝，王凤桐 . Protel DXP 典型电路设计及实例分析 [M] . 北京：化学工业出版社，2007.
[8] 张睿，赵艳华，刘志刚 . 精通 Protel DXP 2004 电路设计 [M] . 北京：电子工业出版社，2007.
[9] 王廷才 . Protel DXP 应用教程 [M] . 北京：机械工业出版社，2006.
[10] 王浩全 . Protel DXP 电路设计与制版实用教程 [M] . 北京：人民邮电出版社，2006.
[11] 陈兆梅 . Protel DXP 2004 SP2 印制电路板设计实用教程 [M] . 北京：机械工业出版社，2008.
[12] 张慧群 . Protel DXP 2004 印制电路板设计与制作 [M] . 北京：北京理工大学出版社，2012.
[13] 魏辉，董蕴华 . 项目教学法在电子技术课程教学中的应用 [J] . 河南机电高等专科学校学报，2011 (02) .
[14] 陈百良 . 项目教学法在中职电子专业课程教学中的应用探析 [J] . 新课程研究（中旬刊），2011 (07) .
[15] 聂兆伟 . 项目教学法在电子线路教学管理中应用初探 [J] . 中国管理信息化，2011 (17) .
[16] 聂兆伟 . 项目教学法在电子线路教学中应用初探 [J] . 科技致富向导，2011 (26) .
[17] 孙智研，唐晓辉 . 论高职电子类学生创新能力的培养 [J] . 桂林航天工业高等专科学校学报，2011 (02) .
[18] 傅智河 . 电子线路仿真分析的探讨 [J] . 实验科学与技术，2008 (05) .
[19] 瞿惠琴 . Protel 2004 仿真在电工电子技术教学中的应用 [J] . 无锡职业技术学院学报，2007 (05) .
[20] 彭世林 . Protel DXP 在电子技术实验教学中的应用 [J] . 宜宾学院学报，2005 (06) .
[21] 陈超 . Protel DXP 元器件封装库的研究 [J] . 现代电子技术，2009 (24) .